Mythos – Helden – Symbole

Siegfried Bodenmann,
Susan Splinter (Hg.)

Mythos – Helden – Symbole

Legitimation, Selbst- und Fremdwahrnehmung in
der Geschichte der Naturwissenschaften
der Medizin und der Technik

Martin Meidenbauer »

**Gedruckt mit Unterstützung der
Georg-Agricola-Gesellschaft**

Siegfried Bodenmann ist Mitherausgeber des
Briefwechsels Leonhard Eulers und wurde
mit dem Förderpreis der Deutschen Gesellschaft
für Geschichte der Medizin, Naturwissenschaft
und Technik geehrt.
Susan Splinter blickt auf eine mehrjährige Tätigkeit in verschiedenen Museen zurück.
Sie ist z.Zt. Lehrbeauftragte an der Universität
der Bundeswehr in München und der
Universität in Regensburg.

Bibliografische Information der Deutschen
Nationalbibliothek
Die Deutsche Nationalbibliothek verzeichnet
diese Publikation in der Deutschen
Nationalbibliografie; detaillierte
bibliografische Daten sind im Internet
über http://dnb.d-nb.de abrufbar.

© 2009 Martin Meidenbauer
Verlagsbuchhandlung, München

Alle Rechte vorbehalten. Dieses Werk
einschließlich aller seiner Teile ist
urheberrechtlich geschützt. Jede Verwertung
außerhalb der Grenzen des Urhebergesetzes
ohne schriftliche Zustimmung des Verlages ist
unzulässig und strafbar. Das gilt insbesondere
für Nachdruck, auch auszugsweise, Reproduktion,
Vervielfältigung, Übersetzung, Mikroverfilmung
sowie Digitalisierung oder Einspeicherung
und Verarbeitung auf Tonträgern und in
elektronischen Systemen aller Art.

Printed in Germany

Gedruckt auf chlorfrei gebleichtem,
säurefreiem und alterungsbeständigem
Papier (ISO 9706)

ISBN 978-3-89975-162-8

Verlagsverzeichnis schickt gern:
Martin Meidenbauer Verlagsbuchhandlung
Erhardtstr. 8
D-80469 München
www.m-verlag.net

Inhaltsverzeichnis

Vorwort vii

Siegfried Bodenmann: Einleitung – Newtons Apfel & Co.
Zur Kategorisierung des Mythos in den Naturwissenschaften 1

Kijan Malte Espahangizi: Auch das Elektron verbeugt sich.
Das Davisson-Germer Experiment als historischer
Erinnerungsort der Physik 47

Andreas Fickers und Frank Kessler: Narrative topoi in
Erfindermythen und technonationalistischer Legendenbildung:
Zur Historiographie der Erfindung von Film und Fernsehen 71

Susan Splinter: Zwischen Beweis und Widerlegung – Die sich
wandelnde Bedeutung eines Instruments im 18. Jahrhundert 87

Karl Traugott Goldbach: Mythos Untertonreihe 103

Josef Bordat: Bacons Atlantis-Mythos und das
Selbstverständnis der modernen Wissenschaft 121

Christina Wessely: Kosmologische Spektakel
Universale Archive: Selbsthistorisierungsstrategien
der esoterischen Moderne 131

Jürgen Teichmann: Der Himmel als mathematische
Gleichung und Labor 143

Frank Stahnisch: „Neurotheologie" – Zur Konjunktur eines
aktuellen mythologischen Phänomens im Zeitalter
medizintechnologischer Bildgebung 169

Malte Krüger: Mythos Automobil
oder ein Fall von Mytheninflation? 191

Oliver Hochadel: Das Postergirl der Paläoanthropologie:
Lucy zwischen Wissenschaft und Öffentlichkeit 217

Olaf Meuther: John F. Nash Junior
Held, Mythos, Mathematiker 233

Abbildungsverzeichnis 247

Literaturverzeichnis 251

Personenregister 285

Vorwort

Wie jedes Buch hat auch dieses eine eigene Geschichte, deren Ursprünge sich im Dunkeln verlieren. So ist jede Überlieferung zwangsläufig auch (Re)-Konstruktion des Geschehens, bei der ein Beginn erst festgelegt werden muss. Im Fall dieses Bandes könnte er zum Beispiel in folgenden Worten wiedergegeben werden: Am Anfang war eine Gruppe von Nachwuchswissenschaftler/Innen, die sich jährlich traf, um im Vorfeld der Tagungen der Gesellschaft für Geschichte der Medizin, Naturwissenschaften und Technik über aktuelle Themen der Forschung zu diskutieren. Der sogenannte Driburger Kreis hatte es sich zur Tradition gemacht, bei jedem Treffen ein neues Rahmenthema zu wählen und so muss wohl die Mainzer Zusammenkunft im September 2004 als Geburtsstunde des vorliegenden Buches angesehen werden. Dort entschied sich die Mehrheit der Anwesenden im kommenden Jahr Mythen, Helden und Symbole in den Naturwissenschaften zum Gegenstand zu machen. Die Resonanz war 2005 überraschend groß – was sich unter anderem an den zahlreichen Interessierten und Vortragenden in Oldenburg zeigte. Die rege Diskussion offenbarte den Mangel an Reflexionen zu diesem Thema in der bisherigen Forschung. Angesichts dessen entstand die Idee, die Tagungsbeiträge und ihre Ergebnisse in einem Sammelband zu publizieren. So nahm das Unterfangen seinen Lauf und wie ein Schiff auf hoher See umfuhren wir die Klippen eines solchen Projektes. Manche der Matrosen mussten uns im Laufe der Fahrt verlassen und neue Passagiere kamen hinzu. Wir konnten neue Autoren gewinnen, die sich durch ihre Forschungen auf diesem Gebiet ausgezeichnet hatten und die mit ihren Beiträgen den Band bereicherten.

Nun kurz vor dem Hafen von Ithaka gilt es unseren tapferen Reisegefährten zu danken. Neben den Autoren, die uns dieses Abenteuer durch ihre zuverlässige und anregende Kooperation erleichterten, danken wir dem Martin Meidenbauer Verlag, insbesondere Jörg Meidenbauer, André Pleintinger, Anna da Coll und Alexandra Palme für die Beratung, die Geduld und hervorragende Unterstützung, der Georg Agricola Gesellschaft welche das Projekt mit einem nicht unentbehrlichen Druckkostenzuschuss zur Realität werden ließ, der Oldenburger Fachgruppe für Didaktik und Geschichte der Physik für ihre Gastfreundschaft im Jahr 2005, Karin Epp und Malte Krüger für ihre unentbehrliche Mithilfe bei den Korrekturen, sowie Jens Wendt für seine Geduld und seine Bereitschaft uns in den letzten Tagen dieser Odyssee zu verköstigen und versorgen.

Natürlich treten hier nicht namentlich Erwähnte in den Hintergrund und zeugen davon, dass jede Erzählung der Komplexität des zu Erzählenden nicht gerecht wird. Mit den hier operierten Zäsuren – Mainz, Oldenburg, Ithaka – werden die Nuancen verwischt sowie die hier dargestellte Geschichte des Bandes schematisiert und letztendlich ein roter Faden gesponnen, den es in dieser Einfachheit schlicht nicht gibt. Die Irrwege werden sorgfältig verschleiert, die verlorenen Schlachten verschwiegen. So wären wir bereits mitten in unserem Thema, denn hier wird eine Erfolgsgeschichte erschaffen, ein Gründungsmythos aufgebaut und Beteiligte Akteure zu „Helden" erhoben.

Es gilt in diesem Buch zu untersuchen, wie eben solche Mythen samt ihrer Helden und Symbole entstehen und welche Funktion sie im Prozess der Naturwissenschaften einnehmen. Könnte es sein, dass jener Prozess trotz seinem aufklärerischen Anspruch, sich nicht nur in der Ablehnung des Mythos' entfaltet? Nach welchen Kriterien und wie werden bestimmte Wissenschaftler zu Helden gemacht? Ist die Argumentation naturwissenschaftlicher Arbeiten immer nur streng rational oder bedient sie sich auch Metaphern, Symbolen sowie Erzählmuster mythischen Ursprungs?

Basel/München, 31. Dezember 2008
Siegfried Bodenmann und Susan Splinter

Newtons Apfel & Co.
Zur Kategorisierung des Mythos in den Naturwissenschaften *

Siegfried Bodenmann

Wir leben in einer entzauberten Welt. So zumindest ein gewisser Konsens, der sich spätestens mit Max Weber etabliert hat und seine fortlaufende Bestätigung in einem sichtbaren und scheinbar unaufhaltsamen Prozess der Rationalisierung findet.[1] Sind wir nicht jeden Tag Zeugen neuer naturwissenschaftlichen Errungenschaften, welche die Grenzen des Unerklärlichen hinausschieben? Wird damit nicht der Vorhang der Unwissenheit, Mutter aller Aberglauben und Ammenmärchen, Stück für Stück von der leuchtenden Hand der Vernunft emporgehoben? Und hat uns die Technik nicht die Glühbirne gebracht, welche die Dunkelheit der Nacht sowie gleichsam ihr Gefolge von übernatürlichen und Angst erregenden Wesen auf immer verjagte?

Ob für die jüngsten Vertreter eines radikalen Aufklärungsideals oder für die Kritiker desselben: die Welt befindet sich in einem stetigen Prozess der Entmythologisierung. Während die einen es als eine durchaus positive, gar notwendige Entwicklung des menschlichen Geistes ansehen, halten es die anderen – die wir gern unter dem bis zur Inhaltsleere verwässerten Sammelbegriff des Romantikers einreihen – für die Quelle mancher Übel des 20. Jahrhunderts.[2] Mihailo Đurić bemerkt voller Nostalgie:

„Wir sind heute so weit aufgeklärt, daß wir nur an jenes glauben, dessen Wirksamkeit sich genau berechnen und ausmessen läßt, daß wir

---

* Mein herzlicher Dank geht an Karin Epp, Malte Krüger, Ulrike Messe und Susan Splinter für ihre zahlreichen Anregungen und/oder Korrekturen.
[1] Siehe u.a. Weber (1984). Zur Geschichte und Rezeption des Weber'schen Begriffes der Entzauberung, siehe Lehmann (2009).
[2] Siehe Adorno & Horkheimer (1969). Infolge der von Isaiah Berlin ausgeübten Kritik an der Aufklärung und dem Geist der französischen Revolution, die einerseits den Weg zum sowjetischen Totalitarismus geebnet, andererseits die Romantik und letztendlich den Faschismus eingeleitet haben sollen, wurden ferner verschiedene Autoren der so genannten Gegenaufklärung einer neuen Lektüre unterzogen (siehe z.B. Berlin 1969 und Ders. 2000; vgl. dazu auch Crowder 2004, S. 95–124). Dadurch wendete man sich erneut Giambattista Vicos Rehabilitierung des Mythos' in der *Scienza nuova* zu (Vico 1744; siehe dazu Mali 1992), den bereits Benedetto Crocce als Vorläufer Hegels gefeiert hatte (Crocce 1911). Aber auch Johann Gottfried von Herders Beleuchtung der Rolle von Mythen in der Herausbildung von gesellschaftlichen Werten wurde in ein neues Licht bzw. in den Schatten des Faschismus gestellt.

als wirklich nur jenes anerkennen, was sein Bestehen vor dem Gericht des nach Gründen suchenden Verstandes bestätigen kann. " An anderer Stelle bedauert er:
„*Die Wissenschaft ist nun so weit in der Entzauberung der Welt vorangeschritten, in der Entfernung aus der Welt aller geheimnisvollen Züge, welche der Aberglaube der Vergangenheit in sie hineingetragen hat, daß von ihrer zerstörenden Einwirkung nichts verschont geblieben ist. Wir glauben heute nicht einmal an das Christentum, geschweige denn an den naiven polytheistischen Mythos.* "[3]

Inmitten dieser hier natürlich karikierten Extreme verkünden bereits neue Propheten eine unmittelbare Wiederverzauberung der Gesellschaft.[4] Doch trotz der Verschiedenheit der jeweiligen Positionen verweisen die meisten immer wieder auf einen Antagonismus zwischen den Naturwissenschaften und dem Mythos, der oft pauschal auf die Opposition von Rationalität und Irrationalität reduziert wird und sich in Galileis Inquisitionsprozess oder in der Debatte zwischen den Evolutionisten und den Kreationisten gern bestätigt sieht. Auch Francisco de Goyas berühmte Radierung, welche die schlafende Gestalt der Vernunft umwoben von Ungetümen der Nacht darstellt, deutet einen ähnlichen Gegensatz an. Gleichzeitig aber scheint der Künstler daran erinnern zu wollen, dass Rationalität und Irrationalität nicht weit voneinander entfernt sind.[5]

Mythos und Logos
ein vermeintlicher Dualismus?

Sobald sich die Naturwissenschaften mit dem Problem des Ursprungs auseinandersetzen, komplexe Theorien zu veranschaulichen versuchen oder ihre eigene Geschichte rekonstruieren, beobachtet man jedoch häufig einen Rekurs auf eine mythische Sprache; jene Sprache also, welche sie laut ihrer positivistischen Anhänger gerade verbannen sollten. Wiktor Stoczkowski stellte zum Beispiel überzeugend dar, wie

---

[3] Duric (1979), jeweils S. 4 und S. 3.
[4] Maffesoli (1988); Ders. (2006); Berman 1983; siehe auch die Überlegungen Jean Baudrillards (vgl. dazu Gaillard 1987).
[5] Das Bild, das im Rahmen des satirischen Ziklus' *Caprichos* entstand, muss natürlich im gesellschaftlich-politischen Kontext des endenden 18. Jahrhunderts verstanden werden, verbirgt jedoch darüberhinaus eine allgemeinere Aussage über die Verhältnisse von Vernunft und Irrationalität.

Abb. 1: *Der Schlaf der Vernunft gebiert Ungeheuer* von Goya (1797–1798)

die Anthropologie sich narrativer Muster von alten Mythen bediente, um die Geburt der Menschheit in wissenschaftlichen Texten zu erklären.[6] Ähnliches zeigt in diesem Band Oliver Hochadel anhand des Berichtes über den berühmten Fund der Australopithecin Lucy durch den Paläoanthropologen Donald Carl Johanson, welcher auf Schöpfungslegenden und die mythologische Figur der Mutter Erde Gaea rekurrierte.[7]

Die Physik des 19. und 20. Jahrhunderts hat ihrerseits eine ganz eigene Mythologie entworfen, um manche ihrer Theorien zu veranschaulichen. Der Maxwellsche Dämon als Sinnbild thermodynamischer Verläufe, Erwin Schrödingers Katze als Metapher der Unbestimmtheit von Quantenzuständen, Albert Einsteins Züge, die mit Lichtgeschwindigkeit durch seine Gedankenexperimente rasen, Edward Lorenz' brasilianischer Schmetterling, der mit einem winzigen Flügelschlag einen Tornado in Texas auslöst, sind nur einige der prominentesten Beispiele.

Aber es gibt kaum einen Bereich der Naturwissenschaften, der mehr auf mythische Elemente zurückgreift, als ihre eigene Historiographie. Die oft von den eigenen Akteuren verfasste Geschichte der Naturwissenschaften inszeniert ein glückliches Epos, in welchem tapfere Helden und vereinzelte Genies der Wahrheit zum Sieg verhelfen. Ihre ruhmreichen Taten sind die Entdeckungen und Erfindungen, das Liefern von rationalen Erklärungen für (über)natürliche Phänomene und das Aufbauen von anschaulichen Experimenten bzw. *experimentum crucis*.

In dem vorliegenden Versuch, einige dieser „naturwissenschaftlichen Mythen" zu analysieren, haben sich Kijan Malte Espahangizi, Andreas Fickers, Frank Kessler, Karl Traugott Goldbach, Jürgen Teichmann, Oliver Hochadel und Olaf Meuther vollends oder teilweise der Konstruktion von Erinnerungsmomenten und Helden gewidmet. Eine solche Konstruktion verrät nicht nur viel über das Selbstverständnis und die Selbstwahrnehmung der jeweiligen Naturwissenschaftler. Sie beleuchtet auch den Vorgang der Legitimierung und Etablierung bestimmter Hypothesen oder ganzer Disziplinen im Kampf mit früheren Leitwissenschaften oder mit anderen, womöglich nicht mehr befriedigenden Erklärungen.

---

[6] Stoczkowski (1994); Ders. (1996). Vgl. auch mit dem Beitrag von François Féron, der das Motiv des Gartens Eden in Berichten zu den Urmenschen aufdeckt (Féron 1997b, S. 57f.).
[7] S. 217–231 dieses Bandes.

Darüber hinaus haben viele naturwissenschaftliche Errungenschaften alte Mythen als Deutungsmuster im öffentlichen Diskurs reaktiviert. Die Erfindung der Dampfmaschine, die Nutzbarmachung der Elektrizität oder die Beherrschung der Atomkraft haben die Figur des Prometheus' wiederbelebt, der, indem er den Göttern das Feuer stahl und den Menschen gab, gleichzeitig die Voraussetzung des technischen Fortschrittes und der Zivilisation schuf. Die Genforschung hat wiederum den Golem und die künstlich erschaffene Kreatur des Dr. Frankenstein erweckt. Die Zerstörung von Hiroshima und Nagasaki sowie der Super-GAU von Tschernobyl haben ihrerseits auf die Gefahr der Naturwissenschaften bzw. des übertriebenen Erkenntnisdurstes hingewiesen und das Bild des Dr. Jekyll und Mr. Hide,[8] des Dr. Faustus, des Zauberlehrlings oder des Dr. Rotwang aus METROPOLIS (1927) im kollektiven Bewusstsein wieder hervorgerufen. Wie Dominique Lecourt es bereits geschildert hat, werden jene mythischen Gestalten besonders im Moment einer ethischen Auseinandersetzung mit den Naturwissenschaften heraufbeschworen. So wurde das Schicksal Robert Oppenheimers, des Leiters des Manhattan-Projekts, oft mit demjenigen des Dr. Faustus verglichen.[9]

Mythische Motive nehmen dementsprechend einen bedeutenden Platz im Prozess ein, durch welchen die Naturwissenschaftler und ihre Tätigkeit sowohl intern als auch von Außen wahrgenommen werden.[10] Die dabei entworfenen Bilder beschränken sich nicht auf die negativen Figuren des *mad scientist* oder des amoralischen Wissenschaftlers,[11] sondern können auch durchaus positiv sein: Archimedes, nackt und mit nasser Bartspitze, der auf den Straßen Syrakus' den verdutzten Einwohnern ein lautes *Heureka* zuruft; Newton, der vom Geistesblitz getroffen wird, als er den Fall eines Apfels wahrnimmt und daraufhin seine Gravitationslehre entwickelt; Einstein, der „schlechte Schüler", der jedoch einige Jahre später mit Schnurrbart und zerzaustem Haar mit verblüffender Leichtigkeit und sicherer Hand das Rätsel

---

[8] Stevenson (1886).
[9] Lecourt (1996).
[10] In seinem Buch, *The Geneticist Who Played Hoops with My DNA... And Other Masterminds from the Frontiers of Biotech* reaktiviert David Ewing Duncan ganz bewußt bestimmte Mythen, um verschiedene amerikanische Biologen zu beschreiben und kategorisieren: Douglas A. Melton wird mit Prometheus assoziert, Cynthia Jane Kenyon mit Eva, Craig Venter mit Dr. Faustus und James D. Watson mit keinem anderen als Zeus selbst (Duncan 2005).
[11] Zur Gestalt des *mad scientist*, siehe z.B. Frayling (2005).

des Universums auf die Formel $E = mc^2$ auf das schwarze Brett bringt. Diese Mythen sind feste Bestandteile unseres kollektiven Gedächtnisses und werden oft – sowohl von den Naturwissenschaftlern selbst als auch von einer breiteren Öffentlichkeit – gestaltet. Sie begegnen uns in biographischen und autobiographischen Texten, in Lehrbüchern und in populärwissenschaftlichen Studien. Den Normalsterblichen vermitteln sie das Gefühl, dass auch ein gewöhnlicher Beamter mit durchschnittlichem Schulzeugnis zum herausragenden Wissenschaftler empor wachsen kann und dass es reicht, ein aufmerksamer Beobachter zu sein, um der Natur ihre letzten Geheimnisse zu entlocken. Das Labor und seine komplizierten Instrumente weichen hinter die einfache Badewanne, die langatmige Lektüre und Auswertung der Fachliteratur hinter den inspirierenden Garten, das Forschungsteam hinter das Genie im Elfenbeinturm zurück. Ob bei der Körperpflege, beim Spaziergang oder im Berner Patentamt, Entdeckungen werden im Alleingang gemacht und folgen spontanen Einfällen.

Kann man noch, angesichts dieser einleitenden Überlegungen, die Naturwissenschaften als ein Erkenntnisprozess, aber auch als eine soziale Tätigkeit einer Gemeinschaft von Gelehrten, die in einem größeren kulturellen und gesellschaftlichen Kontext verankert ist, wirklich auf einen bloßen Rationalisierungsprozess reduzieren, welcher sich die endgültige Beseitigung des Fantastischen und des Mythischen zum Ziel gesetzt hat?

Es steht außer Frage, dass Pierre Bayles rationale Argumente [12] und Edmund Halleys astronomische Beobachtungen zur Überwindung des an die Erscheinung eines Kometen geknüpften Aberglaubens beigetragen haben. Als Alexis Claude Clairaut, der auf Newtons Gravitationstheorie zurückgreifen konnte, die Rechnungen Halleys fortführte und mit großer Genauigkeit die Rückkehr des nach Letzterem genannten Kometen voraussagte,[13] war die zum Firmament blickende Öffentlichkeit gezwungen, die himmlische Erscheinung als ein auf strengen Gesetzen basierendes natürliches Phänomen und nicht mehr als Unglücksbote oder Verkünder außergewöhnlicher Ereignissen zu betrachten. Wenn Voltaire darin einen eindeutigen Sieg der Ratio über

---

[12] Bayle (1682).
[13] Halley hatte die Rückkehr des Kometen auf Ende 1758 – Anfang 1759 angekündigt. Clairaut hatte sein Perihel auf Mitte April 1759 vorausgesagt. Der Halleysche Komet erschien tatsächlich am 25. Dezember 1758 und erreichte sein Perihel am 12. März 1759.

die Abergläubigkeit sah,[14] wurden jedoch im Grunde genommen die Grenzen zwischen dem „Reich der Vernunft" und demjenigen der Fantasie und der Imagination – wie sie oft metaphorisch bezeichnet werden – lediglich verschoben, ohne dass eines der beiden dadurch kleiner geworden wäre. Denn mit der Vorhersagbarkeit der natürlichen Phänomene war gleichzeitig die Figur des Laplaceschen Dämons und der Glaube an einen allgemeinen Determinismus geboren. Dieser besagte, dass eine Intelligenz, die alle Gesetze der Natur und ihren genauen Zustand in einer gegebenen Zeit kenne, in der Lage sei, alle früheren und zukünftigen Zustände zu beschreiben.[15] Es scheint also, dass gerade in dem Moment, wo die Naturwissenschaften ihren Sieg über das Irrationale feiern, gleichzeitig selbst einen neuen Mythos hervorrufen: denjenigen des Positivismus', der Glaube an die vollständige Erschließung der Natur durch das Sammeln eines kumulativen Wissens sowie an einen unaufhaltsamen und unerschütterlichen Fortschritt der Technik. Und diesen Mythos, obgleich er in den letzten Dekaden mehrmals entlarvt und dekonstruiert wurde,[16] sind die Naturwissenschaften nicht imstande zu überwinden, denn er bildet ihr eigentliches Wesen. Die ganze moderne Physik – ob bei René Descartes, Gottfried Wilhelm Leibniz oder Isaac Newton – beruht darauf, dass Gott eine geordnete Welt geschaffen hat, die für die Menschen erkennbar sei und deren Gesetze verstanden werden könnten. So sei Gott außerdem mit Letzteren sparsam gewesen und daher sei die Natur immer durch die einfachste Lösung zu erklären. Das Postulat der rationalen Nachvollziehbarkeit und Erklärbarkeit der natürlichen Phänomene bleibt bis heute eine wichtige Voraussetzung der Naturwissenschaften.

Die „Reiche der Vernunft" und der Mythen verhalten sich also ähnlich wie die reale Welt und das fiktive *Fantasíen* in der *Unendlichen Geschichte* von Michael Ende.[17] Es besteht durchaus ein wechselseitiger Einfluss zwischen ihnen. Beide sind dabei ewig und unendlich, keines belagert das andere und zielt auf seine endgültige Beseitigung. In der Annahme einer solchen Erzfeindschaft liegt ja der Mythos einer progressiven Entzauberung. Doch das Reich der Mythen wird durch

---

[14] „Les idées superstitieuses étaient tellement enracinées chez les hommes que les comètes les effrayaient encore en 1680. [...] Il fallut que Bayle écrivît contre le préjugé un livre fameux, que les progrès de la raison ont rendu aujourd'hui moins piquant qu'il n'était alors" (Voltaire 1957, S. 1001).
[15] Siehe dazu den Beitrag von Jürgen Teichmann in diesem Band (S. 147).
[16] Siehe z.B. Ferrarotti (1985).
[17] Ende (1979).

den Prozess der Verwissenschaftlichung keineswegs kleiner, denn in jenem Reich verschwindet nur, was nicht verwandelt wird,[18] und es sind gerade die Naturwissenschaften, die der Kosmogonie, den Taten Prometheus' oder dem Symbol des Apfels eine neue Bedeutung geben, sie neu erschaffen und dadurch vor dem Vergessen gerettet haben. Wie dies geschieht, soll uns in dieser Einleitung später noch beschäftigen.

Unter dem Begriff des naturwissenschaftlichen Mythos verstehe ich also weniger irrationale und veraltete Hypothesen, nicht beweisbare Axiome oder widersprüchliche Theoriengebäude bzw. Modelle von Wirklichkeiten früheren Wissenschaftler, die „einfach noch nicht so weit waren"[19] und die es zu überwinden gilt. Vielmehr soll der Begriff für ein breites Spektrum von Erzählungen stehen, die etwas über die Naturwissenschaftler, ihre Tätigkeit oder das Wesen ihrer Forschungen aussagen und entweder von der Öffentlichkeit oder von den Naturwissenschaftlern selbst entworfen werden. Die naturwissenschaftlichen Mythen, um die es hier geht, artikulieren ein grundsätzliches Verständnis der Natur, die sie zum Beispiel als einfach, organisiert, deterministisch, von einer Vorsehung geleitet oder zum Nutzen des Menschen geschaffen darstellen. Sie etablieren neue Erkenntnisse, ganze Disziplinen oder gar die Autorität der Naturwissenschaften durch die Glorifizierung einiger ihrer Akteure und deren Taten. Sie verbreiten sich in der Öffentlichkeit, wo sie rationale Erklärungen und Ziele der Naturwissenschaften verständlich machen,[20] zum Beispiel, wenn die Welt der Naturwissenschaftler die Vorstellungen des einfachen Laien so weit überflügelt und für Letzteren so übernatürlich erscheint, dass der Gelehrte gezwungen ist, auf den Mythos als Vermittler zwischen ihm, „der durch Berechnung Zugang zu einer unvorstellbaren Realität

---

[18] Claude Lévi-Strauss hat eindrücklich gezeigt, wie bestimmte Mythen der Bororo immer wieder der Vergessenheit entgingen, indem sie eben ständig transformiert, angepasst und dadurch reaktiviert wurden (Lévi-Strauss 1971, Bd. 1: „das Rohe und das Gekochte"). Gilbert Durand hat seinerseits versucht, diesen Vorgang der Verwandlung von Mythen zu typologisieren; siehe Durand (1987), insbesondere S. 18f.

[19] So das Credo einer Fülle von wissenschaftshistorischen Studien, die einen geradezu aufklärerischen Eifer belegen, überholte Theorien als Mythen zu entlarven und als vermeintlichen Irrweg der Vernunft zu bezeichnen oder die alchemistischen Werke Newtons sowie den Rekurs auf Gott zur Erklärung der Natur bei erstrangigen Wissenschaftlern zu entschuldigen versuchen.

[20] Dies zeigte eindrucksvoll David C. Cassidy anhand Albert Einstein und seiner Relativitätstheorie in einem am 19. März 2003 am Physikalischen Institut der Universität Erlangen-Nürnberg gehaltenen Plenarvortrag mit dem Titel: „Albert Einstein: Myths, Legends, and Reality".

findet, und dem Laienpublikum, das darauf brennt, etwas von dieser Realität zu erfassen"[21] zurückzugreifen.[22] Dies trifft vor allem dann zu, wenn diese Welt diejenige der Quantenmechanik ist bzw. die Gelehrten Albert Einstein, Niels Bohr, Werner Heisenberg oder Erwin Schrödinger heißen.

Dem Leser ist es vermutlich bereits klar geworden. Es ist nicht meiner Ziel, den Naturwissenschaften ihre Suche nach Rationalität abzustreiten oder den formellen Unterschied zwischen einem mythischen und einem naturwissenschaftlichen Denken aufzuheben. Es geht mir in erster Linie darum, den angenommenen radikalen Antagonismus zwischen dem *muthos* und dem *logos* zu hinterfragen,[23] der im 20. Jahrhundert bei Lucien Lévy-Bruhl, William Nestle oder Ernst Cassirer seinen Ausdruck gefunden hat.[24] Alle drei Autoren sahen zwar im mythischen Bewusstsein der antiken Griechen den Ursprung der Natur- und Geisteswissenschaften, operierten jedoch mit einer scharfen inhaltlichen und zeitlichen Trennung zwischen einem „prälogischen" und einem „modernen" Denken. Nestle deutete dementsprechend die griechische Philosophie als den Sieg des *logos'*, Cassirer seinerseits mahnte zu einer definitiven Überwindung dieser mythischen Anfänge, auf dass die Naturwissenschaften dem Mythos nicht selbst verfalle. Somit verkannten sie jedoch, dass sowohl die Mythen als auch die Naturwissenschaften nicht nur dieselben grundlegenden Fragen über Ursprung, Existenz und Bestimmung der Dinge stellen, sondern jene teilweise auch gemeinsam zu beantworten versuchen. Ohne sie gleichsetzen zu wollen, gilt es hier, die Naturwissenschaften und die Mythen in dem Moment ihrer Begegnung bzw.

---

[21] Lévi-Strauss (1993), S. 11.

[22] Zu einer präziseren Definition des naturwissenschaftlichen Mythos' kommen wir noch am Schluss.

[23] Eine solche Hinterfragung ist nicht gänzlich neu – wenn auch ein Kind unserer Gegenwart. Siehe z.B. Dettwiler & Karakash (2003); darin insbesondere das Vorwort von Andreas Dettwiler, S. V – XIII, v.a. S. XIII, sowie den Beitrag von Jean-Jacques Wunenburger: „Imaginaire et rationalité, une tension créatrice?" (Wunenburger 2003).

[24] Dieser Antagonismus ist natürlich so alt wie die Begriffe, die er gegenüber stellt – man denke z.B. an Platos Auseinandersetzung mit den Mythen. Zu den benannten Autoren, siehe u.a. Lévy-Bruhl (1922); Ders. (1935), insbesondere die Einleitung, § II und III. Man muss jedoch ergänzen, dass Lévy-Bruhl später selber seine frühere Annahme bezweifelte, dass primitive Gesellschaften die Grundsätze der Logik nicht beherrschen würden, und somit die scharfe Differenzierung von *muthos* und *logos* etwas relativierte. Siehe ferner Nestle (1940); Cassirer (1923 – 1929). Allgemein zu diesem Antagonismus, siehe zudem: Schmid (1988); Kemper (1989).

Überschneidung zu untersuchen; d.h. wenn sie, statt in einem Konflikt auszuharren, auf eine schöpfende und fruchtbare Weise interagieren.

Erst in der Aufhebung jenes Antagonismus stellt sich nämlich den Wissenschaftshistorikern und Epistemologen eine Reihe neuer Fragen, denen – wie mir scheint – noch erstaunlich wenig Beachtung geschenkt worden ist. Wenn die Erscheinungen von Mythen in den Naturwissenschaften keine bloßen Irrtümer früherer, nicht ganz aufgeklärter Gelehrten sind, welche Funktion nehmen sie dann in den Naturwissenschaften ein? Wie entstehen diese Mythen? Durch wen und warum? Welche Wirkung haben sie auf die Gesellschaft und auf die Wissenschaften, die sie hervorgebracht haben?

Der naturwissenschaftliche Mythos in der bisherigen Forschungsliteratur

Ein Blick auf die bisherige Mythenforschung verrät, dass der naturwissenschaftliche Mythos bis heute, wenn überhaupt, nur eine marginale Rolle gespielt hat. Dementsprechend sind auch die soeben gestellten Fragen gänzlich unbeantwortet geblieben.

Der Mythologe und Anthropologe Claude Lévi-Strauss verkennt zwar nicht die Existenz solcher Mythen und nennt sogar einige Beispiele im Vorwort seines 1991 erschienenen Buches: *Die Luchsgeschichte. Zwillingsmythologie in der Neuen Welt.*[25] Allerdings sind sie nicht Gegenstand seiner Studien, die sich vornehmlich mit Mythen amerikanischer Stämme beschäftigen. Das Ziel Lévi-Strauss' ist es, mittels Erzählungen von eingeborenen Gesellschaften elementare Strukturen des mythischen Denkens und damit letztendlich Konstanten oder gar Gesetze der menschlichen Natur bzw. der menschlichen Gesellschaften herauszufinden, wie das Inzestverbot[26] oder die Unterscheidung von Rohem und Gekochtem.[27] Als Ausdruck „weiter entwickelter" Gesellschaften finden die Naturwissenschaften in diesem Forschungsfeld allerdings keinen Platz.

Der Philologe Georges Dumézil hat durch vergleichende Studien von indo-europäischen Mythen ebenfalls bestimmte wiederkehrende

---

[25] Lévi-Straus (1993), S. 10ff. Erwähnt werden dort z.B. Schrödingers Katze oder einige Mythen zum Ursprung des Lebens auf der Erde.
[26] Lévi-Strauss (1984).
[27] Lévi-Strauss (1971), Bd. 1.

Muster und Strukturen herausgearbeitet.[28] Beide Autoren machten sich somit verdienstlich, indem sie dem Mythos eine eigene Logik zugestanden.[29]

Von den 53 Mythen, die der Semiologe und Sprachwissenschaftler Roland Barthes in seinem 1957 erstmals veröffentlichten Essay *Mythen des Alltags* beschreibt, findet sich lediglich ein naturwissenschaftliches Beispiel mit der Überschrift: „Einsteins Gehirn".[30] Der Typologisierungsversuch im zweiten Teil des Buches ist auf die naturwissenschaftlichen Mythen leider nur sehr beschränkt übertragbar, nicht zuletzt weil der Text – wie Barthes es in einer späteren Auflage selbst zugibt[31] – an Aktualität verloren hat. Barthes geht es in erster Linie um eine Kritik der Gesellschaft seiner Zeit, der 50er Jahre. Dabei wird nicht immer sauber differenziert zwischen Mythos, Vorurteil, Ideologie und Propaganda. Anlass seiner Reflexion sei „ein Gefühl der Ungeduld angesichts der ‚Natürlichkeit', die der Wirklichkeit von der Presse oder der Kunst unaufhörlich verliehen wurde, einer Wirklichkeit, die, wenn sie auch die von uns gelebte ist, doch nicht minder geschichtlich ist."[32] In dieser von den Medien konstruierten Wirklichkeit tragen alle Römer Haarfransen auf der Stirn, Wein und Käse sind von jeher Kulturgut Frankreichs und Einstein besitzt das mächtigste Gehirn der Welt, was seine Entdeckung der Relativitätstheorie gleich erklärt, wenn nicht legitimiert.

Vor allem zwei Autoren haben sich besonders dem naturwissenschaftlichen Mythos gewidmet. In ihrem mehrfach übersetzten und veröffentlichten Buch *Die Badewanne des Archimedes. Berühmte Legenden aus der Wissenschaft* bringen die Wissenschaftsjournalisten Sven Ortoli und Nicolas Witkowski, ähnlich wie Barthes, 22 gängige Mythen zusammen: von Archimedes' Badewanne über das *Perpetuum mobile* bis hin zu Ufos und Schwarzen Löchern. Bedauerlich ist nur,

---

[28] Es sei hier stellvertretend auf sein *opus magna* hingewiesen: Dumézil (1968–1973).

[29] In diesem Zusammenhang ist noch Gilbert Durand zu erwähnen, der diese Strukturen auf die Welt des Imaginären übertrug; Durand (1960).

[30] Barthes (1964), S. 24–26. Es bleibt schleierhaft, weshalb die deutsche Übersetzung die Anzahl der 53 in der ursprünglichen französischen Fassung behandelten Mythen auf 19 reduziert hat; vgl. mit Barthes (1957).

[31] Siehe die spätere französische Auflage von 1970: Barthes (1970), S. 7; dort erkennt Barthes, das vor allem im Jahr 1968 einige grundlegende gesellschaftliche Änderungen stattgefunden haben, die seinem Buch, sollte es neu geschrieben werden, eine neue Form geben würden.

[32] Barthes (1964), S. 7.

dass sie auf eine Kategorisierung gänzlich verzichten: „Wir wollten", schreiben sie, „aus dieser Mythensammlung keine Typologie machen, denn wir sind der Meinung, dass all diese Geschichten mehr oder minder aus jener Enttäuschung herrühren, die der Drang nach absoluter Erkenntnis zwangsläufig erfahren muss und die sich in der Manie des Klassifizierens niederschlägt."[33]

Zweifellos lauert auf dem Mythenforscher die Gefahr, mit dem Versuch der Kategorisierung neue Mythen zu entwerfen. Trotzdem bleibt eine solche Typologisierung natürlich unentbehrlich, wenn die Erforschung der naturwissenschaftlichen Mythen mehr als eine bloße Zusammenstellung einzelner Fallbeispiele beabsichtigt. Daher gilt es in dieser Einleitung dort anzusetzen, wo Ortoli und Witkowski aufgehört haben, mit dem Ziel anhand ausgewählter Beispiele, den größeren Sinnzusammenhängen und Gesetzlichkeiten mythologischer Deutungsmuster auf die Spur zu kommen.

Man sollte jedoch nicht glauben, dass, weil bisher eine solche Kategorisierung fehlt, die Wissenschaftshistoriker und -philosophen sich gar nicht den Mythen in den Naturwissenschaften gewidmet hätten. Ganz im Gegenteil: die Anzahl der Publikationen ist beträchtlich. Trotz vereinzelter Ansätze [34] fehlt aber eine grundlegende Untersuchung des Mythos', seiner Funktion und seiner Bedeutung in den Naturwissenschaften bis heute. Die Auswertung einer auf mittlerweile mehrere hunderte von Titeln angewachsenen Bibliographie zeigt drei Haupttendenzen.

Die erste wurde bereits durch Ortolis und Witkowskis Buch illustriert. Sie bietet einen Zugang zu den naturwissenschaftlichen Mythen durch ihre erbauende und meist unterhaltsame Ansammlung.[35] Ähnlich wie die Brüder Grimm, welche die Märchen und Legenden ihrer Epoche erfasst hatten, versuchten die Autoren dieser Zusammenstellungen, die modernen Mythen unserer Zeit festzuhalten – vorwiegend um bestimmte vorgefertigte Ansichten aufzudecken und somit auf die Grenzen des naturwissenschaftlichen Wissens hinzuweisen.[36]

---

[33] Ortoli & Witkowski (2001), S. 8.
[34] Siehe u.a. Feyerabend (1975); Smith (1984).
[35] Stellvertretend seien hier neben Ortoli & Witkowski (2001) noch Bouvet (1997) und Witkowski (2006) genannt.
[36] Didier Norton schreibt beispielsweise in seiner Einleitung zu Bouvet (1997): „Nécessaire à la vie quotidienne, les idées reçues sont indispensables à la science. Car le corpus scientifique est un corpus d'idées reçues! En effet, une fois qu'un résultat a été publié dans une revue reconnue – ce qui signifie qu'il a obtenu l'aval d'un comité de lecture réputé sérieux – il est admis sans autre examen

Zweitens widmet sich die große Anzahl der Studien einzelnen Mythen. Die Untersuchungen Hans Blumenbergs zum Mythos der kopernikanischen Wende, welche durch Sigmund Freud als traumatische Zerstörung der kosmischen Zentralstellung des Menschen interpretiert wurde,[37] liefern nur eines von vielen Beispielen. In dieser Kategorie werden vor allem Aufbau, Etablierung und Funktion von Mythen und Anekdoten sowohl von einzelnen Themengebieten wie der Alchemie, der modernen Physik oder dem Darwinismus, als auch von einzelnen Protagonisten wie Hildegard von Bingen, Galileo Galilei, Antoine-Laurent de Lavoisier, Charles Darwin, Thomas Alva Edison oder Albert Einstein behandelt.[38] Ein themen- oder epochenübergreifender Vergleich fehlt jedoch meistens.

Die Haupttendenz der Sekundärliteratur kennzeichnet sich schließlich heute wie vor 50 Jahren durch die Entlarvung der naturwissenschaftlichen Mythen und eine daraus hervorgehende „saubere" Trennung von Fakten und Fiktion.[39] Viele der Aufsätze und Werke, die den zwei vorherigen Tendenzen zugeordnet werden können, folgen auch gleichzeitig diesem Ziel. Allein zur Evolutionstheorie zählt man mehrere hundert Titel.[40] In diesen Studien gilt es zu untersuchen, was Darwin tatsächlich geschrieben hat, was seine Thesen wirklich zu bedeuten haben und was seinen Lehren erst im Nachhinein hinzugefügt bzw. was in seine Worte hineininterpretiert wurde.[41]

Nun kann nicht bezweifelt werden, dass jede kritische Auseinandersetzung mit Mythen, ihren Helden und Symbolen diese auch zwangsläufig entlarvt, doch dies sollte nicht das primäre Ziel des Mythenforschers sein. Ich bin der festen Überzeugung, dass Mythen

---

par la profession. Seuls les plus scrupuleux réexaminer de près. Les autres ‚font confiance'."(Norton (1997), S. 10).

[37] Blumenberg (1965); Ders. (1975); siehe dazu auch: Böhme & Böhme (1985), S. 174–175. Zu Freuds ursprünglicher Behauptung, siehe Freud (1974), S. 283f.

[38] Zu Galilei, siehe z.B. Chareix (2002); zu Lavoisier: Bensaude-Vincent (1983); Perrin (1989); zu Darwin: Fleming (2002); Shermer (1990); zu Edison: Fickers und Kessler in diesem Band (S. 71–86); Nye (1982); Wachhorst (1981); zu Einstein: Friedman & Donley (1989).

[39] Diese Tendenz rezipierten bereits Reinhard Schulz und Wilfried Suhr; siehe Schulz & Suhr (1994).

[40] Es seien hier stellvertretend folgende Studien genannt: Bannister (1979); Berra (1990); Lovtrup (1987); Mayr (1990); Stafford (1994).

[41] Ein weiteres berühmtes Beispiel ist die Dekonstruktion des Irrglaubens, nach welchem Spinat besonders eisenreich sei. Dieser kann auf einen Druckfehler innerhalb einer Wertanalyse zurückgeführt werden; siehe z.B. Féron (1997a). Durch Popeye bleibt jedoch dieses Märchen nachhaltig im kollektiven Gedächtnis verankert.

dekonstruiert werden können, ohne dass ihnen dabei eine Existenzberechtigung abgeschrieben werden muss. Dieser Band soll daher als Plädoyer für ein Neuverständnis und eine Neudefinition des Mythos innerhalb der Naturwissenschaften verstanden werden, nämlich als ein nicht zu unterschätzender Faktor ihrer Entwicklung als Disziplin sowie als Motor für das Erschaffen neuen Wissens.

Wie es bereits mit der Rückkehr des Halleyschen Kometen und dem Laplaceschen Dämon angedeutet wurde, erscheinen immer dann, wenn die Naturwissenschaften das mythische Denken zu verbannen und es vollständig durch einen rationalen Diskurs zu ersetzen versuchen, neue Mythen, als wären diese notwendige Fiktionen oder – im Sinne Blumenbergs – kompensierende Erzählungen der wissenschaftlichen Erklärungen. Ob im radikalen Materialismus, im Positivismus oder in der Scientologie: jede völlige Ablehnung des Mythos mündet in einem neuen.

Wer zu dieser Erkenntnis kommt, dem eröffnen sich alsdann zwei Wege: entweder interpretiert er die neu geschaffenen Mythen als Zeichen dafür, dass man noch nicht am Ende des Entmythisierungs- und Rationalisierungsprozesses angelangt ist. Dieser Weg führt jedoch oft zu einer gewissen Leere und nicht selten zu einer Grundskepsis gegenüber den Wissenschaften, die Michael Oakeshott folgend beschrieb:

„*The project of science [...] is to solve the mystery, to wake us from our dream, to destroy the myth; and were this project fully achieved, not only should we find ourselves awake in a profound darkness, but a dreadful insomnia would settle upon mankind, not less intolerable for being only a nightmare*".[42]

Oder aber man akzeptiert die mythische Erzählung als unzertrennliche Begleiterin jedweden rationalen Denkens. So wie in der ersten Hälfte des 18. Jahrhunderts der neapolitanische Jurist und Philosoph Giambattista Vico in seiner *Scienza nuova* die Mythologie wiederentdeckte und als wichtige Quelle für das Verständnis der Geschichte früherer Völker erkannte, kann – so meine ich – durch die naturwissenschaftlichen Mythen etwas über den Forscher, die einzelnen Fachdisziplinen und das Wesen der Naturwissenschaften erfahren werden und so zu einem besseren Verständnis der Letzteren führen. Der Mythos sagt nämlich etwas über seine Schöpfer, über ihre Ängste und Erwartungen aus. Und wie Blumenberg bereits feststellte: Auch Ängste und Erwartungen „sind geschichtliche Fakten und Faktoren, Ansätze für

---

[42] Oakeshott (1975), S. 151.

sich immer wieder aufbauende Verlockungen und Verführungen".[43] Die Angst, im Universum ganz allein zu sein, oder die Erwartung, es eben nicht zu sein, sowie der Reiz des Unentdeckten und die von Letzteren hervorgerufenen Vorstellungen sind treibende Kräfte für die Erforschung des Weltraums. Man kann außerdem bezweifeln, dass Ptolemäus, Copernicus, Tycho Brahe oder Kepler sich mit den Bewegungen der himmlischen Körper und ihre Erklärung befasst hätten, hätten sie nicht die Erwartung gehabt, die Natur sei von einfachen Prinzipien regiert und entspräche einer Ästhetik, die uns heute fremd oder irrational erscheinen mag.

Versuch einer Kategorisierung des naturwissenschaftlichen Mythos

Wie oben bereits angedeutet, soll der vorliegende Band Anregungen und Vorschläge zu einer Typologisierung des Mythos' in den Naturwissenschaften liefern. Im Folgenden möchte ich deswegen einen Kategorisierungsversuch wagen, den es zu überprüfen und weiter zu entwickeln gilt. Anhand wohl bekannter sowie weniger beachteter Mythen sollen drei unterschiedliche Erscheinungsformen herausgestellt werden.

Der Ursprungsmythos und der Vorgang der Rekonstruktion

Der Anfang jeder Naturwissenschaft beruht auf einem primären Verständnis der Natur, des Gegenstandes ihrer Erforschung, und auf bestimmten Methoden, Zielen und Erwartungen, die ihr Wesen ausmachen und sie als einen besonderen Erkenntnisprozess kennzeichnen. Die Mythen, welche in diesem Zusammenhang erscheinen, nenne ich deswegen Ursprungsmythen. Sie liefern bestimmte Rekonstruktionen, auf die nun eingegangen werden soll.

Der Mythos liegt zunächst in der Rekonstruktion der Natur, wie sie sein sollte: verständlich, beherrschbar, harmonisch, zweckorientiert, einfach, polarisiert, unendlich bzw. endlich, homogen bzw. heterogen; je nachdem, in welchem kulturellen Hintergrund die Rekonstruktion vorgenommen wird. Christina Wessely bietet in diesem Band anhand Hanns Hörbigers Welteislehre ein eindruckvolles Beispiel, wie ein bestimmtes Verständnis der Natur sogar zur Gründung einer ganzen

---

[43] Blumenberg (2000), Vorwort, ohne Seitenangabe.

Pseudowissenschaft führen kann. Susan Splinter zeigt ihrerseits, wie in der ersten Hälfte des 18. Jahrhunderts die auf dem europäischen Kontinent herrschende cartesianische mechanistische Sicht auf die Welt schließlich zur Modellierung Letzerer führte. Bilfingers Maschinen dienten dabei nicht nur der Veranschaulichung der Kräfte, die dem Universum innewohnen. Sie sollten vor allem die Schwerkraft als ein streng mechanistischer Vorgang erklären und die newtonsche Gravitation als eine in die Distanz agierende Kraft entgegenwirken. Für die Anhänger Descartes' konnte ein Gegenstand nur durch Berührung bzw. Stoß mit einem anderen Gegenstand bewegt werden, weswegen sie in der Lehre Newtons eine Rückkehr zu den okkulten Kräften der aristotelischen Welt sahen. Es liegt eine gewisse Ironie in der Tatsache, dass Descartes' Annahme lauter Teilchenwirbel, welche die Planeten um die Sonne und den Mond um die Erde mit sich tragen würden, später von der gesamten französischen Aufklärung auch als Fabel gekennzeichnet und verworfen wurde, während die „okkulte" newtonsche Anziehungskraft sich in Europa durchsetzte.

In beiden Beiträgen wird deutlich, dass die Natur ein kulturelles und soziales Konstrukt ist, das vielschichtig, ort- und zeitgebunden ist und als solches einen stetigen Bedeutungswandel erfährt.[44]

Aus den vielen Eigenschaften, die der Natur zugeordnet wurden, soll im Folgenden das Postulat ihrer Zweckorientiertheit herausgegriffen werden. Wenn dieser Gedanke bereits in der Antike vorhanden ist, gewinnt er im christlichen Europa eine noch bedeutendere Dimension. Die Naturtheologen – auch Physikotheologen genannt – sind der festen Überzeugung, in der Natur, der Schöpfung Gottes, Beweise seiner Existenz zu finden: Alles läuft nach einem Plan, alles wird durch seine Vorsehung geleitet, alles hat einen Zweck, nämlich meistens den, der Krönung der Schöpfung zu dienen: dem Menschen. Der Philosoph und Theologe William Paley bemerkte 1802 in seinem Buch *Natural Theology*,[45] von dem Charles Darwin sagte, er habe es so oft gelesen, dass er es beinah auswendig kennen würde,[46] dass der Säugling noch keine Zähne tragen würde, um seine Mutter beim Stillen nicht zu verletzen und dass die Giraffe einen langen Hals besäße, um in

---

[44] Dazu siehe auch: Jenseth & Lotto (1996). Ich habe an anderer Stelle anhand der Reiseberichte des Felix Fabri gezeigt, wie stark kulturelle Faktoren die Wahrnehmung der Natur beeinflussen können (Bodenmann 2005).
[45] Paley (1802).
[46] „I do not think I hardly ever admired a book more than Paley's *Natural Theology*. I could almost formerly have said it by heart" (Darwin 1905, Bd. II, S. 15: Brief von Darwin an John Lubbock, 15. November 1859).

der Steppe zu der spärlichen Nahrung zu gelangen, und so habe Gott für Alles vorgesehen.[47] Der Philosoph und von einigen als Vater der Wissenschaftsgeschichte gefeierte William Whewell sah in den Naturgesetzen und in den astronomischen Zyklen von Sonne und Mond, welche unser Leben regulieren, die Anordnung Gottes und ein sichtbares Zeichen seiner Güte. Andere, wie Jacques-Henri Bernardin de Saint Pierre, gingen so weit zu behaupten, dass Wassermelonen gestreift seien, damit man sie besser schneiden könne.[48] Solch ein naives Argument leitete letztendlich die Kritik der natürlichen Theologie ein. Mit dem Glauben an die Zweckmäßigkeit der Natur wurde jedoch die naturwissenschaftliche Forschung in eine bestimmte Richtung gelenkt. Gewisse Disziplinen wie Natur- und Tierkunde wurden in der zweiten Hälfte des 18. und am Anfang des 19. Jahrhunderts privilegiert, weil sie reichlich Möglichkeit zur Verherrlichung der Schöpfung darboten. Ob nun in den Werken William Paleys, Bernhard Nieuwentyts oder des Abts Noël Antoine Pluche:[49] die verschiedenen Tierarten wurden nebeneinander behandelt und vorgestellt. Es entstanden zwangsläufig Gegenüberstellungen; man bemerkte Unterschiede und Gemeinsamkeiten, die zur Linnés Klassifikation der Arten führte, und am Ende des 18. Jahrhunderts erschienen die ersten vergleichenden Studien. Man stellte eine Verbindung zwischen den Kreaturen und ihrem Umfeld her. Somit war der Weg für die Lamarcksche Anpassungs- und Evolutionstheorie und später für die darwinistischen Thesen eröffnet. Charles Darwin, der Paley bewundert hatte, sah sich gezwungen, zu schlussfolgern: „The old argument from design in Nature, as given by Paley, which formerly seemed to me so conclusive, fails, now that the law of natural selection has been discovered."[50] Um es vereinfachter auf den Punkt zu bringen: der Mythos der Zweckorientiertheit der Natur war durch jenen des Kampfes ums Dasein ersetzt worden.

Auch die angenommene Einfachheit der Natur kann als ein wichtiger Ursprungsmythos verstanden werden, der noch heute eine bedeutende Rolle als Voraussetzung für viele Naturgesetze spielt. Das von Pierre Louis Moreau de Maupertuis aufgestellte und von Leonhard Euler präzisierte Prinzip der kleinsten Wirkung[51] oder die lange an-

---

[47] Zu Paleys natürlicher Theologie, siehe Bodenmann (2004).
[48] Bernardin (1825), Bd. IV, S. 435.
[49] Nieuwentyt (1732); Pluche (1739).
[50] Darwin (1905), Bd. I, S. 278.
[51] Mit diesem Prinzip glaubte Maupertuis alle Sätze der Dynamik und der Statik auf einen Grundsatz zu reduzieren. Es besagte, dass die Natur aus allen möglichen Veränderungen bzw. Bewegungen stets diejenigen auswählen würde, die

genommenen zunächst vollkommen kreisförmigen dann perfekt elliptischen Bahnen der Planeten sind zwei Beispiele unter vielen, die diese Vorstellung untermauern. Bis zum Ende versuchte Johannes Kepler die elliptische Bahn durch eine epizyklische Konstruktion aus zwei Kreisen zu erklären, weil Letztere einfacher und ästhetischer seien.[52] Aus der Einfachheit der Natur, die als ein geordnetes Ganzes betrachtet wird, folgt ferner, laut René Descartes, überhaupt die Möglichkeit von Erkenntnis. Wäre der Schöpfer ein böser Gott, ein Dämon, der eine chaotische Welt geschaffen hätte, so bliebe uns keine Aussicht, diese Welt zu verstehen. Auch Albert Einstein wiederholte in einer Zeit, zu der seine Theorien noch nicht experimentell nachgewiesen werden konnten, mehrmals, dass die Einfachheit der Relativitätstheorie ein starkes Argument für ihre Wahrheit sei. In der Autobiographie, die er nach seiner Aufnahme in die deutsche Akademie der Naturforscher Leopoldina 1932 verfasste, machte er diese Einfachheit zum eigentlichen Zweck der Forschung: „Mein eigentliches Forschungsziel war stets die Vereinfachung und Vereinheitlichung des physikalischen theoretischen Systems. Dies Ziel erreichte ich befriedigend für die makroskopischen Phänomene,[53] nicht aber für die Phänomene der Quanten und die atomistische Struktur."[54]

Man könnte die Liste der angenommenen Eigenschaften der Natur noch beliebig erweitern und zum Beispiel mit Alexandre Koyré nachzeichnen, wie sich unser Verständnis der Welt verwandelte und der geschlossene Kosmos zu einem unendlichen Universum entwickelte.[55] Allerdings sollten die vorangehenden Exempel bereits gezeigt haben, dass die mit diesem Verständnis verbundenen Erzählungen und Welt-

---

    das angestrebte Ziel mit dem kleinsten Aufwand erreichen. Das Licht würde z.B. nicht den kürzesten Weg, auch nicht den schnellsten Weg wählen, sondern denjenigen, der ein Minimum an Aufwand verlangen würde. Max Planck sollte später behaupten, dass jenes Prinzip dem „idealen Endziel der theoretischen Forschung am nächsten" käme, nämlich „alle beobachteten und noch zu beobachtenden Naturerscheinungen in ein einziges einfaches Prinzip zusammenzufassen" (Planck 1991, S. 51). Von der Entdeckung eines solchen einheitlichen und einfachen Prinzip ist die heutige Physik jedoch weit entfernt. Gerade für die Optik hat sich außerdem Maupertuis' Satz als falsch erwiesen. Zum Prinzip der kleinsten Wirkung, siehe u.a. Maupertuis (1748a); Ders. (1748b); Euler (1744), S. 309–320; Pulte (1989). Über die Begründung des Prinzips durch teleologische Argumente siehe Thiele (1996).

[52] Siehe dazu Graßhoff (2005).
[53] Einstein spielt hier auf seine Entdeckung der Relativitätstheorie an.
[54] Gerstengarbe & Parthier (2005), S. 17.
[55] Koyré (2007).

bilder eine Rekonstruktion der Natur, wie sie sein sollte, vornehmen. In diesen Akt liegt das Schaffensmoment vieler naturwissenschaftlichen Mythen.

Der Mythos begegnet uns aber auch als Rekonstruktion des naturwissenschaftlichen Prozess als Ganzes: ob nun postuliert wird, dass dieser Prozess kumulativ und dass die Geschichte der Naturwissenschaften eine Geschichte des Fortschritts sei oder ob behauptet wird, dass das gesamte Wissen schon in der Antike bzw. im paradiesischen Zustand bekannt gewesen sei und verschlüsselt überliefert wurde, so dass die Naturwissenschaften sich primär um die Wiederentdeckung und Bewahrung dieses Wissen bemühen sollten.

Nach dem Scheitern des Positivismus, dem Bau von Massenvernichtungswaffen als Ergebnis naturwissenschaftlicher Forschung, der Rehabilitierung des angeblichen dunklen Mittelalters durch Pierre Duhem, Jacques Le Goff oder Otto Gerhard Oexle und der Wiederentdeckung von mystischen Bewegungen sowie esoterischen Bünden im Zeitalter der wissenschaftlichen Revolution und der Aufklärung [56] wurde der Fortschrittsmythos gerade im 20. Jahrhundert ausführlich kritisiert und entlarvt. [57] Ob Ludwik Fleck, Alexandre Koyré, Gaston Bachelard oder Thomas S. Kuhn, alle haben sich bemüht, das Bild der rein kumulativen Wissenschaften zu revidieren. Im Folgenden möchte ich mich deswegen dem etwas weniger rezipierten Mythos der allwissenden Alten sowie dem Glaube an ein goldenes Zeitalter widmen und ihre Bedeutung für die Naturwissenschaften herausstellen.

Wenn Newton ernsthaft glaubt, in den Grundrissen und Plänen des Tempels Salomos ein verschlüsseltes Abbild des Universums zu finden, die zur Erklärung Letzeres beitragen sollen, dann haben wir es genau mit diesem Mythos zu tun. [58] Wenn ferner der Hallenser Physiker und eingefleischter Naturphilosoph Johann Salomo Christoph Schweigger fest überzeugt ist, dass es vor der Sintflut eine Hochkultur gab, die über beträchtliche naturwissenschaftliche Kenntnisse verfügte und dass jene Kenntnisse noch im klassischen Altertum vorhanden wa-

---

[56] Siehe z.B. Debus (1987); Neugebauer-Wölk (2008).
[57] Siehe z.B. Ferrarotti (1985); Fuchs (1993).
[58] Diese Annahme Newtons befindet sich verstreut in seinem umfangreichen Nachlass. Siehe u.a. *Two treatises on prophecy* (King's College, Cambridge, Keynes Ms. 5, Teil 1: f° I – VI und 1 – 56, insbesondere f° V und 6v, jeweils § 9; http://www.newtonproject.sussex.ac.uk/texts/viewtext.php?id=THEM00005 [21.08.2008]). Der Beschreibung des Tempels widmet Newton zudem ein ganzes Kapitel in seiner posthum erschienenen *Chronology of Ancient Kingdoms*; Newton (1728).

ren, überliefert durch die Mythen und die Zeichensprache der Fresken, wenn er dann sogar anhand einer solchen Freske zur Erfindung des Multiplikators [59] gelangt, dann haben wir ein weiteres, vielleicht sogar eindrucksvolleres Beispiel. [60]

Im Mittelpunkt der Thesen Schweiggers stehen die Dioskuren der samothrakischen Mysterien: die Zwillingsbrüder Castor und Pollux. Obwohl sie auf den Bildern und Fresken der Antike immer gemeinsam dargestellt werden, sind sie laut dem griechischen Mythos für immer getrennt, denn Zeus hatte die Unsterblichkeit auf beide verteilt, so dass im stetigen Wechsel einer der Brüder auf dem Olymp verbleiben durfte, bis er vom anderen Bruder abgelöst wurde. In diesem Mythos fand Schweigger ein Sinnbild für die zwei Pole des Magnets sowie für die Polarität der Elektrizität. Die Sterne, die meist auf den Darstellungen der Dioskuren zu sehen sind, seien ein verschlüsselter Hinweis auf die elektrischen Funken. Diese Bildsprache der Antike ermöglichte Schweigger zu behaupten, dass „die polarische Anziehung und Abstoßung als ein allgemeines Naturgesetz in der Physik der Urwelt gegolten habe."[61] Um die Zeitgenossen von seiner Erkenntnis zu überzeugen, hielt Schweigger zahlreiche Vorträge und schrieb viele Bücher und Aufsätze, von denen die meisten in dem von ihm selbst zwischen 1811 und 1828 herausgegebenen *Journal für Chemie und Physik* erschienen. Trotz der Ernennung zum Mitglied einiger gelehrten Gesellschaften wurde Schweigger nur teilweise rezipiert. Während seine naturwissenschaftlichen Ergebnisse eine gewisse Anerkennung fanden, wurden seine Vermutungen zur versteckten Bedeutung der griechischen Mythen weitgehend abgelehnt, [62] obwohl Schweigger keineswegs der einzige Autor war, der zu dieser Zeit in den mythologischen Erzählung mehr sah, als bloße Fiktionen. Besonders am Anfang des 19. Jahrhunderts, als die Philologie durch Gelehrte wie Christian Gottlob Heyne, Johann Gottfried Eichhorn oder Gottfried Hermann eine Blütezeit erlebte, wurden die antiken Mythen als eine versteckte Deutung der Natur verstanden. Für Hermann repräsentierten die Titanen in den

---

[59] Der Multiplikator erlaubte zum ersten Mal die Messung und Quantifizierung des elektrischen Stromes und vernahm sogar schwache Signale.
[60] Andreas Kleinert hat dieses Fallbeispiel, das ich hier lediglich streifen kann, eingehend untersucht; siehe Kleinert (2000).
[61] Schweigger (1821), S. 14.
[62] Zur Rezeption Schweiggers, siehe Engelhardt (2001), S. 253–256 und 262–263. Siehe auch Kleinert (2000), S. 199–200. Schweigger selbst schreibt bedauernd: „Man antwortet mit einem vornehmen Stillschweigen, oder mit einem Achselzucken über die alterthümliche Weisheit, welcher ich so viele Bedeutung beilege" (Harding 1920, S. 546–547: Brief von Schweigger an Ørsted, 14. Februar 1827).

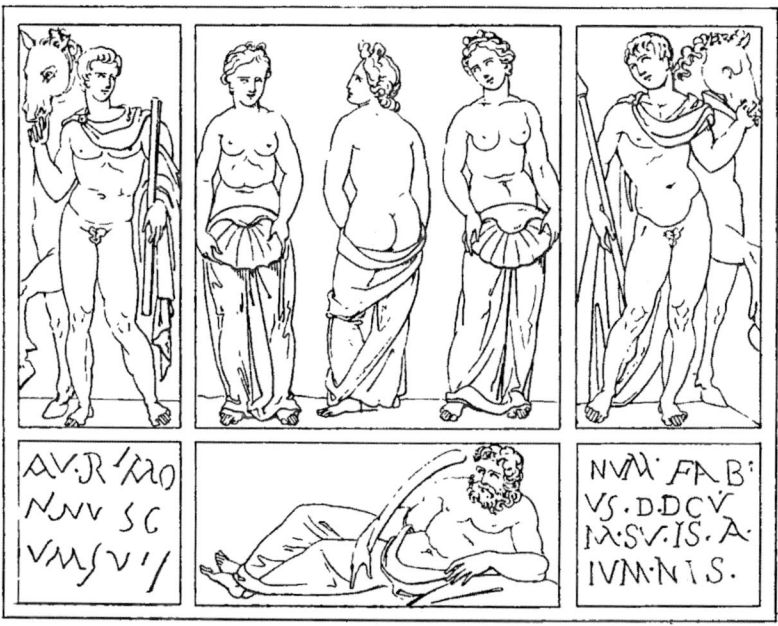

Abb. 2: Relief, aus welchem Johann Salomo Christoph Schweigger den Bau des Multiplikators abgeleitet haben soll

Erzählungen Hesiods jeweils eine Naturkraft oder ein Naturereignis wie den Schnee, den Regen oder den Hagel.[63]

Der Erfindung des Schweiggerschen Multiplikators ist es zu verdanken, dass dieser hallesche Gelehrte letztendlich bis heute in Erinnerung geblieben ist. Ausschlaggebend für diese Entdeckung sei wiederum ein Dioskurenbild gewesen, das Schweigger in der *Galerie mythologique* des französischen Archäologen Aubin-Louis Millin gefunden hatte.[64] Noch 1823 hatte er in einem Brief an Goethe den Wunsch geäußert: „Es würde einen eigentümlichen Genuß gewähren, wenn es gelänge, irgendeine neue physikalische Weisheit herauszulesen aus diesen alten Hieroglyphen."[65] Nun schreibt er in einer Abhandlung zum Multipli-

---

[63] Siehe dazu Schelling (1996), S. 45–46; und im allgemeinen Hermann (1817).
[64] Millin (1790), Bd. I, Tafel LXXX. Vgl. mit Schweigger (1836), Tafel 1.
[65] Schiff (1925), S. 557: Brief von Schweigger an Goethe, 1. Oktober 1823.

kator, dieses Bild habe ihm wirklich gedient, „um die Construction eines höchst einfachen elektromagnetischen Apparats daraus abzuleiten: so soll bei Betrachtung desselben die Ideenreihe so dargelegt werden, wie sie von selbst sich darbot, damit man sehe, wie aus alterthümlichen Bildern neue physikalische Versuche abgelesen werden können."[66]

Wie Andreas Kleinert gezeigt hat,[67] sind es drei Fragen, die Schweigger zu seiner Entdeckung brachten. Warum stehen Castor und Pollux gerade auf einem Bein, während das andere Bein sich leicht vom Körper entfernt? Was machen ferner die drei Nymphen in der Mitte des Bildes? Und schließlich warum zeigt der abgebildete Flussgott nach unten? In Schweiggers Interpretation weist die Haltung der Dioskuren darauf hin, dass sie sich in entgegengesetzer Richtung drehen. Sie stehen für den elektrischen Strom, der, wenn er ins Wasser – symbolisiert durch die Nymphen – geleitet wird, eine Drehbewegung entstehen lässt, jedoch nur, wenn ein Magnet unter dem Wasser liegt, worauf der Flussgott aufmerksam macht, indem er mit seiner rechten Hand auf die Erde und den irdischen Magnetismus zeigt. Das Bild sei laut Schweigger demzufolge eine kodierte Konstruktionsanleitung des Multiplikators. Während das Gerät positiv rezipiert wurde, fand die Erklärung, wie bereits erwähnt, wenig Anerkennung. Über Schweiggers *Einleitung in die Mythologie auf dem Standpunkte der Naturwissenschaft*[68] schrieb lediglich ein unbekannter Autor in dem *Journal des savants*, das Buch enthielte einige interessante Überlegungen, es sei jedoch zu befürchten, dass es mehr als einen Gegner finden werde.[69]

Nichtsdestotrotz beruht die Denkweise Schweiggers auf einer langen Tradition innerhalb der Naturwissenschaften. Der Mediziner und Alchemist Michael Maier, den Newton mehrfach gelesen und rezipiert hat,[70] liefert uns mit seinem Emblembuch *Atalanta fugiens* ein weiteres prägnantes Beispiel.[71] Wie aus dem Titelblatt einer Edition des Jahres 1618 ersichtlich wird, behandelt Maier in seinem Buch

---

[66] Schweigger (1826), S. 293.
[67] Siehe hier wiederum Kleinert (2000).
[68] Schweigger (1836).
[69] *Journal des savants* (November 1837), S. 700–702. Siehe dazu Kleinert (2000), S. 200.
[70] Im Nachlass Newtons befinden sich mehrere Abschriften der Werke Maiers sowie umfangreiche Notizen. Siehe dazu den online publizierten Katalog der alchemistischen Schriften Newtons;
http://www.newtonproject.sussex.ac.uk/prism.php?id=82&cat=Alchemical [21.08.2008].
[71] An dieser Stelle möchte ich mich bei Andreas Kleinert für den Hinweis auf Maiers Buch bedanken.

Abb. 3: Die Legende von Atalanta und Hippomenes als Sinnbild chemischer Prozesse in Maiers *Atalanta fugiens*

chemische Emblemata von den Geheimnissen der Natur, die von Kupferstichen, Epigrammen, Kommentaren und teilweise auch musikalischen Fugen begleitet werden. Eine der Sage, die auf dem Titelblatt zu erkennen ist und im Epigramm des Verfassers beschrieben wird, ist die Erzählung von Atalanta und Hippomenes. Der Legende nach war Atalanta eine junge Frau mit flinken Beinen, die geschworen hatte, nur den zu heiraten, der sie in einem Rennen besiegen würde; auf den Verlierer wartete hingegen der Tod. Hippomenes, der sie liebte, jedoch zu sterben nicht bereit war, wandte sich an Venus, die ihm drei goldene Äpfel aus dem Hesperidengarten gab. Während des Rennens ließ er die Äpfel nacheinander fallen, so dass Atalanta – siegsicher – sich Zeit ließ, die Äpfel aufzuheben. So gewann Hippomenes sowohl das Rennen als auch Atalanta. Von der Liebe geblendet, küssten sie sich im Tempel der Kybele. Die erzürnte Göttin verwandelte die beiden daraufhin in wilde Löwen.

In der Interpretation Maiers, der in den antiken griechischen Mythen die hermetische Überlieferung eines uralten Wissens zu finden glaubt,[72] ist Atalanta das flüchtige Quecksilber,[73] welches für die Alchemisten und die Goldgewinnung zu dieser Zeit von großer Bedeutung war, weil sich im Quecksilber Gold auflöst und somit von Fremdkörpern getrennt werden kann. Hippomenes ist die Kraft des Schwefels. Erhitzt man Quecksilber und Schwefel entsteht rotes Quecksilberoxid. Werden beide jedoch zu sehr erhitzt, verdampft der Schwefel. Deswegen muss Hippomenes Atalanta durch einen Trick verlangsamen, damit er am Ende den Kopf nicht verliert. Die Liebe steht natürlich für die Vereinigung von Quecksilber und Schwefel. Die Löwen, die Maier als rote Tiere beschreibt, sind das rote Quecksilberoxid, über welches Maier abschließend schreibt: „Was auch immer das Universum an Schätzen, was die Medizin an Heilmitteln besitzt, all das kann der doppelte Löwe reichlich bereitstellen."[74]

---

[72] Mit dieser Überzeugung stand Maier keineswegs allein da. Vielmehr handelte es sich um eine verbreitete Annahme im Kreis der Alchemisten. Dazu gehörte auch Pierre-Jean Fabre, der mit seinem Buch *Hercules piochymicus* für ein weiteres Beispiel sorgt. Dort werden die griechischen Mythen um Herkules als Allegorie für chemische Prozesse interpretiert (Fabre 1634). Genauso wie Maier, gehörte auch Fabre zu den von Newton groß rezipierten Autoren.

[73] Das Quecksilber wird mit dem Planeten Merkur assoziiert, der hier nicht zufällig das am schnellsten um die Sonne kreisende Gestirn ist. Auch die ursprüngliche mythologische Figur Merkur, meistens mit beflügeltem Helm dargestellt, steht als Botschafter der Götter für die Schnelligkeit.

[74] „Orbis quic quid opum, vel habet Medicina salutis, / Omne Leo geminus suppeditare potest" (Maier 1618, Epigramma authoris). In der Tat wurde das rote

Ob nun bei Schweigger, Maier oder in der heute noch verbreiteten Atlantis-Legende: aus der Mythologie wird ein neuer Mythos herausgebildet, nämlich der Glaube an eine uralte Weisheit, die es neu zu entdecken gilt. Gerade die sagenumwobene Stadt Atlantis erwies sich als äußerst fruchtbar für die Naturwissenschaften und ihre Institutionalisierung, als Francis Bacon sie Anfang des 17. Jahrhunderts in seinem *Nova Atlantis*[75] zum Vorbild eines aufgeklärten Staates erhob und mit dem Haus Salomon ein Modell lieferte, auf welches sich die großen Akademien Europas später berufen sollten.[76] Josef Bordat analysiert in diesem Band diese Fiktion, ihre Bedeutung und ihre Grenzen.

Die dargestellten Ursprungsmythen einer einfachen oder zweckorientierten Natur, einer Verbindung zwischen Mikro- und Makrokosmos oder eines verschlüsselten, untergegangenen Wissens sind allesamt Mythen der *longue durée*, die einen langfristigen Einfluss auf die Naturwissenschaften haben und manche Paradigmen- und Weltbildwechsel überleben. Sie stehen für das grundsätzliche Verständnis der Naturwissenschaften. Aus diesen Mythen schöpfen Letztere ihre metaphysischen Axiome und Prinzipien.

Der imaginierte Wissenschaftler und der Gründungsmythos

Die zweite Kategorie von Mythen, denen ich mich nun zuwenden möchte, zeichnen sich oft durch ihren epischen Charakter aus. Sie inszenieren Helden und ihre Taten, erheben Wissenschaftler zu Auserwählten und erschaffen Gründungsväter. Sie sind meistens für eine bestimmte Disziplin oder ein bestimmtes wissenschaftliches Paradigma identitätsstiftend. Ich nenne sie deswegen Gründungsmythen.[77]

Die Kraft dieser Mythen liegt nicht nur in ihrer Fähigkeit zu rekonstruieren, sondern auch und vor allem in ihrer Tendenz zum Reduzieren. In der Selbstwahrnehmung der naturwissenschaftlichen

---

Quecksilberoxid in Quecksilberpräparaten als Arzneimittel verwendet. Allerdings spielt hier Maier auf das „große Werk" der Alchemie an, den Stein der Weisen, der die Verwandlung niedriger Metallen in Gold sowie Unverletzbarkeit oder gar Unsterblichkeit versprach.

[75] Bacon (1960).
[76] So ist es bestimmt kein Zufall, wenn Bacon neben dem ersten Präsident der *Royal Society* Lord William Brouncker, und dem König Karl II., ihr Gründer und Protektor, auf dem Frontispiz der *History of the Royal Society* erscheint (Sprat 1667). Dazu mehr in: Bodenmann (2007), S. 59–61.
[77] Mir ist bewusst, dass in der Anthropologie und Ethnologie die Begriffe Ursprungs- und Gründungsmythos teilweise synonym verwendet werden. Im Rahmen dieser Kategorisierung schien mir jedoch eine Unterscheidung beider Konzepte wichtig.

Disziplinen sind Entdeckungen deswegen nie oder selten die Produktion einer Kollektivität, sondern Errungenschaften einzelner Heroen, die im Alleingang der Natur ihre Geheimnisse entlocken. Das in diesem Band von Kijan Malte Espahangizi untersuchte Davisson-Germer-Experiment legt Zeugnis davon ab. Die retrospektive Umdeutung des Experiments erhob dieses zur Entdeckung der Elektronenbeugung und dem Nachweis eines Welle-Teilchen-Dualismus ungeachtet der früheren Arbeiten in diesem Bereich. Mehrere Jahre Forschung wurden auf ein Datum reduziert, eine Experimentenreihe wurde zum *experimentum crucis* und die Arbeit einer ganzen *scientific community* verschwand hinter der Leistung zweier amerikanischer Wissenschaftler namens Clinton J. Davisson und Lester H. Germer. Auch Hugo Riemanns „moonshine experiment" dem sich Karl Traugott Goldbach in seinem Beitrag widmet, enthält ähnliche Züge.

Bei einer solchen Reduktion kommt es zwangsläufig zu einer Idealisierung der vermeintlichen Entdecker. Vor dem Eingang des Pantheons muss Newton auf seine alchemistischen Arbeiten verzichten, sein ganzes Werk, sein ganzes Leben wird auf die Gravitationstheorie reduziert.[78] Dasselbe gilt für Einstein, der auf die Formel $E = mc^2$ reduziert wird oder auch für Archimedes, der gewissermaßen nur nackt, wie die Heldenstatuen der Antike, sein *Heureka* rufen kann, damit nichts Weltliches mit ihm verbunden werden kann. Nur so können sie ihren Platz einnehmen in einer makellosen Dynastie von kühnen Wissenschaftlern, die alle an dem gesamten Fortschritt der Naturwissenschaften teilgenommen haben.

Im Fall der Heroisierung vieler Naturwissenschaftler erfolgt die Reduzierung durch den Rekurs auf bereits existierende mythische Gestalten. Olaf Meuther bemerkt in diesem Band, wie die Journalistin Sylvia Nasar in ihrer Biographie des Mathematikers und Nobelpreisträger John Nash die Figur des Odysseus referierte. Benjamin Franklin seinerseits wurde bereits von seinen Zeitgenossen als ein neuer Prometheus gefeiert. Jacques Barbeu Du Bourg, der 1773 eine französische Übersetzung der gesammelten Werke des amerikanischen Gelehrten publizierte, verfasste einen aufschlussreichen Vierzeiler:

---

[78] Frank E. Manuel hat dargestellt, wie Pierre-Simon de Laplace und Jean-Baptiste Biot die alchemistischen Schriften Newtons als das Werk eines kranken Mannes degradierten. Sie machten einen Zusammenbruch, den Newton 1693 erlebt haben soll, für die in ihrer Sicht irrationale Arbeiten des englischen Gelehrten verantwortlich. Somit versuchten sie, Newtons Glaubwürdigkeit und seine wissenschaftliche Arbeiten zu retten, die nach ihren Kriterien in Gefahr waren; siehe z.B. Manuel (1963), S. 5.

Abb. 4: „Au génie de Franklin": Radierung von Marguerite Gérard und Jean-Honoré Fragonard (1778)

> Il a ravi le feu des Cieux,
> Il fait fleurir les arts en des Climats sauvages.
> L'Amérique le place à la tête des Sages,
> La Grèce l'auroit mis au nombre de ses Dieux."[79]

Besonders die zwei ersten Verse sind eine klare Anspielung auf Prometheus, der nach Plato in manchen seiner Dialoge und nach Äsop in seinen Fabeln durch das Stehlen des Feuers und die Übergabe Letzteres an den Menschen als Begründer der Zivilisation und der technischen Welt angesehen werden muss. Mit seinem Drachenexperiment hatte Franklin seinerseits buchstäblich das Feuer des Blitzes auf die Erde geholt.[80]

Anne-Robert-Jacques Turgot brachte diese Zeilen auf ein Epigramm: „Eripuit coelo fulmen, sceptrumque tirannis", der schließlich 1778 von Marguerite Gérard und Jean-Honoré Fragonard in einer Radierung umgesetzt wurde und Franklin als denjenigen darstellte, der mit dem Blitzableiter die Menschen vor den Bedrohungen des Himmels schützte und gleichzeitig als Mitverfasser der Unabhängigkeitserklärung Amerikas von der Britischen Krone befreite (siehe Abb. 4). Somit wurde natürlich noch klarer auf die Figur des Prometheus' als Kämpfer gegen die Tyrannei referiert, der uns in unterschiedlichen politischen Kontexten sowohl bei Aischylos' *Gefesselter Prometheus* (um 470 v. Chr.), als auch bei Voltaires Oper *Pandora* (1740), Goethes Gedicht *Prometheus* (ca. 1772-1774) oder Percey B. Shelleys *Prometheus Unbound* (1820) begegnet.[81]

Franklin ist weder der letzte noch der erste Gelehrte, der mit Prometheus verglichen wurde. John Conduitt, der Newton in seinen letzten Jahren begleitete, seine Nichte Catherine Barton heiratete und ihm im Amt als Vorsteher der königlichen Münze nachfolgte, bemerkte in handschriftlichen Notizen zu Newtons Leben und Charakter: „Prometheus was an Astronomer; the fable of the Vultur was his setting up and his painfull studies."[82] Somit stellte er einen ersten Zusammen-

---

[79] Sinngemäß übersetzt: „Dem Firmament hat er das Feuer beraubt, / In ungesitteten Gebieten bringt er die Künste zum Erblühen. / Amerika kürt ihn zum ersten Weisen, / Die alten Griechen hätten ihn zu ihren Göttern erhoben." (Franklin 1773, Bd. I, Frontispizseite).

[80] Dieses Experiment wurde in zahlreichen Bilder dargestellt; siehe z.B. das Ölbild von Benjamin West, „Benjamin Franklin Drawing Electricity From the Sky" (ca. 1816), Philadelphia Museum of Art (1956-132-1). Siehe auch den Kupferstich „Benjamin Franklin's experiment with the kite" aus Tomlinson (1877), S. 30.

[81] Zu Letzerem, siehe Cameron (1943).

[82] *John Conduitt's notes on Newton's character* (King's College, Cambridge,

hang zwischen dem englischen Astronom und dem legendären Titan, den einige seiner Zeitgenossen aufnahmen und verbreiteten – wenn nicht immer zum Vorteil Newtons, wie wir sehen werden. Nur wenige Tage nach dem Tod des großen Mannes nahm Conduitt Kontakt mit Bernard Le Bovier de Fontenelle auf, dem Sekretär der Pariser Akademie der Wissenschaften, welchem die Aufgabe zukam, die Eloge Newtons zu schreiben.[83] Conduitt sorgte sich um das geistige Erbe und den Ruhm seines Mentors. Fontenelles Nachreden wurden nämlich in ganz Europa gelesen und besprochen. Deswegen bot Conduitt Fontenelle an, ihm seine biographischen Notizen über Newton zu schicken. Zu diesem Zweck ließ er sie sogar ins Französische übersetzen.[84] In dieser Handschrift bezog Conduitt klare Position für Newton im Prioritätsstreit um die Entdeckung der Differentialrechnung, welcher die ganze Gelehrtenrepublik Europas in Atem gehalten hatte. Conduitt tadelte den französischen Akademiesekretär, an anderer Stelle behauptet zu haben, Newton und Leibniz seien gleichzeitig, sprich unabhängig voneinander, zur selben Entdeckung gekommen.[85] Nun forderte er ihn auf, dies in seiner Eloge zu berichten. Fontenelle schrieb dann tatsächlich:

„Herr Newton ist stets der erste Erfinder, und zwar über mehrere Jahre der erste. Herr Leibniz seinerseits ist der erste, der diese Rechnung [die Differentialrechnung] publiziert hat, und hätte er sie von Herrn Newton genommen, so würde er zumindest den Prometheus der Fabel ähneln, der dem Götter das Feuer stahl, um es den Menschen zu geben."[86]

Keynes Ms. 130.7, f° 6r;
http://www.newtonproject.sussex.ac.uk/texts/viewtext.php?id=THEM00169 [27.08.2008]). Die Annahme, Prometheus sei ein Gelehrter bzw. ein Astronom gewesen, beruht auf einer langen Tradition, die Olga Raggio anhand von Bildern und Texten der Renaissance aus der Feder von Giovanni Boccaccio oder Marsilio Ficino untersucht hat; siehe Raggio (1958), S. 52–56, sowie Tafel 6–7.

[83] King's College, Cambridge, Keynes Ms. 129 (D): *three drafts of a letter from Conduitt to Fontenelle, dated 27 March 1727 [old style], and draft of a letter to Horace Walpole*;
http://www.newtonproject.sussex.ac.uk/texts/viewtext.php?id=THEM00148 [27.08.2008].

[84] King's College, Cambridge, Keynes Ms. 129 (C): *Conduitt's memoir of Newton translated into French*;
http://www.newtonproject.sussex.ac.uk/texts/viewtext.php?id=THEM00147 [28.08.2008].

[85] Siehe Fontenelle (1745), S. 129.

[86] „M. Neuton est constamment le premier Inventeur, et de plusieurs années le premier. M. Leibnits de son côté est le premier qui ait publié ce Calcul, et s'il

Diese Äußerung mag zuerst positiv erscheinen, birgt jedoch einen gewissen Sarkasmus. Zum einen, weil Fontenelle den Konjunktiv benutzt und dadurch bezweifelt, dass Leibniz tatsächlich die Methode der Differentialrechnung von Newton gestohlen habe. Zum anderen aber, weil hier nicht Newton, sondern Leibniz mit Prometheus verglichen wird und somit der englische Gelehrte mit Zeus gleichgestellt wird. Nun steht zu dieser Zeit der Herrscher des Olymps für Willkür und Tyrannei, während der Titan mehr und mehr zur Figur der Aufklärung wird. In diesem Vergleich wird Newton zwischen den Zeilen vorgeworfen, das Geheimnis der Differentialrechnung für sich behalten zu wollen und damit gegen die idealen Werte der Gelehrtenrepublik als ein Ort des freien Austausch von Wissen zu verstoßen.[87]

Die Instrumentalisierung der mythischen Figur des Prometheus muss hier im Kontext des Kampfes verstanden werden, das Europa in den Schulen der Newtonianer, der Leibnizianer und der Cartesianer zerspaltete. Conduitt ließ sich bei der Lektüre der Nachrede auch nicht beirren und bemerkte mit einer gewissen Verbitterung im Februar 1728:

„I fear he [Fontenelle] had neither abilities nor inclination to do justice to that great man who had eclipsed the glory of their Hero Descartes"[88]

Nachdem Fontenelle nur scheinbar Newtons Suprematie über Leibniz zugegeben hatte, kritisierte er nämlich ohne Halt die newtonschen Annahme des Vakuums sowie den Begriff der Anziehung und die Vorstellung einer in die Distanz agierende Kraft.[89] Er benutzte die in England groß erwartete Eloge als Bühne, um statt Newton den eigenen Held zu präsentieren – dies in einer Zeit wo Descartes' Wirbeltheorie zunehmend kritisiert wurde.[90] Somit diente die Heroisierung Newtons bei Conduitt sowie diejenige Descartes' bei Fontenelle, der Legitima-

---

l'avoit pris de M. Neuton, il ressembleroit du moins au Prométhée de la Fable, qui déroba le feu aux Dieux, pour en faire part aux hommes" (Fontenelle 1729, S. 154).

[87] Vgl. auch mit Fontenelles Nachrede des Marquis' de l'Hôpital: „M. Neuton dans son excellent Livre des *Principes Mathématiques de la Philosophie naturelle*, a donné la *figure du Solide qui fendroit l'eau, ou tout autre liquide avec le moins de difficulté qu'il fût possible*. Mais il n'a point laissé voir par quel art ni par quelle route il est arrivé à déterminer cette figue. Son secret lui a paru digne d'être caché au Public." (Fontenelle 1745, S. 128–129).

[88] Keynes Ms. 131 (extract 1); http://www.newtonproject.sussex.ac.uk/texts/viewtext.php?id=OTHE00005.

[89] Siehe Fontenelle (1729), vor allem S. 157 und 159–160.

[90] Zur Wirbeltheorie, siehe den Beitrag Susan Splinters in diesem Band (S. 87–101).

tion der eigenen Weltbilder und der Verteidigung eines bestimmten wissenschaftlichen Paradigma. Es zeigt sich dadurch auch, dass wissenschaftliche Helden vor allem in Zeiten von Kontroversen und Krisen geschaffen werden bzw. bei der Etablierung vom Neuem.[91]

Genau im selben Kontext rekurriert auch Voltaire auf eine beliebte mythologische Figur um Newton zu beschreiben, und zwar auf den griechischen Held Herkules. Er berichtet aus dem dreijährigen Exil in London:

„*Er ist hier der Herkules der Fabel, dem die Unwissenden alle Taten anderer Heroen zusprechen.*"[92]

Auch hier ist der Vergleich ironisch gemeint und soll in erster Linie den blinden Patriotismus der Engländer entlarven, der Newton ungeachtet seiner Vorgänger zum Alleinentdecker aller Gesetze der Bewegung erhebt. Doch die Parallele ist zweideutig, wenn man bedenkt, dass Voltaire sich sonst für die Einführung der Thesen Newtons auf dem Kontinent eingesetzt hat und sich offen als Newtionaner bekannte.[93] Ein weiterer Hinweis deutet darauf hin, dass der hier operierte Vergleich nicht negativ gemeint ist. In einem Brief an Maupertuis, der sich selber gern als der erste Newtonianer Frankreichs stilisierte, schreibt Voltaire als er noch mit ihm befreundet war:

---

[91] Die Herausstellung von Helden als Krisen- oder Konflikt-Figuren war auch eine der Hauptthesen einer im September 2008 in Dortmund gehaltenen Tagung mit der Überschrift: „Die Helden-Maschine. Zur Tradition und Aktualität von Helden-Bildern"; siehe dazu Schinkel (2010), vor allem die Einleitung von Eckhard Schinkel: „Helden – Positions-Bestimmungen".

[92] „Il est ici l'Hercule de la fable, à qui les ignorants attribuaient tous les faits des autres héros" (Voltaire 1964, Bd. II, S. 1). Der Vergleich mag auch seinen Ursprung in Conduitts Papieren gefunden haben. Dieser schreibt tatsächlich in einem früheren Entwurf seiner Notizen zu Newtons Leben: „And it must be owned that a life which was one continued series of labour, patience, humility, temperance, meekness humanity benevolence ficence and piety without any tincture of vice, exhibits an example which is more universally beneficial, and nearer the reach of the greatest part bulk of mankind than the glory of Conquerors. And imitable than the atchievements of the warriour or the triumph the victorious triumphs of Hercules" (King's College, Cambridge, Keynes Ms. 130.3: *An earlier draft of John Conduitt's account of Newton's early life*, f° 1v; http://www.newtonproject.sussex.ac.uk/texts/viewtext.php?id=THEM00166 [27.08.2008]). In einer späteren Fassung wurde Herkules durch Julius Cäsar und Alexander den großen ersetzt; siehe ebd., Keynes Ms. 130.2: *Conduitt's account of Newton's life before going to university* f° 3; http://www.newtonproject.sussex.ac.uk/texts/viewtext.php?id=THEM00165 [27.08.2008].

[93] Siehe z.B. Voltaire (1738); Ders. (1784–1789).

"Sie sollten doch diese gespenstige Wirbel mit einem Schlag ihrer Herkules' Keule zerschmettern, die ich lediglich mit meinen schwachen Schilfrohren angreife." [94]

Die Figur des Herkules' wird in beiden Zitaten bewusst eingesetzt, beruht auf einer längeren Tradition und soll bestimmte Merkmale des Mythos' reaktivieren. Zu allererst rekurriert sie auf die zwölf Aufgaben, die Herkules im Dienste des Königs Eurystheus übernahm. Diese Arbeiten werden mit denjenigen des Wissenschaftlers verbunden. Nicht nur im Verständnis Voltaires hat Newton mit dem Ausdruck der Gravitationslehre wahrlich eine Herkules-Arbeit geleistet, indem er somit die Gesetze der Bewegung in der sub- und supralunare Welt auf eine gemeinsame Formel brach.

In der späteren antiken Tradition ist Herkules zudem derjenige, welcher die Säulen errichtete, die seinen Namen tragen, und somit die Straße von Gibraltar eröffnete. Genau diese Straße wird bei Bacon als Sinnbild der modernen Wissenschaften dargestellt. Die Säulen galten nämlich symbolisch als der östliche Rand der in der Antike bekannten Welt. Auf dem Frontispiz der von Bacon mehrbändig geplanten *Instauratio magna* [95] stehen sie allegorisch für die Grenzen des antiken Wissen, die es durch ein neues Forschungsprogramm zu überwinden galt. Auf dem Bild ist ein Schiff zu sehen, das gerade voll geladen zurückkehrt und metaphorisch den Gelehrten darstellt, der Bacons Methode glücklich anwendet. Eine lateinische Devise bestätigt diese Interpretation: „Multi petransibunt et augebitur scientia." [96]

Im konkreten Fall Newtons mag der Rekurs auf Herkules, der letztendlich den Weg der Tugend auswählte, [97] auch auf die sittsame Lebensweise des englischen Gelehrten anspielen. Voltaire weist demzufolge in seinen *Philosophischen Briefen* daraufhin, dass der englische Gelehrte den Frauen stets ferngeblieben sei und begründet in dieser Tatsache etwas ironisch seine Superiorität über Descartes. [98] Das ge-

---

[94] „Vous devriez bien d'un coup de votre massue d'Hercule écraser ces fantômes de tourbillons que je n'attaque qu'avec mes faibles roseaux." (Voltaire an Maupertuis, Cirey, 26. Juli 1738; Voltaire 1831, S. 204–207, hier S. 206).

[95] Bacon (1620).

[96] Die Devise ist eine Anspielung auf eine Bibelstelle bei Daniel kap. 12, v. 4. Im Kontext dieses Frontispizes kann man das Zitat vielleicht so übersetzen: „Viele werden [die Säulen] passieren und die Wissenschaften bereichern". Siehe dazu Stückelberger (2005), S. 93–94.

[97] Siehe dazu Hall (1994), S. 197–198.

[98] Voltaire (1964), S. 5–7. Vgl. auch Fontenelle (1729), S. 172.

lehrte Ideal des Zölibats, welches in der Renaissance so ausgeprägt war,[99] wurde jedoch im 18. Jahrhundert zunehmend abgelehnt.

Eine zusätzliche Komponente verbindet Herkules und den idealisierten Gelehrten, nämlich die stetige Unterstützung Athenas, der Göttin der Wissenschaften. In manchen Überlieferungen nimmt sie ihn in ihrem Streitwagen mit und führt ihn nach seiner Apotheose zu Zeus.[100] Nun wurde Newton bald nach seinem Tod, genau wie seine Vorgänger Herkules und Prometheus, in den Olymp aufgenommen. So soll der Marquis de l'Hôpital gefragt haben, ob Newton ein Sterblicher gewesen sei.[101] Die Deifikation könnte aber nicht klarer ausgedrückt werden als in folgenden Worten John Conduitts:

„*Had this great and good man lived in an age when those superiour Genij inventors were Deified or in a country where mortals are canonized he would have had a better claim to those honours than those they have hitherto been ascribed to, his virtues proved him a Saint and his discoveries might well pass for miracles. [...] it is a happy circumstance that whilst I am writing this many are alive who knew him and can bear witness for posterity will hardly believe so many virtues and no vices could exist in any man – mortal*"[102]

Um in diese ansehnliche Reihe der Unsterblichen aufgenommen zu werden, zögern einige Wissenschaftler nicht, sich selbst zu inszenieren, so wie die Biochemiker James Watson und Francis Crick als

---

[99] Man denke z.B. an die Figur des Hieronymus, die sowohl in Bildern als auch in Texten vielfach rezipiert wurde; siehe u.a. Schweitzer (2005).

[100] Siehe Hall (1994), S. 199.

[101] So z.B. Conduitt: King's College, Cambridge, Keynes Ms. 130.14: *John Conduitt's views on Newton's suitability for canonisation if not deification*, f° 1; http://www.newtonproject.sussex.ac.uk/texts/viewtext.php?id=THEM00176 [27.08.2008].

[102] Ebd., f° 2. Newton wurde auch oft mit Christus selbst verglichen, zum einen aufgrund der Tatsache, dass er nach dem damals in England noch gültigen Julianischen Kalender an Weihnachten geboren wurde. Zum anderen weil er ein sehr tugendhaftes Leben geführt haben soll und angeblich jungfräulich starb. Conduitt zaudert nicht sogar Newtons Mutter mit Maria gleich zu stellen: „she was a woman of so extraordinary an understanding and virtue that those who beleive [sic] the Tradux animæ and can think that a soul like Sir Isaac Newton's could be formed by any thing less than the immediate operation of a divine Creator, might be apt to ascribe to her many of those extraordinary qualities with which it was endowed" (King's College, Cambridge, Keynes Ms. 130.2: *Conduitt's account of Newton's life before going to university*, f° 9–10; http://www.newtonproject.sussex.ac.uk/texts/viewtext.php?id=THEM00165 [27.08.2008].

Entdecker der DNA, [103] der Paläoanthropologe Donald C. Johanson als Entdecker des angeblich ersten Hominiden der Welt, [104] oder der Mathematiker Pierre Louis Moreau de Maupertuis, der, nachdem er mit einer ganzen Gruppe von Wissenschaftlern die Abflachung der Pole in den Jahren 1736–1737 gemessen hatte, sich als alleiniger Entdecker in einer suggestiven Pose porträtieren ließ.

Auf einem Kupferstich, das ursprünglich 1739 von Robert Levrac-Tournières angefertigt wurde, hat er der Polarkälte Lapplands trotzend seine Perücke und die Hofkleidung gegen eine warme Pelzmütze und einen lappländischen Mantel eingetauscht. Mit seiner linken Hand weist Maupertuis in aufklärerischer Manier auf die helle nordische Landschaft, wo er mit Quadrant und trigonometrischen Messungen die Wahrheit zu bezwingen vermochte. Schnee und Eis kontrastieren mit dem schattigen Vorhang der Unwissenheit, der von einer unsichtbaren Hand empor gehoben wird. Symbolisch drückt er mit der rechten Hand den vor ihm stehenden Globus flach. Diese bedeutungsvolle Geste ist der eigentliche Schlüssel zum Verständnis des Bildes. Durch sie kann der Betrachter den Porträtierten als den Mann wieder erkennen, der das „Gesicht" der Welt veränderte und dem Streit um die Form der Erde ein für allemal ein Ende setzte. Die Debatte, welche die Gelehrtenrepublik seit einigen Jahrzehnten schon spaltete, wird hier durch Maupertuis' Hand zu Gunsten der Newtonianer entschieden. [105] Jene zentrale Geste Maupertuis' dient jedoch nicht nur der Identifikation, sondern auch der Repräsentation eines bestimmten Typus des Naturwissenschaftlers, der sich nicht mehr lediglich als bloßer Entdecker, sondern auch als Beherrscher der Natur versteht. Denn nur derjenige, der die Gesetze der Natur erfasst, kann sich über diese erheben und sie sich zu Nutze machen – so zumindest das von Francis Bacon im Laufe der wissenschaftlichen Revolution eingeführte Programm der Forschung, das zur Gründung der wichtigsten Akademien Europas geführt hatte. [106]

Das Porträt wurde von Maupertuis selbst maßgeblich geprägt und stellt ihn so dar, wie er zu erscheinen wünschte: als kühner Abenteurer, großer Entdecker und erfolgreicher Naturwissenschaftler. Es ist

---

[103] Siehe Brandner (2005).
[104] Siehe dazu den Beitrag Oliver Hochadels in diesem Band (S.217–231).
[105] Isaac Newton hatte in seinen Principia aufgrund Beobachtungen des französischen Astronomen Jean Richer die Abflachung der Pole postuliert. Der Cartesianer Jacques Cassini und mit ihm die ganze Pariser Akademie der Wissenschaften hatte dagegen auf der Basis von in Frankreich durchgeführten Messungen eine längliche, d.h. eine am Äquator abgeflachte Erde vermutet.
[106] Bacon (1620).

Abb. 5: Maupertuis als Abflacher der Pole. Kupferstich von Jean Daullé (1741) nach einem Ölbild von Robert Levrac-Tournières

ein Akt der Selbstinszenierung, der darauf abzielt, das eigene Prestige zu erhöhen und symptomatisch ist für eine Zeit, in der ein Gelehrter sich zugleich oft als geistreicher Höfling, unterhaltsamer Redner und taktvoller Kavalier behaupten musste. Darüberhinaus ist das Bild auch als strategisches Mittel zu verstehen, das Maupertuis nach seiner Rückkehr einsetzte, um sich die Gunst der Öffentlichkeit und seiner Kollegen im Streit mit den Cartesianern zu sichern.

Doch im unüberlegten Kampf um Anerkennung warf man ihm vor, die übrigen Begleiter der Expedition vergessen zu haben. Wenn Maupertuis zwar seine Reisegefährten in seinem Bericht stets mit Lob erwähnte, hatte er sie von diesem Bild jedoch verbannt.[107] Die Kritiker und Publizisten seiner Zeit machten ihn zum Spott der Nation, indem sie auf seine Überheblichkeit, Pedanterie und leichte Reizbarkeit hinwiesen. Das Porträt gewann dadurch einen neuen Inhalt, der von seinem Auftraggeber nicht beabsichtigt worden war: es wurde zum Sinnbild der *libido sciendi* – des übertriebenen Drangs nach Erkenntnis, der nicht selten zum Hochmut, zur Eitelkeit und zu Rechthaberei führt.[108]

Dieser Befund illustriert, dass gleichzeitig mit der von mir angesprochenen Reduzierung der naturwissenschaftlichen Heroen auf bestimmte Merkmale, diese auch mit neuen Bedeutungen gefüllt werden können. Ehe er sich versieht, ist Archimedes wieder angezogen, und zwar der Mode nach. Einmal wird daran erinnert, dass er mit einem ausgeklügelten Hebelmechanismus ganz allein ein beladenes Schiff in Bewegung setzte, was den Glauben bestätige, dass man durch die Wissenschaft die Welt beherrschen könne.[109] Ein anderes Mal ist er der Beweis, dass jeder von uns in seiner Badewanne die größten Entdeckungen machen kann.

Dies wird auch an einem Bild eines japanischen Malers besonders deutlich, das Newton darstellt. Der englische Physiker wird zuerst durch den fallenden Apfel auf die Formulierung der Gravitationslehre

---

[107] Der Physiker Jean-Antoine Nollet bedauerte in einem Brief an Jean Jallabert vom 2. Januar 1740, dass die fünf Gelehrten, die Maupertuis begleitet hatten, nicht auf dem Porträt zu sehen seien. Er beschrieb das Bild, als verzweifelter Versuch Maupertuis', seine These vor aller Welt zu verteidigen; siehe dazu Benguigui (1984), S. 98. Der Publizist Charles Collé meinte seinerseits, dass Maupertuis sich allein auf dem Porträt darstellen ließ, weil er angeblich wohl vor Neid platzte; siehe Collé (1868), S. 296–299. Siehe auch Le Sueur (1896), S. 16.

[108] „*Libido sciendi*. Le désir extrême de savoir est de tous les temps. Condamnée par l'Eglise, cette passion défie les lois divines et recèle les tentations les plus dangereuses pour l'âme humaine: orgueil et vanité, volonté d'imposer ses vues" (Badinter 1999, S. 9).

[109] Ortoli & Witkowski (2001), S. 20.

Abb. 6: Newton aus der Sicht des japanischen Künstlers Hosai (ca. 1869)

reduziert; in einem zweiten Schritt wird das Bild jedoch mit neuem Inhalt gefüllt: er trägt Kleidungen, die kein Mann des 17. Jahrhunderts angezogen hätte, ihn jedoch klar als Engländer darstellen sollen. Die Szenerie dagegen ist eindeutig japanisch angehaucht. Dadurch eignet man sich unterschwellig die These Newtons an und macht den Betrachter darauf aufmerksam, dass Äpfel, egal ob in Japan oder in England, nach demselben Gesetz fallen. Hier wird wieder klar, dass man nur in seinem Garten zu sitzen braucht, um auf große Erkenntnisse zu stoßen.

Und somit gelangen wir zum Thema der Wahrnehmung der Wissenschaften außerhalb der Disziplinen. Denn die Wissenschaftler selbst hüten sich meistens davor, ihre Tätigkeit als eine leichte Übung zu banalisieren. Für den Laien jedoch ist es wichtig, dass auch Einstein Schwierigkeiten in der Schule hatte, und trotzdem die Relativitätstheorie artikulieren konnte. Es ist beruhigend zu wissen, dass man nicht perfekt sein muss, um ein Genie zu werden.[110]

Das andere gängige Bild des imaginierten Wissenschaftlers in der breiten Öffentlichkeit ist dasjenige des zerstreuten Professors, den Hergé durch Professor Bienlein in seinem Comic *Tim und Struppi* verewigt hat.[111] Diese fiktive Figur ist dem real existierenden, schweizerischen Erfinder und Entdecker Auguste Piccard nachempfunden. Hergé liefert uns seine eigene Auffassung des Wissenschaftlers: ständig dösend,[112] der Realität fern, mit einer Brille, die eine Grenze aufbaut zwischen ihm und der Wirklichkeit, die Haare ungekämmt und spärlich, die seine hohe Stirn als sichtbares Zeichen für seine Intelligenz betonen, das Labor seiner Gedankenexperimente. Dieser Wissenschaftler musste auf ein weltliches Leben verzichten. Auch Emmett Brown, einer der Hauptprotagonisten aus ZURÜCK IN DIE ZUKUNFT, der in seinen Gesichtszügen übrigens eine frappierende Ähnlichkeit mit Einstein und Professor Bienlein aufweist, ist weltfremd und forscht einsam bis auf den Tag, wo er sich glücklich verliebt. An dieser Stelle hört der dritte Teil des Epos auf, danach wurden auch keine neuen Folgen gedreht. Es scheint, dass das Forscherleben eben nicht mit dem Familienleben vereinbar sei.

Nicht jeder, der in den letzten Abschnitten vorgestellten Helden, erfreut sich derselben Popularität. Für viele ist diese an geographische

---

[110] Siehe dazu Knopf (2005).
[111] Dass das Bild des zerstreuten Gelehrten keineswegs eine Erfindung des 20. Jahrhundert ist, sondern bereits in der Vormoderne zu finden ist, hat Gadi Algazi eindrücklich gezeigt; siehe Algazi (2001).
[112] Hinterm Mond lebend – wohin Hergé ihn letztendlich im 16. Album „Schritte auf dem Mond" 1961 schicken wird.

und kulturelle Gegebenheiten gebunden und man hat in der Mongolei wahrscheinlich wenig von Professor Bienlein gehört.

Für viele ist sie ferner zeitlich gebunden: Die Heroen wechseln mit den Hoffnungen und Ängsten des Publikums. Hildegard von Bingen, Marie Curie und Lavoisiers Frau, Marie-Anne Pierrette, waren nie so wichtig, bis man endlich die Rolle der Frauen in den Naturwissenschaften entdeckte und zu erforschen begann. 1905 war Einstein ein frecher Unbekannter, der das bisherige Weltbild auf den Kopf stellte; 1933 war er Jude; 1945, als die Bombe auf Nagasaki fiel, war er gleichzeitig Patriot und Sündenbock; im Kalten Krieg, als er sich abermals zum Weltfrieden bekannte und vor einem gewissen amerikanischen Imperialismus warnte, war er Kommunist und mit einer russischen Spionin liiert. Diese Bezeichnungen sind pauschal und falsch, weil sie Einstein jedes Mal auf ein einziges Merkmal reduzieren, ihn seiner Komplexität als Person berauben, um ihm eine bestimmte Bedeutung zu geben, die aus ihm jeweils einen Mythos macht. Der Einstein, der mit Sigmund Freud über den Frieden korrespondiert, ist nicht derselbe, der Präsident Roosevelt vor dem angeblichen Bau einer Atombombe in Deutschland warnt. Er sieht nicht mal gleich aus: der erste steckt die Zunge heraus und trotzt den Mächtigen dieser Welt,[113] der zweite schaut besorgt auf die Rechnungen an der Tafel, in denen vielleicht die Möglichkeit liegt, die (westliche) Zivilisation zu retten, aber auch den Wissenschaftlern ihrer Unschuld zu rauben.

Die identitätsstiftende Kraft der hier vorgestellten naturwissenschaftlichen Heroen liegt darin, dass sie auf bereits etablierten idealen Figuren, wie denjenigen des Herkules oder Prometheus zurückgreifen, um aus historischen Gestalten, wie Newton, Franklin oder Einstein, neue Vorbilder zu erschaffen. Die real existierenden Naturwissenschaftler werden somit zu zwar fiktiven aber besonders aussagekräftigen Subjekten, die ein kollektiv gefertigtes Bild des Wissenschaftlers nähren. An diesem Bild orientieren sich wiederum die Medien und die wissenschaftliche Gemeinschaft, welche nicht zögern, die neuen herausragenden Köpfe als „Umstürzler Aristoteles", „neuer Newton" oder „zweiter Einstein" zu bezeichnen. Diese Giganten stellen ihre breite Schulter zur Verfügung, auf denen man zu stehen versucht, um weiter als seine Vorgänger sehen zu können. Sie erfüllen eine Modellfunktion, sowohl für die eigene Gelehrtengemeinschaft, als auch für die ganze Gesellschaft. Einstein fand beispielsweise einen promi-

---

[113] Auch wenn in Wahrheit auf diesem Foto Einstein einem lästigen Journalist die Zunge zeigt!

nenten Platz in der Werbekampagne *Du bist Deutschland*, schmückte zahlreiche Briefmarken und hat sogar mehrmals den Durchbruch in der Kinowelt geschafft.

Abb. 7: „Du bist Albert Einstein": Einstein als positives Vorbild im Rahmen der Kampagne *Du bist Deutschland* aus dem Jahr 2005. Das Werbeplakat bedient sich des Mythos', Einstein habe Lern- und Schreibschwierigkeiten in der Schule gehabt, um dem Leser mehr Selbstvertrauen zu vermitteln: „Du denkst, du entwickelst dich langsamer als alle anderen? Relativ witzig. Das hat Albert Einstein auch von sich gesagt. Später gewann der ‚Zurückgebliebene' den Nobelpreis. Was $E = mc^2$ bedeutet, muss man wirklich nicht begreifen. Aber eins schon: Sich zu unterschätzen bringt nichts. Wer dagegen alles aus sich herausholt, kann nach den Sternen greifen – In Alberts Fall sogar im wahrsten Sinne des Wortes." Man bemerke, dass dabei nicht Einstein selbst, sondern ein ihm ähnlich aussehendes Modell abgebildet wurde.

Die Referenzmythen und die Kraft der Symbole

Die imaginierte Figur des Wissenschaftlers ist darüber hinaus deswegen so erfolgreich, weil sie sich Symbolen bedient, die die Intuitionen des Rezipienten ansprechen, ohne weitere Erläuterungen zu bedürfen. Genau wie jeder Athena an ihren Attributen Helm, Eule und dem Kopf der Medusa erkennt, kann der in Schlaghose sitzende Mann im japanischen Garten als Newton identifiziert werden, wenngleich seine Züge denjenigen des englischen Gelehrten nicht ähneln (siehe Abb. 6, S. 38). Der idealisierte Newton setzt sich zum Beispiel aus verschiedenen Elementen zusammen, die vom Betrachter wiedererkannt werden können. So auch der Apfel, dessen symbolische Kraft ich mich nun zuwenden möchte, um somit die dritte Kategorie von Mythen zu illustrieren.

William Stukeley lieferte 1752 – sprich 25 Jahren nach Newtons Tod – in handschriftlichen Notizen über das Leben Newtons eine Variante der berühmten Geschichte mit dem Apfel. Das Gespräch, von dem Stukeley hier berichtet, fand am 15. April 1726 statt, also ungefähr 60 Jahre nachdem der englische Gelehrte tatsächlich die erste Ahnung einer Anziehungskraft hatte:

„After dinner, the weather being warm, we went into the garden, and drank thea under the shade of some appletrees, only he, and myself. Amidst other discourse, he told me, he was just in the same situation, as when formerly, the notion of gravitation came into his mind. 'why should that apple always descend perpendicularly to the ground,' thought he to him self: occasion'd by the fall of an apple, as he sat in a comtemplative mood: 'why should it not go sideways, or upwards? but constantly to the earths centre? assuredly, the reason is, that the earth draws it. there must be a drawing power in matter. and the sum of the drawing power in the matter of the earth must be in the earths center, not in any side of the earth. therefore dos this apple fall perpendicularly, or toward the center. if matter thus draws matter; it must be in proportion of its quantity. therefore the apple draws the earth, as well as the earth draws the apple.'"[114]

Das an sich triviale Phänomen eines fallenden Apfels, das Newton also erst kurz vor seinem Tod eher anekdotisch als den Ursprung seiner Gravitationstheorie angab, greift in Wahrheit auf eine breite mythische Tradition zurück. Ich wage hier sogar zu behaupten, dass kein anderes

---

[114] Zitiert nach der im Archiv der Royal Society aufbewahrten Handschrift: Ms. 142: *William Stukeley's Memoir of Newton*, hier f° 15r;
http://www.newtonproject.sussex.ac.uk/texts/viewtext.php?id=OTHE00001 [23.08.2007]. Sie wurde zudem publiziert; siehe Stukeley (1936).

Obst Newton auf die Idee der Anziehungskraft hätte bringen können – zumindest nicht in unserem christlich-humanistischen Europa. Es kann kein Zufall sein, dass gerade der Apfel, die verbotene Frucht vom Baum der Erkenntnis, Newton zu seiner Entdeckung führte. Bereits vor dem 17. Jahrhundert war es nicht unüblich die *Curiositas* der Gelehrten mit der Neugier Evas zu vergleichen. Leibniz selbst verrät dementsprechend in einem Brief an Johann I. Bernoulli des 16. Juni 1696, dass das Problem der Brachistochrone ihn so wie der Apfel die Eva angezogen habe.[115] Im Bezug auf die Attraktion wurde im 18. Jahrhundert vor den Verlockungen dieses Apfels dann auch gewarnt, denn für Leibniz, wie für die Cartesianer, entsprach eine in der Ferne agierende Kraft einer Sünde, ein Wiederkehr zu den aristotelischen okkulten Kräften. Somit wurde Newtons Apfel auch zum Zankapfel.

Abgesehen von der Tatsache, dass der Apfel eine weit verbreitete Frucht ist und dass Newton sie offensichtlich gemocht hat,[116] scheint mir vor allem der kulturelle Hintergrund bewusst oder unbewusst bei der Auswahl der Frucht ausschlaggebend gewesen zu sein. Neben den bereits erwähnten religiösen Assoziationen, spielen sicherlich auch weltliche Elemente eine Rolle. Der Apfel findet sich in zahlreichen Darstellungen von Königen und Kaisern wieder, wo diese außer dem Zepter auch den Reichsapfel tragen. Im römischen Reich war noch der Reichsapfel von der Siegesgöttin Victoria gekrönt gewesen. Nach der Christianisierung des Reiches jedoch wurde diese Figur durch einem Kreuz ersetzt. Dieses Symbol finden wir wiederum in der Astronomie des 17. Jahrhunderts, in welcher die Erde durch einen Kreis mit einem darauf gesetzten Kreuz kenntlich gemacht wird. Die fast perfekte Kugelgestalt des Apfels war folglich zum kosmischen Symbol und zum Zeichen der beherrschbaren Welt geworden.[117] In beiden Fällen ist diese Frucht somit ein Symbol der Macht. Und wer, wenn nicht Newton, hat gerade sowohl den Fall eines Apfels als auch die Bahn der Planeten unter eine einzige mathematische Formel unterjocht, welche die Natur zu einer berechenbaren Entität machte.

---

[115] „Problema est profecto pulcherrimum et me invitum ac reluctantem pulchritudine sua, ut pomum Evam, ad se traxit." (Leibniz 2004, S. 799).

[116] So zumindest sein langjähriger Assistent Humphrey Newton, der sich daran erinnert: „In Winter Time, he was a Lover of Apples, and sometimes at a Night would eat a smal roasted Quince" (King's College, Cambridge, Keynes Ms. 135: *two letters from Humphrey Newton to John Conduitt*), f° 7; http://www.newtonproject.sussex.ac.uk/texts/viewtext.php?id=THEM00033 [02.09.2008].

[117] Biedermann (2000), S. 35.

Ihre Popularität verdankt die Geschichte um den Apfel sicherlich ihrer Einfachheit und der Bildhaftigkeit, mit der sie ein universales Prinzip veranschaulicht. Aber es sind die vielen Mythen, welche diese Anekdote referiert, die ihr eine solche Beständigkeit schenken. Das große Repertoire an Erzählmuster, die mit dem Apfel verbunden sind, ermöglichen der Legende, sich ständig neu zu erfinden und liefern dem Leser eine große Interpretationsfreiheit.

Abb. 8: Einstein, Newton und der Apfel: Illustration von Dierk Hagedorn aus der Zeitschrift *Mobil* der deutschen Bahn im Einsteinjahr 2005

Eine Illustration aus der Zeitschrift *Mobil* verdeutlicht dies, indem sie sich sowohl dem christlichen Mythos als auch der Newtonschen Legende bedient, um eine einzigartige Komposition zu erschaffen. Ähnlich wie die Gestalt des Prometheus' durch Franklin und Newton reaktiviert wurde, erfährt das Symbol des Apfels eine Neubelebung, wird aber gleichzeitig umgedeutet. Während Newton den Apfel zwar pflückte, deutet das Bild an, dass erst Einstein in die Frucht der Erkenntnis biss und somit zur Formulierung der allgemeinen Relativitätstheorie kam. Ist der englische Gelehrte lediglich im Hintergrund auf einem barocken Porträt zu sehen, das sowohl durch die Gestaltung als auch durch die Pasteltöne eindeutig der Vergangenheit angehört, wirkt Einstein präsenter und gegenwartsnäher. Dies wird durch die Farbenfrohheit und den Blickkontakt unterstrichen, den er mit dem Betrachter herstellt. Der Streit, den sich die zeitgenössische und die klassische Physik liefern, ist im weitesten Sinne des Wortes „gegessen". Einstein drängt die Formel der Gravitation in den Hintergrund und führt anhand der Gleichung $E = mc^2$ ein neues Paradigma ein. Aber das Symbol bleibt. Der Apfel ist somit das, was ich als Referenzmythos bezeichnen möchte: ein mythenübergreifendes Sinnbild, ein ständig wiederkehrendes Muster mythischer Erzählungen, das von jedem Kontext und jeder Kultur aufs neue angeeignet wird.

Wie Malte Krüger in diesem Band zeigt, erfindet sich auch der Mythos Automobil ständig neu und greift dabei Referenzmythen auf, wie dasjenige der völligen Freiheit und Unabhängigkeit. Somit wird aus dem alltäglichen Fahrzeug wieder das technische Wunder heraufbeschworen, welches einst das Pferd ablöste. Natürlich bedient sich die Werbebranche solcher Visionen, um potentielle Kunden anzulocken. Dies stellt allgemein die Frage nach dem Einfluss der Wirtschaft auf die Entstehung von naturwissenschaftlichen und technischen Mythen. Eine Antwort darauf würde jedoch den Rahmen dieser ohnehin langen Einleitung definitiv sprengen.

Schlussbetrachtungen

Ob anhand des seltsamen Falles des Gelehrten Johann Salomo Christoph Schweiggers, der populären Figuren Franklin, Newton und Einstein, oder einer banalen und doch bedeutungsreichen Frucht, habe ich hier versucht den Mythos in seiner Interaktion mit den Naturwissenschaften zu untersuchen. Die Typologie, die ich vorgeschlagen habe, ist sicherlich nicht erschöpfend. Mein Ziel war es jedoch, einige prinzipielle und kategoriale Unterschiede zu liefern, um etwas Ordnung in die Fülle an Erzählungen und Motive zu bringen. Deswegen habe ich drei Typen von Mythen herausgestellt: den *Ursprungsmythos*, welcher den Gegenstand der Naturwissenschaften, deren Ziele und deren gesamte Entwicklung veranschaulicht und etabliert; den *Gründungsmythos*, der einzelne Paradigmen und Fachdisziplinen durch die Heroisierung bestimmter Wissenschaftler und ihre Vereinfachung auf bestimmte Merkmale legitimiert; schließlich den *Referenzmythos*, der von vielen Mythen aufgegriffen und transformiert wird. Es gilt nun, diese Kategorien anhand von Fallbeispielen zu überprüfen und eventuell zu erweitern oder relativieren.

Am Ende dieser Einleitung angelangt, schulde ich dem Leser noch eine Definition des Mythos' als Begriff. Das grundsätzliche Problem ist dabei, dass eine Auslegung des Konzeptes in der Sekundärliteratur nach wie vor umstritten ist und somit keine einheitliche und allgemeingültige Definition vorliegt. Bereits die Ursprünge des Wortes verlieren sich im Dunkel der Zeit. Für einige bedeutet er Sprache; für andere wiederum Volkserzählung. Bei Homer wird das Wort *muthos* verwendet um die Intention, das Denken oder den verborgenen Sinn des Erzählten auszudrücken. Erst später, bei Plato zum Beispiel, wird der Mythos als Gegensatz zum *Logos* verstanden. Bei Aristoteles sowie bei Vico oder Schelling kennzeichnet sich der Mythos dadurch, dass er das rationale in einer irrationalen poetischen Form ausdrückt. Dabei werden real existierende Personen durch Götter personifiziert oder konkrete Gegenstände allegorisch durch göttliche Charaktere ersetzt. Doch Paul Veyne hat diese Definition in Frage gestellt.[118] Er bemerkte, dass der Mythos bei Plato bereits nicht mehr dem Mythos bei Hesiod oder Homer gleiche. Für Daniel Dubuisson unterscheide sich demzufolge der Mythos von anderen Erzählungen nicht durch die Form des Textes,[119] sondern durch seinen Gegenstand: der Mythos sei die Geschichte der Ursprünge. Aber auch auf dieses Merkmal kann der Mythos nicht reduziert werden.

Ich habe deswegen eine Definition des Begriffes hinausgezögert, weil ich der Überzeugung bin, dass das, was den Mythos am besten kennzeichnet, der Prozess ist, der zu seiner Entstehung führt und

---

[118] Veyne (1983).
[119] Siehe Dubuisson (1993). Auch Georges Dumézil erklärte mehrfach in den drei Bänden seines Hauptwerkes *Mythe et épopée* (Dumézil, 1968–1973), dass er keinen narrativen Unterschied zwischen dem Mythos, der Sage oder der Legende feststellen konnte.

von dem ich erst Beispiele geben wollte. In diesem Beitrag wurden dementsprechend drei Äußerungen formuliert, die sicherlich nicht die mögliche Anzahl von Aussagen über den Begriff erschöpfen, jedoch darüber aufklären, wie Mythen zu Stande kommen: nämlich durch Rekonstruktion bzw. Konstruktion, Reduktion bzw. Idealisierung und Wiederverwertung bzw. Aneignung. Man wird mir entgegnen, dass jede Erzählung minder oder stärker von diesen Mitteln Gebrauch macht, aber genau auf dem Grad des Gebrauchs kommt es an. Während eine historische Studie so gut wie möglich eine Idealisierung und eine zu starke Entfremdung der Realität vermeidet, ist der Mythos bereit, die meist belanglose Wirklichkeit in eine bedeutungsvolle Erzählung zu verwandeln. Erst dadurch gewinnt ein scheinbar unwichtiges Ereignis eine Bedeutsamkeit und einen Sinn. Ein griechisches Relief, das hundert anderen gleicht, wird zu einer kodierten Anleitung des Multiplikators erhoben; aus einem alltäglichen Akt des Badens wird ein wichtiges Entdeckungsmoment und im banalen Fall eines Apfels findet sich plötzlich der Schlüssel zum Verständnis der Naturgesetze.

Die elf folgenden Beiträge sind alle auf ihre Weise ein Ansatz, diesen Prozess und seine Funktion in den Naturwissenschaften näher zu beschreiben. Die Aufsätze verdeutlichen, dass die Naturwissenschaften Mythen zu ihrer Legitimation benötigen sowie ihre Selbst- und Fremdwahrnehmung durch Helden bzw. Symbole evozieren. Somit werden die Naturwissenschaften ihrem eigenen Anspruch nicht immer gerecht, die Welt mittels Vernunft zu entzaubern. Sich darüber im Klaren zu sein, heißt nicht, die Rationalität der Naturwissenschaften zu leugnen, sondern den komplexen Vorgang zu verstehen, in welchem diese erst entsteht.

Auch das Elektron verbeugt sich. Das Davisson-Germer Experiment als historischer Erinnerungsort der Physik. *

Kijan Malte Espahangizi

> **Davisson-Germer Experiment**: der von den amerikanischen Wissenschaftlern C. J. Davisson und L. H. Germer geführte Nachweis des Welle-Teilchen Dualismus der Elektronen bei ihrer Streuung an Kristallgittern.
>
> *Lexikon der Physik* [1]

Wissenschaftsgeschichte und historische Experimente

Die „Wiederentdeckung des Experiments" durch die Wissenschaftsforschung vor rund zwanzig Jahren bedeutete eine Abkehr von der theorieorientierten Ideengeschichte der Wissenschaft hin zur Materialität und zur Praxis experimenteller Forschung.[2] Der Blick auf das Laborexperiment, seine Orte, Instrumente und Akteure eröffnete der historischen Betrachtung ein differenzierteres und heterogeneres Bild experimenteller Forschung, als man aufgrund der funktionalsystematischen Erklärungsversuche diverser Wissenschaftstheorien lange Zeit anzunehmen geneigt war.

Das Experiment ist aber, wie z.B. Geoffrey Cantor dargelegt hat, darüberhinaus auch integraler Bestandteil naturwissenschaftlicher Rhetorik und kann mit Shapin als eine spezifische literarische Technik des wissenschaftlichen Diskurses verstanden werden,[3] in der

---

* Der Aufsatz beruht auf einem Vortrag, den ich im September 2006 im Rahmen des Driburger Kreises gehalten habe. An dieser Stelle möchte ich mich gerne bei Michael Hagner, Peter Geimer, Jan von Brevern und Meike Hölscher für ihre vielen hilfreichen Anmerkungen und Kommentare bedanken.

[1] Greulich (1998), Bd. 1, S. 485f. Vgl. auch die englische Version des Lexikons: Coleman (2004), Bd. 1, S. 536.

[2] Eine Auswahl: Hacking (1983), Shapin & Schaffer (1985), Achinstein & Hannaway (1985), Franklin (1986), Batens & Bendegem (1988), Gooding (1989), Le Grand (1990), Pickering (1992), Rheinberger (1992), Hagner (1993), Buchwald (1995), Sibum (1995), Galison (1997), Heidelberger & Steinle (1998), Holmes (2000), Meinel (2000), Steinle (2005).

[3] Siehe Cantor (1989), Shapin (1984) sowie Shapin (1985). Schaffer und Shapin unterscheiden und untersuchen in dieser wegweisenden Studie drei Dimensionen

sich naturwissenschaftliche Forschung, implizite und explizite Wissenschaftstheorie und Wissenschaftsgeschichte unauflösbar miteinander vermengen.[4]

Die erfreuliche inner- und auch interdisziplinäre Etablierung des Forschungsgegenstands Experiment, z.B. in den Literatur- und Kulturwissenschaften,[5] bringt meines Erachtens jedoch auch die Notwendigkeit mit sich, den Begriff des Experiments zu reproblematisieren, ihn wieder stärker aufzurauhen, den eigenen Blick neu zu fokussieren und die Begrifflichkeiten zu rejustieren. Es gilt also vor dem Hintergrund der gewonnenen Erkenntnisse die Frage zu stellen, welche Rolle die Wissensform Experiment innerhalb der naturwissenschaftlichen Forschung spielt, welche verschiedenen Formen sie dort annimmt und welche Funktionen sie erfüllt und worin eigentlich die spezifische Beziehung zwischen experimenteller Forschung und der kulturell so wirkmächtigen Wissensform Experiment besteht.

Meiner Meinung nach ist das „historische Experiment" ein möglicher Ansatzpunkt, um sich dieser Problemstellung zu nähern. Unter *historischen* Experimenten verstehe ich jedoch nicht einfach *vergangene* Experimente, sondern diejenigen überlieferten *Experimentgeschichten*, die im Traditionszusammenhang, in den Erinnerungskulturen der Naturwissenschaften eine herausragende Rolle einnehmen und als Erinnerungsorte ein wichtiges Scharnier bilden zwischen experimenteller Forschung, Selbstwahrnehmung der Forscher und disziplinärem Diskurs.[6] Es gilt also, das Baconsche bzw. Newtonsche *experimentum crucis* in einer Weise zu thematisieren, welche dieses weder naturalisiert noch als retrospektives soziales Artefakt relativiert,[7] es weder ausschliesslich in der materiellen Kultur noch in der *scientific community* verortet, sondern nach der Historizität des Dazwischens

---

des Boyleschen Experiments: „material", „social" und „literary technology". In der weiteren Entwicklung des *Experimentalism* beobachtet man insgesamt jedoch ein leichtes Übergewicht der Auseinandersetzung mit der instrumentellen Dimension. Siehe z.B. die Themen der Beiträge in Meinel (2000). Zu dieser Feststellung vgl. MPI für Wissenschaftsgeschichte (2006), S. 3f.

[4] Die zunehmende Problematisierung von Laboraufzeichnungen, die keineswegs einfach neutrale Repräsentationen des Forschungsprozesses darstellen, verdeutlicht die Tragweite dieser Gemengelage. Siehe dazu Holmes (2003).

[5] Siehe z.B. das Zentrum für Literatur- und Kulturforschung in Berlin.

[6] Vgl. dazu z.B. Gilbert und Mulkays Aufsatz von 1984 „Experiments Are the Key".

[7] Es handelt sich hier um zwei Eckpunkte, zwischen denen sich die wissenschaftshistorischen Debatten um Entdeckungen und erfolgreiche Experimente bewegen, ohne dass die beiden Extrempositionen selbst in der Wissenschaftsgeschichte noch ernsthaft vertreten würden. Zum Stand der Debatte siehe Caneva (2005).

fragt: Wie bedingen sich Forschungspraxis und Erinnerungspraxis gegenseitig? Wie wird experimentelle Praxis zum entscheidenden Experiment?[8] Das Fallbeispiel, das ich nun im Folgenden besprechen möchte, ist eines derjenigen historischen Experimente, welche man in den Lehrwerken der Physik im Bereich *Grundlagen der Quantenphysik* findet: das sogenannte Davisson-Germer Experiment.

Ausgehend von der *gegenwärtigen* Physik werde ich in einem ersten Schritt zunächst zentrale Elemente in der Repräsentation des Davisson-Germer Experiments herausarbeiten. Diese Betrachtungen werde ich dann in allgemeinere Überlegungen zu Formen und Funktionen des Erinnerungsorts „historisches Experiment" in der Physik einbetten. Im anschließenden Teil gehe ich dann auf die Elektronenbeugungsforschung in den *Bell Telephone Laboratories* der 1920er Jahre ein und werde die Beziehung zwischen der eigentlichen Forschung und der Entstehung der Geschichte des Davisson-Germer Experiments untersuchen sowie deren weitere historische Entwicklung nachzeichnen.

Das Davisson-Germer Experiment in der gegenwärtigen Physik

Da der Ausgangspunkt meiner Betrachtungen das historische Experiment in der Gegenwart sein soll, bietet es sich an, mit einem Blick auf das kanonische Wissen der Physik zu beginnen – mit den Lehrbüchern. Im Grundstudiumsklassiker *Tipler*[9] findet man z.B. folgenden Abschnitt zum Davisson-Germer Experiment:

„*Beugungs- und Interferenzerscheinungen wurden zuerst im Jahr 1927 von C. J. Davisson und L. H. Germer entdeckt, indem sie Elektronen auf einen Nickelkristall schossen.*"[10]

Zu dem selben Elektronenbeugungsexperiment vermerkt der nicht weniger einschlägige *Messiah*: „Die ersten Experimente über Beugung

---

[8] Damit wähle ich einen anderen Zugang zu klassischen Experimenten als z.B. Falk Riess und H. Otto Sibum (Sibum 1995, 2000), deren experimentelle Wissenschaftsgeschichte wertvolle Erkenntnisse liefert über die materielle Kultur und das gestische Wissen experimenteller Forschung. Die Frage, wie jedoch eine bestimmte experimentelle Forschung zum historischen Experiment wird, muss durch die komplementäre historische Betrachtung von experimenteller Forschung und Tradierung der Forschungsgeschichte beantwortet werden.

[9] Naturwissenschaftler haben die interessante Angewohnheit, ihre Lehrbücher zu personalisieren.

[10] Tipler (2000), S. 1212f.

von Materiestrahlen sind von Davisson und Germer (1927) [...] mit Elektronen gemacht worden."[11] Im Berkeley Physik Kurs *Quantenphysik* findet man folgende Aussage:

„Versuche in dieser Richtung wurden erstmals 1927 von C. J. Davisson zusammen mit L. H. Germer sowie – von ihnen unabhängig – von G. P. Thomson durchgeführt. [...] Die Versuche von Davisson und Germer [...] haben somit ohne Zweifel die Existenz von Materiestrahlen erwiesen."[12]

Allgemein stellt man fest, dass die meisten physikalischen Lehrbücher mit solchen Aussagen über historische Experimente und Entdeckungen angereichert sind: Kurze Erzählungen, strukturell ähnlich und darüber hinaus als historisches Faktenwissen inszeniert.[13] Auch wenn die Länge der jeweiligen Darstellungen variiert, so lässt sich doch eine gewisse Grundstruktur aller Aussagen, gewissermaßen die narrative Essenz historischer Experimente, isolieren:

Das Forschersubjekt entdeckt / weist nach / bestätigt / falsifiziert / generiert im Experiment zu einem bestimmten Zeitpunkt das Forschungsobjekt.

Dieser Grundsatz bietet, wie die Prädikatvielfalt zeigt, einen gewissen Spielraum für verschiedene wissenschaftstheoretische Positionen. Die strikte Trennung zwischen Subjekten und Objekten der Forschung ist jedoch durch die Satzstruktur festgeschrieben. Subjekte und Objekte der Forschung sind also genauso wie die Benennung eines bestimmten Zeitpunkts konstituierende Elemente historischer Experimente.

Historische Experimente werden jedoch nicht nur in Lehrbüchern und populären Physikgeschichten erwähnt, sondern finden sich zum Beispiel auch in den Praktikumsversuchen des Physikstudiums wieder. Anders als in der rein textuellen Repräsentation werden die Experimente hier regelrecht aufgeführt: Davisson-Germer Experiment, Franck-Hertz Experiment,[14] Compton Experiment, Stern-Gerlach Experiment oder Laue-Friedrich-Knipping Experiment; bei all diesen Namen handelt es sich um Codes für bestimmte Sequenzen performativer

---

[11] Messiah (1976), S. 56f.
[12] Wichmann (1989), S. 115.
[13] Vgl. auch noch z.B. Meschede (2004), S. 611, Schwabl (1998), S. 7f., Haken (1993), S. 78f. Eine Parallele hierzu sind die Erfindungsnarrative in der Technikgeschichte. Siehe dazu den Beitrag von Fickers und Kessler in diesem Band.
[14] Diese Namen sind ebenso etabliert wie formelhaft. Viele Physikstudenten sind z.B. davon überzeugt, dass „Franck Hertz" nur *eine* historische Person war.

Erinnerungsarbeit, für bestimmte Historienspiele mit klarer Dramaturgie, (vorgesehenem) Happy-End, ohne Publikum. Bei solchen Praktikumsversuchen geht es weniger um das Erlernen realer Forschungtechniken, als darum, entsprechende Rollenmodelle und Handlungsrituale einzuüben, sowie Regeln, Werte und ein induktives bzw. deduktives Verständnis des Experimentierens zu verinnerlichen. [15] Für alle Leser, die solche Praktika selbst nicht erlebt haben, hier ein typisches Beispiel von der Ruhr-Universität Bochum: Das Vorbereitungsblatt zum Fortgeschrittenen-Versuch F4 „Elektronenbeugung"[16] wird dort mit folgendem mittlerweile bekannt klingendem Satz eingeleitet:

„*Schon 1927 konnten Davisson und Germer durch Beugung von Elektronen an einer Nickeloberfläche den Welle-Teilchen-Dualismus für Elektronen nachweisen.*"

Auf diese knappe Eingangsfeststellung folgt in besagter Praktikumsvorbereitung ein gescannter Ausschnitt einer Publikation Davissons und Germers von 1927. Dieser Ausschnitt steht stellvertretend für den gesamten Forschungsoutput und weist besagter Veröffentlichung implizit den Status einer „Entdeckungspublikation" zu. Folgt man der Quellenangabe zu diesem Scan, einem Hyperlink zur Webseite der Physikdidaktik an der Ludwig-Maximilians-Universität München,[17] so findet man sich unvermittelt in einer virtuellen Sammlung historischer Experimente wieder. Diese für den Physikunterricht der gymnasialen Oberstufe konzipierte Sammlung verdeutlicht, dass das Davisson-Germer Experiment nur ein Element eines größeren Traditionspools ist, dem Kanon der historischen Experimente der Physik.

Neben diesen textuellen Elementen findet sich in der collageartigen Praktikumsvorbereitung weiterhin auch eine Abbildung, die

---

[15] Auch Otto Sibum setzt sich mit der „Darstellung und Durchführung des Experiments in der Physikerausbildung an der Hochschule" auseinander. Seine These lautet, das die derzeitige „Anfängerausbildungspraxis in erheblichem Maße zur Verfremdung von Forschungpraxis beiträgt". Ich stimme Sibum hinsichtlich des schematischen Charakters der Darstellungen zu, möchte aber nicht von Verfremdung sprechen, da dieses pejorative Urteil die produktive Funktion der Schematisierung für die Sozialisation angehender Forscher vernachlässigt. Vgl. Sibum (1990), S. 29–36.

[16] Solche Praktikumsvorbereitungen dienen dazu, die Studenten auf den eigentlichen Praktikumstermin vorzubereiten. Zur Vorbereitung gehört neben der physikalischen Einführung, der Literaturliste und der Liste der gewünschten Messreihen, der „Choreografie", oft auch eine historische Einleitung zum Experiment. Dieses Beispiel aus dem Fortgeschrittenenpraktikum des Instituts für physikalische Chemie an der Ruhr-Uni Bochum.
http://www.pc.ruhr-uni-bochum.de [1.12.2006].

[17] http://leifi.physik.uni-muenchen.de/web_ ph12/geschichte/09debroglie/davisson.htm [1.12.2006].

es erlaubt, einige zentrale Bildelemente in der Repräsentation des Davisson-Germer Experiments herauszuarbeiten. Dazu möchte ich diese Darstellung (rechts) mit der Originalfotografie (links) vom 14. Dezember 1927 kontrastieren, denn der semantisch-mythische Mehrwert erschließt sich dem Betrachter vor allem aus der Differenz zum Original:

Abb. 1: C. J. Davisson und L. H. Germer mit Elektronenröhre 1927

Das digital bearbeitete Webbild, welches ursprünglich von der *AT&T-Corporate-History*-Webseite stammt, [18] überführt die nüchtern realistische Situation der Originalaufnahme mittels *Fadeout*-Technik

---

[18] http://www.att.com/attlabs/reputation/timeline/27wav.html [1.12.2006].
Die *Bell Telephone Laboratories* (Davissons und Germers Arbeitgeber) arbeiteten ab 1925 der *AT&T* zu. Auf der Webseite geht es um die Präsentation eines „Meilensteins" der eigenen Unternehmensgeschichte. Hier zeigt sich, dass historische Experimente auch in anderen Kontexten als Erinnerungsorte fungieren können. Interessanterweise beanspruchen sowohl *AT&T* als auch *Alcatel-Lucent Inc.*, mittlerweile Eigentümer der *Bell Labs*, Davisson & Co. für die eigene Firmengeschichte; Vgl. dazu: http://www.bell-labs.com/about/awards.html#nobel [1.12.2006]. Zur Bedeutung des Davissonschen „Breakthrough" für die Firmengeschichte der *Bell Telephone Laboratories* siehe auch Fagen (1975), S. 1001.

in die mythisch verklärte Dimension des historischen Experiments. Die Realien der Originalfotografie – der Hocker, die Wand im Hintergrund – weichen dem leeren, weißen Raum, in dem Forscher und Apparatur frei schweben. Aus zwei Wissenschaftlern, die für einen Fototermin eines hauseigenen Firmenfotografen künstlich auf Hockern Haltung annehmen, werden Experimentatoren, deren gekreuzte Blicke die Forschungsapparatur in der Mitte der Bildkomposition fokussieren. Einzig der Forschungsgegenstand selbst ist abwesend.[19] Er findet zwar in der Elektronenröhre einen materiellen Platzhalter, doch erst die textuelle Umgebung des Bildes, der Begleittext auf der Webseite füllt erläuternd die Leerstelle. Diese bildkompositorisch latente Aufteilung in Subjekte und Objekte der Forschung wird durch die spezifische Nachkolorierung (Experimentatoren/blau, Apparatur/grün) expliziert. Die Hierarchisierung der Subjekte ist daran abzulesen, dass Davisson die Röhre hält, konzentriert und behutsam sinnierend,[20] während Germer seine Arme hinter dem Rücken verschränkt hält. Die eingefügte Jahreszahl 1927 komplettiert diese Ikonografie des historischen Experiments durch die symbolische Verdichtung der Forschung auf ihren Endpunkt, das Ereignis „Entdeckung der Elektronenbeugung".

Zusammenfassend kann man festhalten, dass sich bei der Betrachtung dieser textuellen und bildlichen Repräsentationen ein gemeinsames medienübergreifendes Set an Grundelementen abzeichnet,[21] in deren Schnittmenge sich das Davisson-Germer Experiment konstituiert und deren historische Entwicklung ich im letzten Teil meines Aufsatzes betrachten möchte:

---

[19] Bei anderen Darstellungen findet man durchaus solche Visualisierungen des Forschungsgegenstandes. Insbesondere die kombinierte Repräsentationsform aus Kristallmodellen und Emissionsgraphen erfüllt für das Davisson-Germer Experiment gewiss auch eine solche ikonografische Funktion. Auf Grund des begrenzten Rahmens dieses Aufsatzes werde ich hierauf nicht näher eingehen können.

[20] Mit Michael Hagner könnte man hier von einer „Hamlet-Haltung" sprechen; Hagner (2005), S. 95, 99 und 179. Alle anderen wissenschaftlichen und technischen Mitarbeiter (wie z.B. Chester Calbick, Charles Kunsmann) sind gar nicht erst abgebildet und finden auch sonst selten bis nie Erwähnung. In vielen Darstellungen wird aber auch nur C. J. Davisson allein erwähnt.

[21] Das Beispiel der Subjekt/Objekt-Relation zeigt, wie die sich verschiedenen Medien spezifisch ergänzen. Die Relation wird einmal durch die Satzstruktur und ein anderes Mal durch die spezifische Bildkomposition repräsentiert. Mit Bruno Latour könnte man auch sagen, dass derartige Darstellungsformen keine Repräsentationen, sondern Agenten moderner „Reinigungs"-arbeit, also dem permanenten Konstituierungsprozess einer kulturellen Assymetrie zwischen Subjekten und Objekten sind. Vgl. Latour (1995), S. 20 und S. 80.

1. das Forschersubjekt „Davisson (und Germer)",
2. die Elektronenröhre, welche sowohl auf die Experimentalapparatur als auch auf das Forschungsobjekt Materiewellen verweist,
3. das spezifische Verhältnis zwischen Subjekt und Objekt der Forschung,
4. die Jahreszahl, die die Ereignishaftigkeit des Experiments repräsentiert und zudem die Anschlussfähigkeit an die disziplinäre Chronik gewährleistet.

Historische Experimente als Erinnerungsorte der Physik

Man könnte nun einwenden, dass diese reduzierten Darstellungen der Lehrbücher und der Praktika bestenfalls zur Ausbildung oder auch nur zur Unterhaltung von Physikstudenten dienen und keinen Erklärungswert für die Auseinandersetzung mit der Dynamik physikalischer Forschung besitzen. Meiner Meinung nach verweisen sie jedoch auf eine integrale Dimension physikalischer Forschung, eine Dimension, die ich Erinnerungskultur bzw. kulturelles Gedächtnis der Physik nennen möchte.[22] Unter Erinnerungskultur soll jedoch nicht (nur) die antiquarische Arbeit emeritierter Physikprofessoren verstanden werden, sondern ein kollektives, disziplinäres System *historischer* Erinnerungsarbeit, das über den individuellen Lebenshorizont der einzelnen Physiker hinaus reicht und das, mit den Worten Jörn Rüsens, der „erinnernden Vergegenwärtigung der Vergangenheit zu Orientierungszwecken der gegenwärtigen [Forschungs] praxis" dient.[23] Peter Galison bemerkt in Hinblick auf die Physik konkreter:

„*For the working physicist, the past and future physics are thoroughly intertwined. With each set of goals the discipline has posed for itself comes a new gloss on prior accomplishments.*"[24]

Während hier also die *retrospektive* historische Umdeutungsleistung der Physiker als Antwort auf neue Orientierungen der Forschung

---

[22] Zum Ansatz der Erinnerungskultur und des kulturellen Gedächtnis siehe Erll (2005).
[23] Im Original steht Lebenspraxis und nicht Forschungspraxis. Vgl. Rüsen (1991), S. 45. Zum Konzept Geschichtskultur siehe insgesamt Rüsen (1994). Zu den Funktionen von Disziplinengeschichte siehe Graham (1983) und auch Hagner (2001), S. 11–15.
[24] Galison (1983), S. 35.

betont wird, ergänzen Joseph Rouse und Jan Golinski dies durch die Beschreibung einer *prospektiven* Orientierungsfunktion disziplinärer Geschichte für die Forschung. Sie verstehen diese als narrativ strukturierte soziale Praxis, in der die Forscher die Akteure ihrer eigenen, sich entfaltenden Geschichten sind.[25]

„*[The story] is being enacted toward the fulfilment of a projected retrospection, but one which is constantly open to revision, as befits a story not yet completed.*"[26]

Wichtige Binde- und Übersetzungsglieder dieser konstitutiven Wechselbeziehung zwischen Forschung und kulturellem Gedächtnis der Physik scheinen mir nun gerade die Erinnerungsorte der historischen Experimente zu sein. Historische Experimente stellen innerhalb dieses kulturellen Gedächtnisses der Physik, wie ich im ersten Teil veranschaulicht habe, extrem verdichtete und reduzierte Wissenseinheiten dar, die z.B. in Form von Texten in Lehrbüchern, Experimentalpraktika, Vorlesungsanekdoten, Jubiläen, Gedenkbänden, Nobelpreisreden u.ä.m. permanent vergegenwärtigt, reproduziert, aber auch verändert werden.[27] Als Pfeiler physikalischen Selbstverständnisses spannen sie das kulturelle Gedächtnis der Physik auf, welches zugleich forschungsstrukturierend wirkt.[28]

Aus wissenschaftshistorischer Perspektive stellt sich im Anschluss an diese Überlegungen die Frage nach dem historischen Werden solcher Erinnerungsorte. In Hinblick auf das Beispiel Davisson-Germer Experiment lassen sich diesbezüglich folgende Fragen konkretisieren:

1. Wann und wie wurde das Davisson-Germer Experiment in das kulturelle Gedächtnis der Physik eingeschrieben?

2. In welcher Beziehung stand dieser Prozess zur experimentellen Forschung in den *Bell Telephone Laboratories* der 1920er Jahre?

---

[25] Rouse (1990), S. 191 oder Golinski (1998), S. 191: „This narrativity of practice is a consequence of the embeddedness of all meaningful action in sequences of events understood as stories."

[26] Rouse (1990), S. 184.

[27] Wie man am Beispiel der Praktikumsvorbereitung sehen konnte, sind die Verweisstrukturen im kulturellen Gedächtnis der Physik, dank Internettechnologie, mittlerweile per Mausklick nachvollziehbar.

[28] Dies soll bedeuten, dass das kulturelle Gedächtnis der Physik Forschung erst ermöglicht, ohne jedoch deren Verlauf vollständig zu determinieren. Zur konstitutiven Beziehung zwischen Erinnerung und Narration siehe Straub (1998). Ich beziehe mich vor allem auf die Beiträge von Gergen und Polkinghorne.

Die *kurze* Geschichte der Forschung [29]

Die Anfänge der Elektronenbeugungsforschung in den *Bell Telephone Laboratories* sind im Kontext des immens gesteigerten Bedarfs an Kathodenstrahlröhren in der Röntgen- und Kommunikationstechnologie als auch im Etablierungsprozess industrieller Grundlagenforschung in den USA zu verorten.[30] Ein wichtiger Aspekt der Forschung in den *Research & Development* Abteilungen der *Western Electric* und der *Bell Telephone Laboratories* bestand daher darin, die vergleichsweise anfälligen und instabilen *Vacuum Tubes* zu untersuchen und technisch weiterzuentwickeln. Clinton Joseph Davisson, ein junger Absolvent der Universität Chicago und Schüler Robert A. Millikans, war schon Ende des Ersten Weltkrieges zur *Western Electric* gestoßen und beschäftigte sich dort seit 1919 mit dem Phänomen der leistungsmindernden Sekundärelektronenemission in Elektronenröhren. Zwischen 1920 und 1926 wurden hierfür verschiedene Elemente der *Vacuum Tubes* untersucht und zunächst mit Ionen, dann mit Elektronenstrahlen beschossen. Das Grundprinzip all dieser Versuche war gleich: Eine Elektronenkanone beschießt ein Targetmaterial, dieses emittiert Sekundärelektronen, die wiederum mit einem Faradayschen Zylinder gesammelt, mit einem Galvanometer gemessen und dann winkelabhängig als Emissionsspektren aufgetragen werden. Obgleich die gewonnenen Spektren aus materialtechnischer Sicht höchst informativ waren, wurde man dem eigenen Anspruch nicht gerecht, die Ergebnisse mittels bekannter physikalischer Theorien zu deuten. Dies gelang weder durch das Rutherfordsche Modell der Streuung an Atomhüllen noch durch die Verwendung des Modells der Streuung an Kristallebenen ab 1925.[31]

Im Sommer 1926 reiste Davisson, der mit der Tochter des bekannten englischen Elektronenphysikers Owen Richardson verheiratet war, nach England, um deren Familie zu besuchen. Als Davisson während dieses Aufenthalts am 10. August an einer Konferenz der *British As-*

---

[29] Die Darstellung dieser Forschungsbericht beruht in großen Teilen auf meiner Staatsexamensarbeit, die im LIT-Verlag erschienen ist. Vgl. Espahangizi (2005) sowie Gehrenbeck (1974) und Russo (1981).

[30] Zur Geschichte der Röntgentechnik vgl. Arns (1997). Zur Kommunikationstechnik siehe Aitken (1985) und Petzold (1987). Zur Entwicklung der US-Physik und der speziellen Rolle Robert A. Millikans siehe Kevles (1995). Zur industriellen Grundlagenforschung in den USA siehe Reich (1985).

[31] Veröffentlichungen in dieser Zeit: Davisson & Kunsmann (1921, 1922a, 1922b, 1923), Davisson (1923), Davisson & Germer (1920, 1922).

sociation for the Advancement of Science teilnahm, dürfte er nicht wenig überrascht gewesen sein, in einem Vortrag Max Borns über die physikalischen Aspekte der Quantentheorie zu vernehmen, dass die Materiewellentheorie und damit auch Borns eigene statistischen Deutung dieser Wellen unter anderem durch die Elektronenbeugungsversuche eines gewissen Clinton J. Davisson in den New Yorker *Bell Labs* eine erste Bestätigung erfahren habe.[32] Born berief sich hierfür auf die Berechnungen seines Assistenten Walter Elsasser, der 1925 in der Zeitschrift *Naturwissenschaften* einen kurzen Artikel veröffentlicht hatte, in dem er die New Yorker Ergebnisse als experimentelle Bestätigung der Elektronenwellentheorie verstand, die „mit den nach Gl. 1 berechneten [de Broglieschen Wellenlängen] der Größenordnung nach (auf etwa 100 %) übereinstimmen."[33]

Elsasser stützte sich auf den 1923 in der *Physical Review* veröffentlichten Artikel, in dem Davisson Emissionskurven von Platintargets publiziert hatte, ohne diese jedoch im gleichen Sinne zu deuten.

Davisson war auf seiner Englandreise das revolutionäre Klima in der europäischen Physik nicht entgangen. Die „moderne" Quantenphysik stand gegen die „klassischen" Physiker der alten Garde. Erst vor dem Hintergrund dieser spezifischen Großwetterlage[34] ergab sich die neue Mission der New Yorker. Diese akzeptierten die Herausforderung, eventuell die Materiewellentheorie bestätigen zu können, waren aber gleichzeitig davon überzeugt, dass die bisherigen Messungen nicht ausreichend gewesen waren:

„*Elsasser believed, in fact, that evidence of this sort was already at hand in curves, published from these Laboratories, showing the distribution-in-angle of electrons scattered by a target of polycrystalline platinum. We should like to agree with Elsasser in his interpretation of these curves, but are unable to do so.*"[35]

Aus Sicht der New Yorker Physiker bedurfte es also weiterer, wirklich systematischer Messungen, einer sogenannten „thorough search".[36] Man brauchte ein entscheidendes Experiment, ein *experimentum crucis*. Auch wenn man nun in den *Bell Labs* wusste, was zu suchen war,

---

[32] Vgl. Gehrenbeck (1974), S. 193. Zu Borns Deutung der Elektronenbeugung siehe: Born (1926), S. 826.
[33] Elsasser (1925), S. 711.
[34] Zum Entstehen der Unterscheidung moderner und klassischer Physik siehe Staley (2005).
[35] Davisson & Germer (1927b), S. 707.
[36] Laborbuch Nr. 2152, S. 164; zitiert nach Gehrenbeck (1974), S. 206.

galt es, sich zu beeilen, denn auch andere Physiker hatten Borns Rede in England gehört und begannen damit, eigene Elektronenbeugungsexperimente zu konzipieren.[37] So gewann die New Yorker Forschung in Göttingen und in England eine Bedeutung, die sie im eigenen Selbstverständnis bis 1926 schlichtweg nicht gehabt hatte: Die Forschung, die man zwischen Dezember 1926 und April 1927 in den *Bell Labs* realisierte, wurde auch von den Forschern selbst, ganz im Einklang mit einem deduktiven Verständnis des Experiments, als Test der Theorie wahrgenommen. So schrieb Davisson am 19. November 1926 in einem Brief an seinen Schwiegervater O. W. Richardson:

„*I am beginning to get some idea what it is all about. In particular I think that I know* the sort of experiment *we should make with our scattering apparatus* to test the theory.“[38]

Die „Sorte" von Experiment, die Davisson hier vor Augen hatte, orientierte sich an einem (damals schon) historischen Experiment, nämlich am Röntgenbeugungsexperiment Walter Friedrichs und Paul Knippings, das – so die Erzählung – Max von Laues Theorie bestätigt hatte.[39] Selbstverständlich kannte Davisson die Choreografie des Laue-Friedrich-Knipping Experiments und unterstrich daher auch ganz bewusst das eigene „symmetrische" Anknüpfen an diese erfolgreiche Experiment-Tradition. Nicht nur der Röntgenstrahl, sondern auch das Elektron verbeugt sich:

„*The experiment is exactly the same in principle and general method as the* crucial experiment *whereby Laue, Friedrich and Knipping determined the wave character of X-Radiation.*"[40]

Man berechnete dementsprechend mit Louis de Broglies Materiewellenformel die theoretische Position möglicher Interferenzmaxima

---

[37] Unter anderem ein gewisser George P. Thomson, mit dem sich Davisson dann den Nobelpreis für eine „Simultanentdeckung" teilte. Weitere Versuche wurden von E. G. Dymond, Blackett und Elsasser selbst unternommen. Das Scheitern der meisten dieser frühen Versuche, insbesondere das Scheitern Elsassers verdeutlicht die zentrale Bedeutung der spezifischen technischen, materiellen und personalen Konstellation einer bestimmten experimentellen Forschung.

[38] Zitiert mit freundlicher Genehmigung des Harry Ransom Humanities Research Center – University of Texas at Austin (O. W. Richardson Nachlass); meine Hervorhebung.

[39] Zur Mythisierung dieses Experiments siehe Forman (1969). Siehe auch betreffende Nobelpreisrede Laue (1915).

[40] Davisson & Germer (1927a), S. 558 (meine Hervorhebung). Im Gegensatz zur Forschung George P. Thomsons kann man hier übrigens keineswegs, wie das Zitat suggeriert, von einem parallelen Experimentalaufbau zum Laue Experiment sprechen. Umso interessanter erscheint Davissons Bezugnahme auf diese Experimentaltradition.

und suchte nach empirischer Erfüllung. Am 6. Januar 1927 wurde das erste Interferenzmaximum detektiert. Am Rande der Laboraufzeichnungen liest man „Attempt to show Quantum bump" und dann in Germers Handschrift nachgetragen: „First Appearence of Electron beam!"[41]. Man wusste also nicht nur sehr genau, was man suchte, sondern war sich zudem sicher zu wissen, wann man dieses zu Suchende gefunden hatte. Bestärkt durch diesen Fund intensivierte man die Suche und führte bis zum 3. März 1927 68 Messreihen durch, bei denen insgesamt 13 *peaks* gefunden wurden. Obwohl die Messungen keineswegs komplett waren, veröffentlichte man schon im April erste Ergebnisse, rechtzeitig für den im Oktober stattfindenden 5. Internationalen Solvay Kongress. Gestützt auf die Vorschusslorbeeren und die allgemeine Erwartungshaltung wurde bei dieser oft als Gründungskongress der Quantenmechanik bezeichneten Veranstaltung der experimentelle Beweis der Wellennatur von Materie als gesichert angesehen.[42] Die abschließende Veröffentlichung in der *Physical Review* im Dezember 1927[43] präsentierte die Ergebnisse der letzten Forschungsphase: Insgesamt hatte man 30 *peaks* gefunden, von denen 29 identifiziert werden konnten. Acht theoretisch erwartete *peaks* konnten nicht gefunden werden und einige wiesen starke Abweichungen auf...

Jedoch beobachtet man hier einen jener faszinierenden Momente innerhalb der Forschung, „when instrumentation, experience, theory, calculation, and sociology meet"[44] und Experimente enden.

Zusammenfassend kann man sagen, dass es zumindest für das hier betrachtete Labor sinnvoll ist, zwischen „experimenteller Forschung" im allgemeinen und der besonderen Form experimenteller Forschung, dem „Experiment" zu unterscheiden. Also diejenige Konstellation, in der eine bestimmte Forschung in der Wahrnehmung der beteiligten Forscher selbst und/oder für die *scientific community* eine bestimmte Entscheidungs- bzw. Prüfungsfunktion einnimmt, die durch das jeweilige Wissenschaftsverständnis bestimmt wird. Der Erinnerungsort des

---

[41] Aus dem Laborbuch Nr. 2354, S. 74; zitiert nach Gehrenbeck (1974), S. 211.

[42] Max Born, Werner Heisenberg und Erwin Schrödinger bezogen sich in ihren Vorträgen auf die experimentelle Bestätigung der Wellenmechanik durch Davisson und Germer. Siehe Institut International de Physique Solvay 1928, S. 127–130, 165, 288.

[43] Es handelt sich hier um diejenige Publikation, die in der oben besprochenen Praktikumsvorbereitung zitiert wird. Das Entstehen der Fotografie in Abb. 1 fällt ebenfalls in diese Zeit.

[44] Galison (1987), S. 1. Auch wenn an dieser Stelle das Davisson-Germer Experiments endet, so wurde die Elektronenwellenforschung der Forschungsgruppe noch bis 1932 weitergeführt wurde.

historischen Experiments ist hierbei eine wichtige Ressource, aus der sich dieses implizite Wissenschaftsverständnis der Forscher speist.[45] Im Fall der Forschung in den *Bell Labs* ist das Experiment diejenige Phase der Forschung, in der Davisson und seine Mitarbeiter im sinnstiftenden Rahmen der „experimentellen Bestätigung der Materiewellentheorie" dachten und handelten.[46] Ab Herbst 1926 nahmen sie ihre eigene Forschung nicht nur als „experimentellen Test der Theorie"[47] wahr, sondern bezogen sich dabei zudem auf die Tradition des Laue-Friedrich-Knipping Experiments. Die spezifische Erzählung des Davisson-Germer Experiments präformierte sich demnach gleichzeitig mit der Forschung, d.h. forschungsinhärent und nicht retrospektiv.

Die spannende Frage ist nun, wie diese bereits narrativierte Wahrnehmung in einem der Forschung zeitlich nachgeordneten und damit „erinnernden" Prozess repräsentiert und in das kulturelle Gedächtnis der Physik eingeschrieben wurde.[48] Für diese Frage werde ich nun auf diejenigen narrativen und ikonografischen Grundelemente des Erinnerungsorts Davisson-Germer Experiment zurückkommen, die ich im ersten Teil anhand exemplarischer Betrachtungen der gegenwärtigen Physik vorgestellt hatte: die Röhre, das Forschersubjekt, die Subjekt/Objekt-Relation der Naturwissenschaft sowie die Ereignishaftigkeit des Experiments.[49]

Die Entwicklung des Erinnerungsortes Davisson-Germer Experiment ab 1927

Die Figur des Augenzeugen ist so wie in anderen kulturellen Bereichen auch für die Erinnerungskultur der Physik von zentraler Bedeutung. Die Subjekte der Forschung liefern für gewöhnlich die erste „Autor"-isierte Version der Geschichte ihrer Forschung[50] – so auch im

---

[45] Zum impliziten Wissen in der Naturwissenschaft siehe Polanyi (1983).
[46] Gehrenbeck bewertet dies ähnlich. Er betont die „consistency and unidirectionality of this work" im Vergleich zur vorherigen Arbeit. Siehe Gehrenbeck (1974), S. 220.
[47] Diese für die erste Hälfte des 20. Jahrhunderts typische Theorieorientierung verdeutlicht die Historizität des Experimentverständnisses.
[48] Als Wahrnehmung verstehe ich in diesem Zusammenhang wie gezeigt auch die textuelle Repräsentationen der Forschung in Laboraufzeichnungen oder z.B. persönlichen Briefen. Vgl. dazu noch einmal Holmes (2003).
[49] Für eine weniger thematische, sondern eher chronologische Darstellung dieser Entwicklung siehe Espahangizi (2005), Kap. 3.
[50] Zu „participants' accounts" siehe Gilbert (1984), S. 107.

Fall des Davisson-Germer Experiments. Die erste Einschreibung der Experimentgeschichte in den physikalischen Diskurs geschah bereits im Rahmen der „Entdeckungspublikation" vom Dezember 1927.

Die Elektronenröhre und das Experiment hinter Glas

Schaut man sich den Aufbau dieses Artikels an, so stellt man fest, dass der gesamte erste Abschnitt die Forschungserinnerungen in einen Erzähltext überführt – in die Geschichte eines erfolgreichen Experiments.

Direkt im ersten Satz wird man mit einem zentralen Problem der Erzählung konfrontiert: Wie beginnt man die Geschichte eines Experiments, dessen Anfangspunkt keineswegs eindeutig ist?

„*The investigation reported in this paper was begun as the result of an accident which occured in this laboratory in April 1925. At that time we were continuing an investigation, first reported in 1921, of the distribution-in-angle of electrons scattered by a target of ordinary (polycristalline) nickel.*"[51]

Der Auftakt der Forschung ist der Erzählung nach also die wenig erfolgreiche Arbeit mit dem Nickelkristall. Durch ein zufälliges Ereignis, ein klassisches Motiv der Physikgeschichte – man denke an Newtons Apfel – erhält sie dann die glückliche Wendung, mit der das eigentliche Experiment beginnt. Derart semantisch aufgeladen wird der Vorfall vergleichsweise detailliert und suggestiv beschrieben:

„*During the curse of this work a liquid-air bottle exploded at a time when the target was at high temperature: the experimental tube was broken, and the target heavily oxidized by the inrushing air. [...] When the experiments were continued it was found that the distribution-in-angle of the scattered electron had been completely changed.*"[52]

Befragt man diese Figur des „Zufalls" auf ihre erzählerische Funktion, so stellt man fest, dass sie nicht nur den Beginn des Experiments markiert, sondern zudem die Kontingenzerfahrung des gesamten Forschungsprozesses in einem Ereignis verdichtet. Der „Zufall" kann also letztlich als eine Technik erzählerischer Kontingenzbewältigung gelesen werden, die aber auch ein Moment des Auserwähltseins umfasst: Im Zufallen eines Zufalls manifestiert sich das Wohlwollen einer höheren Macht.

Erzählerische Formen stehen aber auch in einem spezifischen historischen Kontext: Der Apfel, der Newton zufällig auf den Kopf fiel,

---

[51] Davisson & Germer (1927b), S. 705f.
[52] Ebd., S. 706.

greift – wie Siegfried Bodenmann im Einleitungstext darlegt – eine zentrale Figur der christlichen Symbolik auf. Auch die „zerbrochene Glasröhre" muss vor dem kulturellen Hintergrund der 1920er Jahre gelesen werden. Zerbrechende Glasröhren waren ein bekanntes Phänomen der Zeit; egal ob bei Elektronenphysikern, Röntgentechnikern, Radiobenutzern oder Glühlampenbesitzern, die Klagen über die Zerbrechlichkeit dieser neumodisch modernen Röhren waren weit verbreitet.[53] Damit war aber auch die „zerbrechende Glasröhre im Labor" überzeugend, glaubwürdig und vor allem kommunikativ anschlussfähig.[54] Die Glasröhre stand darüberhinaus aber auch symbolisch für den Ort des Experiments. Der „Urknall" kann also auch so gedeutet werden, dass mit diesem Ereignis letztlich der gesamte Experimentalraum implodierte und so erst der Weg frei wurde für einen experimenteller Neuanfang, ein *reset*. Dies wird noch deutlicher im weiteren Entwicklungsprozess des Erinnerungsorts. So schrieb Karl K. Darrow, ehemaliger Kollege Davissons und späterer Vorsitzender der American Physical Society, 1951 in einer Gedenkschrift zum 70. Geburtstag Davissons zur Symbolik des gläsernen Labors:

„During the time of his researches on electron-waves, Davisson's office was on seventh floor of the West Street building, on the north side about seventy-five paces back from the west façade: his laboratories were at times beside, at times across the corridor. This illustrates a disadvantage of modern architecture. If Davisson had done his work in a medieval cathedral, we would mount a plaque upon a wall which had overlooked his apparatus, and plaque and wall would stand for centuries. But the inner walls of Davisson's rooms are all gone, and the outer wall consisted entirely of windows; and nothing remains the same except the north light steaming through windows, which we may take as symbol of the light which Davisson cast upon the transactions between electrons and crystals."[55]

---

[53] Für die Zerbrechlichkeit der Röntgenröhren siehe Arns (1997), S. 852. Er zitiert dort den Radiologen Henry Hulst: „Nature seems capricious to the savage mind; tubes do to the x-ray worker [...] A flashy tube is worse than a hysterical woman, it is incurably useless." Auch in den *Bell Labs* gingen während der Forschung dutzende Experimentalröhren zu Bruch.

[54] Um Missverständnisse zu vermeiden, möchte ich darauf hinweisen, dass der Vorfall (wie auch alle anderen Röhrenbrüche) in den Laborbüchern vermerkt ist. Worum es mir geht, sind jedoch Form und Funktion der erzählerischen Aufladung. Im Hinblick auf ihre Rezeption war die „Urknallstory" jedenfalls so effektiv, dass sie in einigen Darstellungen sogar direkt zitiert wurde. Siehe Jammer (1966), S. 251.

[55] Darrow (1951), S. 797.

Die kulturelle Symbolik des lichtdurchströmten Fensters findet in der Glasarchitektur der Röhre eine miniaturisierte Entsprechung. Die Experimentalröhre tritt, wie auch schon meine Eingangsbetrachtungen gezeigt haben, metonymisch an die Stelle des gesamten Experimentalraums. Nicht zufällig ist die Röhre alleiniges Covermotiv des *Physics Today* Jubiläumsheftes „Fifty Years of Electron Diffraction"[56]. Hier zeichnet sich aber zudem eine interessante Doppelfunktion des Glasgefäßes ab, als Ort des Experiments sowie gleichzeitig als Ort des Gedenkens. Schon in obigem Zitat deutet sich diese Parallele an: „[...] we would mount a plaque upon a wall which had overlooked his apparatus, and plaque and wall would stand for centuries." Während die Wände des fiktiven Gedenkortes und die Glaswände der Röhre hier noch räumlich getrennt, genau genommen ineinander verschachtelt sind, so fallen sie bei folgendem Objekt zusammen:

Abb. 2: Experimentalröhre

Bei dieser dem Jubiläumsband der *International Union of Crystallography*[57] entnommenen Fotografie mit dem Bildtitel „The experimental tube of 1926–1927" handelt es sich um die Abbildung einer Experimentalröhre, die von Davisson & Co. verwendet worden war.

---

[56] *Physics Today* 31 (1978), vol. 1.
[57] Siehe Goodmann (1981) bzw. speziell Gehrenbeck (1981), S. 21.

Die Glasröhre ist auf einem Sockel verankert, wie er auch für Büsten, Statuen und andere Medien der Erinnerung verwendet wird.[58] Das Label, auf dem schematisch die Experimentalanordnung dargestellt ist,[59] ist der Ausstellungsführer des Experiments hinter Glas.[60] Beides, zusammengenommen mit der Platzierung der Fotografie in einer Gedenkpublikation verleiht der Röhre letztlich den Status eines musealen Objekts. Die Röhre wird im wörtlichen, im materiellen Sinne zum Erinnerungsort des Experiments: Sowohl Experimentalraum als auch Ausstellungsraum, sowohl *Tube* als auch Vitrine.

Das Experiment in der Ereignisgeschichte der Physik

In den Jahren zwischen der Publikation von 1927 und der Nobelpreisverleihung 1937, also genau die Jahre, in denen sich die Kopenhagener Deutung der Quantentheorie etablieren konnte, hatte Davisson in zahlreichen Gastvorträgen und in Aufsätzen die Gelegenheit, seine Experimentalgeschichte zu verbreiten und weiter auszuarbeiten.[61] Zudem begann er, diese in die große Rahmenerzählung von der „Quanten-Revolution" und der Ablösung der klassischen durch die moderne Physik einzuschreiben. Bei der Nobelpreisverleihung selbst wurde Davisson vor den Augen und Ohren der ganzen Welt angehalten, die Geschichte seines erfolgreichen Experiments zu erzählen. In dieser feierlich überhöhten Atmosphäre der Nobelpreiszeremonie präsentierte er die bis dahin wohlgeformteste Version seiner Geschichte of „The Discovery of Electron Waves":

„That streams of electrons possess the properties of beams of waves was discovered early in 1927 in a large industrial laboratory in the midst of a great city. [...] Discoveries in physics are made when the time for making them is ripe, and not before; the stage is set, the time

---

[58] Siehe Böhme (2006), S. 363.
[59] Davisson (1927b), S. 708.
[60] Zur besonderen kulturellen Charakteristik des Glases vgl. Böhme (2006), S. 353–357.
[61] Siehe z.B. Davisson (1927, 1929a, 1929b, 1930, 1932). Gleichzeitig fand die Geschichte schon Eingang in physikalische Überblicksdarstellungen, wie z.B. Arthur Haas' „Materiewellen und Quantenmechanik" von 1928, George P. Thomsons „Wave Mechanics of Free Electrons" von 1930, Hermann Mark & Raimund Wierls „Die experimentellen und theoretischen Grundlagen der Elektronenbeugung" von 1931 und Erwin Fuess' „Beugungsversuche mit Materiewellen" von 1935.

is ripe, and the event occurs – more often than not at widely separated places at almost the same moment."[62] Davisson expliziert hier im letzten Satz sein Verständnis vom Fortschritt der Physik. Wissenschaft bzw. Labor sind die Bühnen, auf denen sich zu gegebener Zeit Entdeckungen ereignen. Die Entwicklung der Physik kann letztlich als eine Kette solcher räumlich und zeitlich genau bestimmbarer Ereignisse verstanden werden.

„The setting of the stage for the discovery of electron diffraction was begun, one may say, by Galileo.[...] [But] I will take, as a convenient starting-point, the events which led to the final acceptance by physicists of the idea that light for certain purposes must be regarded as corpuscular."[63]

Ausgehend von diesem Startpunkt entrollt der Text die Genealogie der Wellenmechanik, die sich selbst wiederum auf das etablierte kulturelle Gedächtnis der Physik stützen kann. Die Story entwickelt sich nach dem mittlerweile bekannten Muster: Die Akteure der Erzählung sind Physiker, die ihr Forschungsobjekt, die Natur befragen und dieser durch ihre Genialität sowie durch harte Arbeit, Wahrheiten abringen – abzulesen an den Blicken Davissons und Germers auf der Fotografie in Abb. 1.

„ ... the truth about light was being wrung from Nature – at times, and in this case a most reluctant witness."[64]

Der Kampf der Physiker mit der sich widersetzenden Natur erreichte nach dieser Erzählung im frühen 20. Jahrhundert einen Wendepunkt. Es wird das Bild einer Krise entworfen, in der die experimentellen Ergebnisse jener Zeit das Fundament der gesamten Physik in Frage stellten.

„Not only had light, the perfect child of physics, been changed into a gnome with two heads, there was trouble also with the electrons."[65]

Die Dramatik der Krise der klassischen Physik verdichtet sich in der Wahl der Attribute, mit denen die Situation beschrieben wird: „strange", „unnatural", „weird", „surrealist", „perverse". Erst die Quantenmechanik erlöst die Physik aus ihrer verzweifelten Lage.

---

[62] Davisson (1965), S. 387.
[63] Ebd. Nicht gerade untypisch für die Physik beginnt die Story mit Galileo Galilei!
[64] Ebd.
[65] Ebd. Mit dem „gnome with two heads" ist das Problem des sogenannten Welle-Teilchen-Dualismus gemeint.

„What was wanted, it was felt, was a new approach, a new theory of the atom. A genius was called for a genius appeared. [...] Then appeared the brilliant idea which was destined to grow into that marvelous synthesis, the present day quantum mechanics."[66]

Im Licht dieser Erzählung erschienen sowohl die Suche nach den Materiewellen als auch deren Entdeckung als historische Notwendigkeit: „The setting of the stage for the discovery of electron diffraction was now complete. Out of this grew, quite naturally [...] the Discovery of Electron Waves."[67]

Dieser Auftritt Davissons auf der Nobelpreisverleihung wirkte nicht nur am Entstehen der Erfolgsgeschichte der Quantentheorie mit, sondern etablierte so das Davisson-Germer Experiment und das Ereignis der Entdeckung der Materiewellen im kulturellen Gedächtnis der Physik.[68] Davisson schrieb sich mit seinem Vortrag selbst als zentrale *Figur* der Erzählung in die Geschichte ein. Der Ablöseprozess der *Erzählfigur* Davisson von der *Person* Davisson und das Weiterleben der ersteren nach dem Tode der letzteren ist Gegenstand der folgenden Überlegungen.

Der Entdecker und die Röhre

Im November 1937 veröffentlichte die *New York Times* mehrere Artikel zur Nobelpreisverleihung.

Mit dieser Fotografie erhielt das Experiment nun auch in der Öffentlichkeit ein Gesicht,[69] das Gesicht Davissons inklusive einiger biographischer Angaben. Auch wenn Germer in den frühen Fotografien von 1927 noch zu sehen ist, so erfüllt spätestens ab 1937 die Person

---

[66] Ebd., S. 388f.
[67] Ebd., S. 390f.
[68] Diese Arbeit wurde von anderen Physikern weitergeführt. Zum einen durch die Mitarbeiter Davissons: Siehe Germer (1964, 1965), Calbick (1963), Darrow (1951) und Kelly (1951, 1962). Anzumerken ist auch die einflussreiche Monografie Max von Laues „Materiewellen und Interferenzen" von 1944. Das *Handbuch der Physik* von 1956 (siehe Kamke) bezieht sich z.B. auf diese historische Darstellung von Laues. Ingesamt hatten vor allem Quantenphysiker selbst ein Interesse an der historischen Festschreibung ihrer Erfolge. So ist das Davisson-Germer Experiment auch in Friedrich Hunds „Geschichte der Quantentheorie" von 1967 und Max Jammers „Conceptual Development of Quantum Mechanics" 1966 als experimentelle Bestätigung aufgeführt.
[69] Die Headline stammt aus einem Artikel vom 12. November 1937 und das Bild vom 21. November 1937. Die Fotografie aus Abb. 1 wurde im Juni 1931 nur im firmeneigenen *Bell Laboratories Record* (S. 493) veröffentlicht.

New Yorker Shares Nobel Prize For Proof of Wave-Particle Theory

Dr. C. J. Davisson Divides Award With Prof. G. P. Thomson, Briton—Chemistry Fund Also Split—Writer du Gard Honored

IN PHYSICS.
Dr. Clinton Joseph Davisson, a member of the research staff of the Bell Laboratories, who divides with Professor George Paget Thomson of London the award of this year's prize in recognition of his discovery of proof of the wave-particle theory.

Abb. 3: *New York Times* Artikel zum Nobelpreis C. J. Davissons 1937

Davisson weitgehend allein die Funktion des Forschungssubjekts.[70] Wie schon in Abb. 1 ergänzen sich auch hier Forscher und Elektronenröhre zur Ikonografie des historischen Experiments. Jedoch bestehen zwischen den beiden Bildern auch wichtige und aussagekräftige Unterschiede. Auf den Punkt gebracht könnte man sagen, dass zwischen den beiden Bildern vor allem eines liegt: der Sieg. Aus dem introvertierten Davisson mit Experimentalapparatur wird der extrovertierte, seinem Publikum zugewandte Davisson mit Trophäe.

Nach dem Tod der Person Davissons im Jahr 1958 wurde die Figur Davisson dann endgültig, textuell wie bildlich, in die Galerie großer Physiker eingereiht. Der dritte Präsident der Bell Labs (1951–1958) Mervin Kelly verfasste 1962 einen biografischen Text, der in den „Biographical Memoirs" der *National Academy of Sciences* veröffentlicht wurde und schrieb damit die nunmehr abgeschlossene Heldengeschichte Davissons in das Gedächtnis der Physik ein.

Diese Fotografie des um 1938 von Herbert E. Ives angefertigten Gemäldes[71] zeigt den wissenschaftlichen Helden Davisson, dessen Haltung im Vergleich zur Fotografie von 1927 an Selbstbewusstsein, Autorität, aber auch an Gelassenheit gewonnen hatte. Kellys Text ergänzte diesen Eindruck durch die Beschreibung der „fine personal qualities" Davissons, die angeblich sowohl „thoroughness", „integrity", „keen sense of humor" als auch eine wahre „capacity for friendships" umfassten. Ergänzt wurde dies durch die Attribute „shy", „modest" und „fragile", die die sensible Seite der Forschers betonten.[72] Mit diesen Darstellungen gewann die Erzählfigur Davisson an Tiefe und wurde so letztlich zu einem würdigen Entdecker der Materiewellen, der sich nahtlos in das kulturelle Bild des *good scientist* einfügte[73] und der zusammen mit der Elektronenröhre von 1927, der Entdeckungsanekdote

---

[70] Trotz dieser medialen Reduzierung auf die Figur Davisson heißt es erstaunlicherweise nach wie vor Davisson *und* Germer Experiment. Dies mag darauf zurückzuführen sein, dass solche Doppelnamen für historische Experimente eine gewisse Tradition in der Physik haben (vgl. die Aufzählung von Experimenten am Anfang meines Artikels). Es könnte aber auch damit zusammenhängen, dass das kulturelle Bild von „großen Wissenschaftlern" durchaus auch den „treuen Gehilfen" einschließt. Ein weiteres zeitgenössisches Beispiel für ein solches Forscherduo sind Dr. Frankenstein und sein Assistent Fritz in James Whales Film FRANKENSTEIN von 1931.

[71] Das Foto wurde von Kelly zum ersten Mal im Oktober 1951 im *Bell Technical Journal* veröffentlicht. Der Anlass war Davissons 70. Geburtstag.

[72] Kelly (1962), S. 55 und 60.

[73] Im Gegensatz zur kulturellen Figur des *mad scientist*. Siehe hierzu Weingart (2005), S. 189–205 sowie vor allem Schummer (2006).

Abb. 4: Clinton Joseph Davisson 1938

und der Einbettung in die Erfolgsgeschichte der Quantenphysik den Erinnerungsort Davisson-Germer Experiment konstituierte.

Zusammenfassung und Fazit

Ausgangspunkt meiner Betrachtungen war die Behauptung, dass die Wissensform Experiment ein Scharnier zwischen experimenteller Forschung, Selbstverständnis der Physiker, Wissenschaftstheorie und Geschichte der Physik bildet. Ausgehend von einem etablierten historischen Experiment, dem Davisson-Germer Experiment habe ich nach dem Verhältnis zwischen dessen Entstehungsbedingungen und der betreffenden experimentellen Forschung gefragt und konnte zeigen, dass sich diese durchdringen. Die Elektronenbeugungsforschung in den *Bell Labs* erhielt im Rahmen der spezifischen disziplinären Konstellation die Bedeutung eines entscheidenden Experiments. Dies erlaubte es den Forschern zwischen Herbst 1926 und Frühjahr 1927, im Rahmen dieses disziplinären Sinnangebots zu handeln. Dazu beriefen sie sich auf die Vorlage des historischen Laue-Friedrich-Knipping Experiments sowie auf die Vorstellung eines experimentellen Tests der Materiewellentheorie. Diese spezifische Wahrnehmung der eigenen Forschungspraxis strukturierte die Erinnerungen vor, die in einem weiteren Schritt ab 1927 vor allem von den Wissenschaftlern selbst in das kulturelle Gedächtnis der Physik eingeschrieben wurden. Mit der Nobelpreisverleihung, dem 70. Geburtstag Davissons, dem Tod Davissons und auch dem 50. Jubiläum der Entdeckung durchlief die Entwicklung des Erinnerungsortes mehrere Konjunkturphasen. Dessen historische Entwicklung kann zudem als Prozess kultureller Kodierung beschrieben werden, bei dem sich Prozesse der Narrativierung, Metaphorisierung und Ikonisierungen wechselseitig ergänzten, stabilisierten und letztlich diejenige verdichtete Wissenform Davisson-Germer Experiment konstituierten, die im einleitenden Zitat aus dem Lexikon der Physik zum Ausdruck gekommen ist.

Abschließend kann man festhalten, dass die Physik nicht nur naturwissenschaftliches Wissen, sondern auch historisches Wissen produziert: Experimentelle Forschung, mathematisierte Symbolsysteme und physikalische Modelle werden von disziplinären und das heißt vor allem auch historischen Sinnbildungsprozessen durchdrungen und *sinnvoll* verwoben.

Narrative topoi in Erfindermythen und technonationalistischer Legendenbildung: Zur Historiographie der Erfindung von Film und Fernsehen

Andreas Fickers und Frank Kessler

Erfindungen entstehen, so Norbert Wiener, als Resultate eines komplexen Prozesses, der sehr viel mehr umfasst als die Entwicklung einer originellen Idee durch ein Individuum; auch das jeweilige technische, kulturelle, soziale und ökonomische Klima spielt dabei eine wichtige Rolle.[1] Der menschliche Akteur – der Erfinder – ist nur ein Faktor unter vielen, doch in den Berichten, in denen das Entstehen einer Technologie, einer Maschine oder eines Verfahrens dargestellt wird, steht er meist im Vordergrund. Genauer gesagt, wird er (oder sie), wie auch die weniger erfolgreichen Konkurrenten, zum glorreichen oder tragischen Helden (oder zur Heldin) einer Erzählung, die davon berichtet, wie Erfinder ihr Ziel erreichen oder verfehlen, zu spät kommen oder auch in ihrer Leistung verkannt werden. Ähnlich wie in den verschiedenen „Legenden vom Künstler", die Ernst Kris und Otto Kurz in ihrer ursprünglich 1934 erschienenen Studie analysieren,[2] gibt es auch im Feld der Erzählungen über die Erfindung der „lebenden Bilder" eine Reihe von wiederkehrenden narrativen topoi, die den Geschichten von Ruhm und Scheitern der Erfinder ihre literarische Form geben.

Ziel dieser Darstellungen ist es meist, die „Priorität" dieser oder jener Erfindung nachzuweisen, das Geleistete im Verhältnis zu konkurrierenden Entwicklungen abzuwägen oder aber zu Unrecht Vergessenes wieder ins kollektive Gedächtnis zu rufen. Solche Fragen sind in den Augen der meisten Film- und Fernsehhistoriker wenig sinnvoll, da technische Verfahren, welche Aufnahme, Wiedergabe oder Übertragung von bewegten Bildern ermöglichen, gleichzeitig an verschiedenen Orten entwickelt wurden (*„parallel inventions"*). Dennoch brechen sich Debatten um den „eigentlichen" und „wahren" Erfinder immer wieder Bahn, vor allem dann, wenn der Nationalstolz ins Spiel kommt. Noch die scheinbare Bescheidenheit Louis Lumières, der davon spricht, die Idee habe „in der Luft gelegen" (*„Qu'ai je fait? C'était dans l'air."*), ruft den Widerspruch seines Biographen hervor: „Und

---

[1] Vgl. Wiener (1993), S. 7–9.
[2] Vgl. Kris & Kurz (1980).

dennoch, sein *Cinématographe Lumière* war der erste, der das Laboratorium verließ und weltweit zum Einsatz kam."³

Wir wollen im Folgenden einerseits verschiedene, wiederkehrende *topoi* in den vom Erfindungsprozess handelnden Erzählungen identifizieren und andererseits deren politische oder kulturelle Instrumentalisierung im Rahmen techno-nationalistischer Diskurse als „Erfindung einer Tradition"⁴ untersuchen, wobei wir unsere Untersuchung auf Frankreich, Großbritannien, Deutschland und die USA konzentrieren. Das hier verwendete Quellenmaterial besteht sowohl aus verschiedenen Aussagen und Interventionen der Erfinder selbst als auch aus biographischen, film- bzw. fernsehhistorischen, populärwissenschaftlichen und journalistischen Darstellungen. Wir konzentrieren uns dabei vor allem auf relativ frühe Zeugnisse und mehr oder weniger kritische historische Darstellungen. Doch soll an dieser Stelle auch darauf hingewiesen werden, dass eine ausführlichere Studie verschiedener Nacherzählungen der Erfindungsprozesse in verschiedenen historischen Phasen unter Einschluss auch der populären Medien wie Comics, Radio, Film oder Fernsehen bis hin zum Internet von großem mentalitätsgeschichtlichen Interesse sein dürfte.

Geschichten und Geschichte

Der amerikanische Film- und Rundfunkhistoriker Erik Barnouw bemerkt mit Blick auf die Fernsehgeschichte: „The process of inventing television [...] became a long-running serial drama full of twists and turns that often seemed to reach its climax only to confront us with the message ‚to be continued'."⁵ Die Metapher vom „serial drama" weist darauf hin, dass eine Vielzahl von Akteuren eine Rolle spielen und der Verlauf des Prozesses weder zielgerichtet noch linear ist. Sowohl Film als auch Fernsehen sind als „Systemtechnologien" zu verstehen, nicht als isolierte technische Artefakte. In der evolutionären Logik eines Thomas P. Hughes durchlaufen derartige *„large technological systems"* (LTS) einen komplexen Prozess in mehreren „Phasen". Der Akt der Erfindung ist dabei lediglich der Startpunkt einer stufenweisen Entwicklung vom Prototyp zum standardisierten Endprodukt.⁶ Die Kom-

---

[3] Zitiert nach Chardère (1987), S. 152 [Übersetzung F.K.].
[4] Vgl. Hobsbawm & Runger (1983).
[5] Barnouw (1995), S. 1.
[6] Vgl. Hughes (1987), S. 51–82.

plexität des Netzwerks der verschiedenen hierbei beteiligten Akteure und Institutionen macht den Gedanken an einen einzelnen Erfinder obsolet. Erik Barnouws Feststellung – „no one country enjoyed the monopoly on the process, in fact several countries had two, perhaps three ‚outstanding sons'"[7] – zeugt letztlich nicht nur von der Vergeblichkeit aller Versuche, einem Erfinder in einem Land den Status des „wahren" Erfinders zuzuschreiben, sondern auch von dem geradezu paradoxen Festhalten an einer nationalen Vereinnahmung der jeweiligen Erfindung.

Wie dies dennoch geschieht, soll am Beispiel der folgenden *dramatis personae* und ihren Erfindungen im Bereich des Films dokumentiert werden: Thomas Alva Edison (*Kinetograph-Kamera und Kinetoskop*), Louis und Auguste Lumière (*Cinématographe*), Max Skladanowsky (*Bioscop*) sowie der englische Photograph William Friese-Greene, dessen Kamera und Projektor allerdings nie öffentlich eingesetzt wurden.[8] Was das Fernsehen betrifft, konzentrieren wir uns auf zwei zentrale Akteure auf dem Feld des elektro-mechanischen Fernsehen, Paul Nipkow (*elektro-mechanische Bildzerlegung*) und John Logie Baird (*Telehor*), dem die erste erfolgreiche öffentliche Demonstration seines Verfahrens gelang. Aus der Geschichte des elektronischen Fernsehens behandeln wir Philo T. Farnsworth (elektronische Fernsehkamera *„image dissector"*) sowie den französischen Fernsehpionier Henri de France (*819 Zeilen-System*).

Zwei narrative *topoi* dominieren die Erfindungsgeschichten von Film und Fernsehen: die geradezu mystische Erleuchtung, die den eigentlichen Akt der Erfindung kennzeichnet sowie den Gegensatz zwischen dem Erfinder als cleverem Unternehmer und dem genialen, einsamen Bastler, der als moderner Don Quichotte gegen die bürokratischen Mühlen der Patentbüros und die Übermacht großer Unternehmen kämpft.

---

[7] Barnouw (1995), S. 1.
[8] Eine kritische Analyse der jeweiligen Apparate sowie ihrer technische Gestalt zeigt auf, dass sie nur aus ihrer Einbettung in die Praxis der verschiedenen Erfinder zu verstehen sind. Edison suchte nach einem dem Phonographen komplementären Apparat, die Brüder Lumière diversifizierten ihr Angebot photographischer Apparate, Skladanowsky wiederum entwickelte eine neue Form der Nebelbildprojektion. Keiner von ihnen „erfindet das Kino", sie alle arbeiten an durchaus unterschiedlichen Dispositiven. Zu diesem Begriff im Zusammenhang der Filmgeschichtsschreibung vgl. Kessler (2003), S. 21–34.

Die Erfindung als Eingebung

Wie Lynn White anmerkt, ist der Begriff des „Genies" eine ideologische Konstruktion, die der Zeit der Renaissance entstammt, als Maler, Bildhauer und Architekten danach strebten, ihren gesellschaftlichen Status aus dem Stand der Handwerker herauszuheben.[9] Ähnlich verhält es sich mit dem Status des „genialen Erfinders" im Zeitalter der zweiten industriellen Revolution. Wie Thomas P. Hughes am Beispiel von Edison gezeigt hat, wird der Geniebegriff als beliebtes rhetorisches Stilmittel eingesetzt, um die technische Erfindung symbolisch zu überhöhen und sie so als Akt kultureller Wertschöpfung zu legitimieren. Der metaphorische Sprachgebrauch, der laut Hughes typisch für die Be- oder Umschreibung von Erfindungsakten ist, biete sich für den Erfinder selbst geradezu an, um eine Brücke zwischen der Sphäre des Kognitiven oder des Ideellen und der Gestaltwerdung oder Materialisierung dieser Idee im technischen Objekt zu bauen: „Der Mythos, der den Erfinder als verrücktes Genie sieht, ist nicht ganz unbegründet. Die Metapher bietet dem Erfinder eine Brücke von dem Entdeckten oder Erfundenen in den Bereich des Unentdeckten".[10] Die Geschichte der Anfänge der drahtlosen Telegraphie, des Films, des Radios oder des Fernsehen ist reich an Schilderungen, die auf Metaphern und Analogien zurückgreifen. Laut William Kennedy Laurie Dickson, Co-Autor der zusammen mit seiner Schwester Antonia 1895 veröffentlichen *History of the Kinetograph, Kinetoscope and Kineto-Phonograph* und zudem einer von Edisons engsten Mitarbeitern bei der Entwicklung des Kinetographen und des Kinetoskops, entstand die Idee zu einem Apparat für lebende Bilder in einer Phase relativer Ruhe nach einer Reihe von erfolgreichen Unternehmungen Edisons (Elektrizität, Glühbirne, Geräte im Bereich von Telefonie und Telegraphie sowie der Phonograph):

„In the year 1887 [...] the inventor felt at liberty to indulge in a few secondary flights of fancy. It was then that he was struck by the idea of reproducing to the eye the effect of motion by means of a swift and graded succession of pictures and of linking these photographic impressions with the phonograph in one combination so as to complete to both senses synchronously the record of a given scene."[11]

---

[9] Vgl. White (1962), S. 486–500. Für eine systematische Analyse des Prozesses von Erfindung, Entwicklung und Innovation vgl. Staudenmaier (1985): insbesondere Kapitel 2 „Emerging Technology and the Mystery of Creativity", S. 35–82.
[10] Hughes (1989), S. 85.
[11] Dickson & Dickson (1895), S. 6. Für eine kritische Sicht auf Edison vgl. Hendricks (1961).

Die Formulierungen „flight of fancy" sowie „struck by the idea" betonen den Charakter einer plötzlichen Eingebung, die dem Genie Edison kommt, als er die Muße hat, seine Gedanken umher wandern zu lassen. Im Falle Louis Lumières gibt es eine ähnliche Episode, die der Filmhistoriker Georges Sadoul einer Erklärung des Bruders von Louis Lumière, Auguste Lumière, aus dem Jahr 1935 entnimmt. Auch hier ist es die Phase der Ruhe und Entspannung, welche den entscheidenden Einfall herbeiführt, wobei die Tatsache, dass Lumière leichtes Fieber hat, den nachgerade „visionären" Charakter des Moments unterstreicht.

„[...] *gegen Ende des Jahres 1894 begab ich mich in das Zimmer meines Bruders, der mit einer leichten Erkrankung das Bett hüten musste. Er erzählte mir, dass er, weil er nicht schlafen konnte, in der Stille der Nacht die notwendigen Bedingungen durchdachte, um das gesteckte Ziel zu erreichen und einen entsprechenden Mechanismus entwickelt habe. [...] So erfand mein Bruder im Laufe einer Nacht den Kinematographen.*"[12]

Der deutsche Journalist Eduard Rhein, der in seinem Buch *Wunder der Wellen* (1935) die Erfindung des Fernsehens durch Paul Nipkow schildert, spricht von Nipkows Eingebung, die sich aus dem Bedürfnis speiste, an einem einsamen Weihnachtsabend bei der Familie zu sein. Interessanterweise zielt Nipkows Vision – ähnlich wie bei Edison – darauf, ein akustisches Medium (Phonograph, Telefon) durch ein visuelles (Kinetoskop, Tele-Vision) zu ergänzen, genauer: zu komplettieren:

„*Der Mensch aber, der der Welt die technische Lösung des Fernsehers gab, ist ein unscheinbarer dreiundzwanzigjähriger Student der Naturwissenschaften aus Lauenburg in Vorpommern. Als ihm der genialste Gedanke seines Lebens einfällt, sitzt er allein in seinem engen Studentenstübchen zu Berlin: Philippstraße 13a, Hinterhaus, zwei Treppen. Bei den Mietern im Vorderhaus flammen die Kerzen eines Weihnachtsbaumes auf. Kinderstimmen singen wie aus weiter Ferne: Stille Nacht, heilige Nacht. Der kleine Kanonenofen glüht mit voller Kraft, das Licht der Petroleumlampe taucht alles in gelb-roten Schein. Es ist sehr einsam. Zu einer kurzen Heimfahrt nach Pommern hat das bisschen Geld nicht gereicht. Jetzt müsste man dabei sein dürfen, bei den Eltern und Geschwistern. Oder wenigsten zusehen*

---

[12] Sadoul (1964), S. 11 [Übersetzung F.K.]. Eine sehr kritische, oft polemische und rigoros „anti-lumièristische", aber gut dokumentierte Darstellung bietet Sauvage (1985).

dürfen. Über Häuser und trennende Nacht hinweg. Fernsehen, wie man seit Jahren fernsprechen kann. Man müsste... und die unbeschwerte Phantasie beginnt spielerisch zu grübeln. "[13]

Auch in neueren Studien findet man immer wieder ähnliche Umschreibungen der erfinderischen Eingebung. Mehrere Arbeiten über den amerikanischen Fernsehpionier Philo T. Farnsworth liefern Beispiele dafür, wie wirkmächtig die Metapher des „genialen Einfalls" in Erzählungen und Biographien über Erfinder ist. In *The Boy Who Invented Television* (2002) beschreibt der Autor der „Farnsworth Chronicles" ein lyrisch-intimes Porträt von Farnsworth' geradezu wörtlich zu verstehender „Illumination"

„While the great minds of science, financed by the biggest companies in the world, wrestled with 19th century answers to a 20th century problem, the summer of 1921 found Philo T. Farnsworth, age fourteen, strapped to a horse-drawn disc-harrow, cultivating a potato field row by row, turning the soil and dreaming about television to relieve the monotony. As the open summer sun blazed down on him, he stopped for a moment and turned around to survey the afternoon's work. In one vivid moment, everything he had been thinking about and studying synthesized in a novel way, and a daring idea crystallized in this boy's mind. As he surveyed the field he had plowed one row at a time, he suddenly imagined trapping light in an empty jar and transmitting it one line at a time on a magnetically deflected beam of electrons. This principle still constitutes the heart of modern television. Though the essence of the idea is extraordinary simple, it had eluded the most prominent scientists of the day. Yet here it had taken root in the mind of a fourteen-year-old farm boy."[14]

Hier wird das Fernsehen zum Jugendtraum, der durch die schöpferische Eingebung des Augenblicks bereits potentiell realisiert wird, denn das technische Problem ist im Prinzip schon von dem Vierzehnjährigen im Geiste gelöst. In all diesen Fällen versucht die Legende vom Erfinder somit den innovativen Akt als freies Gedankenspiel des Genies zu begreifen und folgt damit auch dem romantischen Bild vom kreativen Individuum. Geradezu schicksalhaft – d.h. nicht zufällig – gelingt dem Genie in einem Moment des Alleinseins der Durchbruch hin zu einer revolutionären Erfindung oder großartigen technischen Innovation.

---

[13] Rhein (1935), S. 219f.
[14] Schatzkin (2002), S. 17.

Geschichten von Glanz und Scheitern

Ein zweiter narrativer Topos beschreibt die Erfindungen entweder als eine Geschichte von Triumph und Anerkennung oder – genau umgekehrt – als persönliche Tragödie und Niederlage aufgrund widriger Umstände. Thomas Alva Edison für den Film sowie das Tandem Vladimir Zworikyn und David Sarnoff im Bereich des Fernsehens bieten Beispiele für geradezu emblematische „amerikanische" Erfolgsgeschichten, während die Pioniere William Friese-Greene (Film) und John Logie Baird oder Philo T. Farnsworth die Kategorie der gescheiterten und verkannten Erfinder verkörpern, die zum Opfer allmächtiger Industrieinteressen werden oder vom unbeugsamen Gang des „technischen Fortschritts" ins Abseits gedrängt wurden.

Edison ist zweifellos eine der Lichtgestalten in der populären Geschichte technischer Erfindungen und gleichzeitig die Personifizierung eines zutiefst als amerikanisch empfundenen Modells: Bei ihm vereinen sich Ingenieurskunst, wissenschaftliches Experimentieren und die – bisweilen durchaus aggressive – Vermarktung des Produkts und seiner Person. Der „Zauberer von Menlo Park" steht an der Spitze eines hochgradig effizienten, arbeitsteilig organisierten Labors, das technische Erfindungen und Innovationen geradezu planmäßig liefert. Die Realisierung des Unternehmens „lebende Bilder", die Entwicklung von Kinetograph und Kinetoskop, war letztlich das Entwicklungsresultat eines Teams von Mitarbeitern unter der Leitung von William Kennedy Laurie Dickson. Edisons „Gedankenflüge" wurden von seinen Assistenten systematisch erforscht und auf ihre Brauchbarkeit überprüft. 1925 schreibt Terry Ramsaye in seinem wahrscheinlich auf der Broschüre der Geschwister Dickson aufbauenden Darstellung *A Million and One Nights. A History of the Motion Picture through 1925*:

„Edison was working in this year 1886 in his laboratory in Newark [...] The phonograph had been worked out rather to his liking in the late months of that year. While he had been tinkering along on it, the notion came to Edison that he would like to give it eyes as well as ears. He dallied with the idea of a machine which recorded and transmitted not only the sound but the sight. He felt it was a somewhat whimsical notion, but that, if it were done, it would be the completion of the phonograph."[15]

Ramsaye betont die geradezu beiläufige Art und Weise, mit der Edison den bewegten Bildern seine Aufmerksamkeit zuwendet.

---

[15] Ramsaye (1926), S. 51.

Er unterstreicht die Tatsache, dass Kinetograph und Kinetoskop für Edison von untergeordneter Bedeutung waren: „This picture machine-photograph was something to be done when another playtime came."[16] Angesichts der Tatsache, dass zum Zeitpunkt des Erscheinens von *A Million and One Nights* international meist Lumière als „Vater des Kinos" gesehen wurde, behauptet Ramsaye somit implizit auch, dass der „Zauberer" auf diese Erfindung gar nicht alle seine Kräfte verwendet habe, weil wichtigere Aufgaben vor ihm gelegen hätten. Hinsichtlich seiner Rolle als Erfinder nimmt Edison in dieser Version der Ereignisse eine interessante Position ein. Er ist derjenige, der das zu erreichende Ziel setzt (dem Phonographen zusätzlich zu den Ohren auch Augen geben), das dann von seinen Assistenten verfolgt wird. Für Dickson bot dies in dem von ihm und seiner Schwester verfassten Buch die Möglichkeit, auch auf seinen eigenen Anteil am Erreichen des Ziels zu verweisen.

Das Bild des Erfinders, das sich hier abzeichnet, ist ambivalent. Dass es Edison gebührt, als erster die Idee formuliert und die experimentelle Arbeit initiiert zu haben, steht für beide Autoren außer Frage. Doch ist es vor allem die gemeinsame Anstrengung seiner Mitarbeiter, die zum erfolgreichen Abschluss des Unternehmens führt. Der Erfinder ist somit einerseits die notwendige Inspirationsquelle, dessen geniale Eingebung den Beginnpunkt der Entwicklung darstellt, doch das Ergebnis ist andererseits das Resultat einer Teamarbeit, an der er selbst nur marginal beteiligt ist: Der Prozess der Erfindung erhält hier eine gewissermaßen eine „demokratische" – vielleicht sogar typisch „amerikanische"[17] – Dimension. In jedem Fall aber zeigt dieses Beispiel, wie der individuelle Erfolg auch in der kollektiven Arbeitsorganisation darstellbar ist.

Ein durchaus ähnliches Muster zeigt sich am Beispiel des französischen Fernsehpioniers Henri de France. In seinen unveröffentlichten Memoiren charakterisierte sich de France selber als der gedanken- oder impulsgebende Erfinder, der seine über Nacht ausgebrüteten Ideen am nächsten Morgen an seine Entwicklungsingenieure weitergab. Diese sollten dann überprüfen, ob sich aus seinen „Grübeleien" etwas Verwertbares machen ließ. Seine Methode des „Erfindens im Schlaf" beschreibt er anschaulich:

---

[16] Ebd., S. 52.
[17] Der Frage nachzugehen, inwieweit in derartigen Darstellungen auch auf einer solchen Ebene nationale Ideologeme einfließen, wäre gewiss lohnenswert.

"Vor dem Schlafengehen sage ich mir: verdammt, für dieses Problem gibt es noch keine Lösung. Vor dem Einschlafen lege ich mir die entsprechenden Fakten zurecht und beim Aufwachen kommt mir der erleuchtende Gedanke. Ja, so könnte es gehen, denke ich mir. Man müsste dieses und jenes probieren. Natürlich klappt das nicht immer. Aber ich gehe dann zu meinen Ingenieuren und sage einfach: ‚Was haltet ihr davon, wenn wir das mal ausprobieren? Gut, gut, Herr de France, wir werden mal sehen, ob das was bringt', lautet die Reaktion dann meistens."[18]

Die Methode des delegierten Forschens hatte aber zu Zeiten von Henri de Frances Arbeiten an seinem SECAM-Farbfernsehsystem Mitte der 1960er Jahre die Folge, dass zahlreiche Patente des SECAM-Systems nicht seinen, sondern die Namen seiner wissenschaftlich-technischen Mitarbeiter trugen.

Der englische Filmpionier William Friese-Greene dagegen steht exemplarisch für eine dramatisch, wenn nicht melodramatisch verlaufende Erfinderkarriere. Schon 1889 erwarb er ein Patent für ein System, welches Reihenphotographien auf einen Filmstreifen brachte, der in einem Apparat intermittierend hinter einer Blende transportiert wurde. Damit gehört er zu den frühen Mitbewerbern um den Titel „Erfinder des Kinos", allerdings einer, der im Verborgenen arbeitete und dem es nicht gelang, seinen Beitrag öffentlichkeitswirksam zu vermarkten. Sein Biograph Ray Allister präsentiert ihn als einen einsamen, aber überaus produktiven Erfinder, dem es aber an Geschäftssinn mangelte. Oft dem Bankrott nahe, war es ihm auch angeblich unmöglich, im entscheidenden Moment sein Patent zu verlängern.[19] So wird Friese-Greene zu einer tragischen Figur, der die Chance verpasste, berühmt zu werden. Sein plötzlicher Tod auf einem Treffen der britischen Kinounternehmer 1921, bei dem er angeblich nur noch genau den Betrag in der Tasche hatte, den eine Kinoeintrittskarte kostete, bildete den melodramatischen Höhepunkt dieser Geschichte.[20]

Ähnlich verhält es sich mit der Biographie des schottischen Fernsehpioniers John Logie Baird. Baird, der als unabhängiger Erfinder

---

[18] Henri de France, „Mémoires", in: *Archives du Comité d'histoire de la télévision, Institut National de l'Audiovisuel (INA)*, Bry-sur-Marne, S. 77 [Übersetzung A.F.].

[19] Vgl. Allister (1948). Allisters Buch dient auch als Vorlage für den Film THE MAGIC BOX (John Boulting, 1951), der die melodramatischen Züge der Biographie noch stärker herausarbeitet.

[20] Ebd., S. 179ff.

während des Ersten Weltkriegs mit seinen zwecks Wärmeisolierung papiergefütterten „Baird Undersocks" sein erstes Geld verdiente, war immerwährend auf der Suche nach Investoren, um seine Experimente auf dem Gebiet des elektro-mechanischen Fernsehens zu finanzieren.[21] Obwohl es ihm 1925 gelang, eine Reihe Aufsehen erregender Demonstrationen seines „Televisor" genannten Apparats durchzuführen, und obwohl er 1930 in Zusammenarbeit mit der BBC das erste Fernsehspiel in der Geschichte des Fernsehens (Luigi Pirandellos Theaterstück „Der Mann mit der Blume im Mund") realisierte, gilt er als das tragische Beispiel eines Erfinders, der seine Schaffenskraft zwanzig Jahre lang der Entwicklung einer Technologie widmete, die in dem Moment, in dem sie marktreif war, von einer konkurrierenden Technologie verdrängt wurde. Baird perfektionierte zwar die Technik des elektro-mechanischen Fernsehens auf der Grundlage der Nipkow-Scheibe, doch seine Fixierung auf diesen technologischen Pfad machte ein Umschenken auf rein elektronisch funktionierende Fernsehsysteme (Zworikyn, Farnsworth, Ardenne) unmöglich.[22] Als die BBC 1936 mit regelmäßigen Fernsehausstrahlungen sowohl im Baird-Verfahren als auch mittels eines rein elektronischen Systems begann, wurde Bairds elektro-mechanisches System von Kritikern als „archaisch" bezeichnet.

Dass der Schritt von einer genialen Erfindung zur erfolgreichen Produktinnovation nicht nur technikimmanente Gründe hat, sondern von sozialen, politischen, wirtschaftlichen und kulturellen Kontexten beeinflusst ist, haben Historiker wie Marc Bloch oder Bertrand Gille lange vor der sozialkonstruktivistischen Wende in der Technikgeschichtsschreibung festgestellt. Der sich im Laufe des 19. und 20. Jahrhunderts vollziehende strukturelle Wandel im Bereich technischer Entwicklungstätigkeit, der sich durch die zunehmende Marginalisierung des individuell agierenden „inventor-entrepreneur" und die wachsende Bedeutung von arbeitsteilig organisierten Entwicklerteams auszeichnet („big science"), ist auch der Grund dafür, dass zahlreiche „geniale" Erfindungen entweder gar nicht oder erst dann realisiert werden konnten, wenn sich entsprechende Kapitalgeber und industrielle Konzerne die Rechte an diesen Erfindungen sichern konnten. Langwierige Auseinandersetzungen vor Kartellbehörden und Patentgerichten bilden die Rückseite der modernen Geschichte der Technik. Auch im Falle der Film- und Fernsehtechnik lassen sich diese meist in „David

---

[21] Vgl. Baird (2004), S. 30ff.
[22] Zu Manfred von Ardenne vgl. dessen Autobiographie (Ardenne, 1986); sowie Blumtritt (2004).

gegen Goliath"-Rhetorik stilisierten Erzählungen finden. Eine Ausnahme bildet die Geschichte des amerikanischen Fernsehpioniers Philo T. Farnswoth. Farnsworth, 1906 als Sohn einer mormonischen Farmerfamilie geboren, hatte 1926 nach einem aus finanziellen Nöten abgebrochenem Ingenieurstudium ein Radiogeschäft in Salt Lake City eröffnet. Ein Jahr später zog es ihn nach San Francisco, wo er Kapitalgeber für seine Forschungen am elektronischen Fernsehen ausfindig gemacht hatte. 1927 meldete er ein Patent für eine elektronische Fernsehkamera an („image dissector"), welches die Grundlage für eine patentrechtliche Auseinandersetzung mit der Radio Corporation of America (RCA) bildete.[23] 1932 hatte Farnsworth geklagt, dass die von dem russischen Einwanderer Vladimir Zworikyn unter enormen finanziellen Einsatz bei RCA entwickelte elektronische Fernsehkamera namens „Iconoscope" in seinem Patent zu wesentlichen Teilen abgedeckt sei. Nach dreijähriger Auseinandersetzung wurde Farnsworth Klage schließlich stattgegeben. Damit schien das ganze von RCA-Chef David Sarnoff initiierte millionenschwere Investitionsprogramm in das elektronische Fernsehen in Gefahr. Nachdem Farnsworth ein Angebot zum Kauf der Patentrechte abgelehnt hatte, kam es schließlich zu einem für die RCA „historischen" cross-licensing agreement, welches Farnsworth bedeutsame Einkünfte sichern sollte. Wie Sarnoff-Biograph Kenneth Bilby 1971 anmerkte, sollen den Patentanwälten der RCA beim Abschluss des Vertrages die Tränen in den Augen gestanden haben – „agreeing to pay for others for the use of their patents was totally foreign to the RCA patent department"[24]

Technonationalismus: Legendenbildung und Instrumentalisierung

Wie die genannten Beispiele zeigen, ist der Mythos vom genialen Erfinder bzw. den genialen Erfindungen sowohl Teil der Selbststilisierung bzw. literarischen Selbsterfindung der technischen Akteure als auch das Resultat von zu Lebzeiten einsetzenden Strategien der symbolischen Vermarktung des Genies durch Biographen, Zeitgenossen und Medien. Neben diesen zeitnahen „Arbeiten am Mythos" (Hans Blumenberg), die sich auf literarischer Ebene meist in typischen narrativen Mustern spiegeln, lässt sich eine zeitlich versetzte „Erfindung von

---

[23] Siehe Inglis (1990), S. 172f.
[24] Bilby (1986), S. 128. Zitiert nach Inglis (1990), S. 173.

Traditionen" konstatieren, die wir als techno-nationalistische Instrumentalisierung von Erfindern und Erfindungen bezeichnen möchten.

Seit dem Beginn der industriellen Revolution findet man immer wieder Auseinandersetzungen, in denen verschiedene nationale (oder nationalistische) Ansprüche auf wissenschaftliche oder technische Erfindungen aufeinanderprallen. Der Streit zwischen dem Franzosen Louis Jacques Mandé Daguerre und dem Briten William Henry Fox Talbot um die Ehre, als Erfinder der Photographie zu gelten, ist ein typisches Beispiel solcher nationalistisch geprägter Debatten.[25] Am 6. Januar 1839 erschien ein Artikel des Sekretärs der Académie des Sciences, François Arago, in der *Gazette de France*, der Daguerre als den Erfinder der „Kunst der photographischen Zeichnung feierte". Am 19. Januar wurde ein Bericht über die Präsentation von Daguerres Experimenten vor der Académie des Sciences auf englisch veröffentlicht. Nur wenige Tage später, am 31. Januar, forderte Talbot in einer energischen Rede vor der Royal Society seine Urheberschaft der „art of photographic drawing" ein. In einer Gegenmaßnahme besiegelte daraufhin das Institut de France den französischen Ursprung der neuen Errungenschaft, indem es in einer offiziellen Verlautbarung Daguerre zu deren Vater und Namengeber erklärte. Der Sekretär der Académie des Sciences, François Arago, verkündete: „Frankreich hat die Entdeckung für die seinige erklärt, hat vom ersten Moment seinen Stolz darein gesetzt, der ganzen Welt damit ein freigiebiges Geschenk zu machen."[26]

Auch die Beispiele von Film (Lumière) und Fernsehen (Henri de France) zeigen, dass Frankreich einen geradezu missionarischen Eifer entwickelte, wenn es darum ging, im Namen der Nation Ansprüche auf Erfindungen oder wissenschaftliche Entdeckungen zu erheben. Doch wie der Fall Louis Lumière zeigt, war die Urheberschaft des Films selbst im eigenen Land nicht unumstritten. Es entstand eine regelrechte „anti-lumièristische" Opposition, die dem Chronophotographen Etienne Jules Marey oder Emile Reynaud und seinen gezeichneten Animationsbildern den Vorrang geben wollte. In der Französischen Photographischen Gesellschaft debattierte man um die Frage, welche Namen nun die Plakette tragen müsste, die am Boulevard des Capucines, am Ort der ersten öffentlichen Vorführung des *Cinématographe Lumière* angebracht werden sollte. In den Protokollen findet sich folgender Einwurf des Delegierten Georges Pointonniée:

---

[25] Vgl. Brauchitsch (2002), S. 29–34.
[26] Ebd., S. 31f.

„Er [Pointonniée] äußert die Besorgnis, dass Amerika, England, Deutschland, die alle drei die Erfindung der Kinematographie für sich beanspruchen, von unseren Streitigkeiten profitieren und unserem Land die Früchte der Erfindung streitig machen könnten, indem sie einen ihrer eigenen angeblichen Erfinder in den Vordergrund stellen. Darum sei zu wünschen, dass man sich in Frankreich auf einen gemeinsamen Standpunkt einigt."[27]

Dieser Appell an den Patriotismus, um den französischen Anspruch auf die Erfindung zu sichern, ist ein Versuch, die Diskussion um andere mögliche französische Konkurrenten (und Konkurrenten überhaupt) im Keim zu ersticken. Louis Lumière wird ganz einfach als der stärkste Kandidat gesehen, weil bei ihm alles zusammenkommt – oder innovationstheoretisch formuliert – die notwendige kritische Masse vorhanden ist: die geniale Eingebung, die systematische Entwicklung, die erfolgreiche Markteinführung und sogar ein (geradezu unausrottbarer) „Gründungsmythos", nämlich die angebliche Panik der ersten Zuschauer angesichts des einfahrenden Zugs.[28]

Wie das Beispiel der französischen „champions nationaux" im Bereich der Fernsehtechnik zeigt, spielt der politische Kontext eine zentrale Rolle in der nationalen oder nationalistischen Vereinnahmung technischer Erfindungen und Systeme. Die amerikanische Technikhistorikerin Gabrielle Hecht hat hierfür den Begriff des „technopolitical regime" eingeführt, den sie wie folgt definiert: „By analogy, ‚technopolitical regime' provides a good shorthand for the tight relationship among institutions, the people who run them, their guiding myths and ideologies, the artifacts they produce, and the technopolitics they pursue."[29] Die Stilisierung des von Henri de France entwickelten 819-Zeilen Systems zu einer Angelegenheit von sogar verteidigungspolitischem Interesse[30] und seines SECAM-Systems zum Symbol de Gaullescher „politique de la grandeur"[31] und Visitenkarte französischer Industriepolitik deutlich, welcher Stellenwert der Technik im nationalen Selbstverständnis Frankreich zukam. Als Symbol des französischen Modernisierungsprojektes nach 1945 nahm das Fernsehen als technopolitisches Hybrid auch auf politisch-

---

[27] Zitiert nach Sauvage (1985), S. 23 [Übersetzung F.K.].
[28] Für eine kritische Analyse der angeblichen Panik vgl. Loiperdinger (1996), S. 37–70; sowie Bottomore (1999), S. 178–216.
[29] Hecht (1998), S. 17.
[30] Siehe Fickers (2006), S. 20.
[31] Fickers (2007).

kultureller Ebene die Funktion einer nationalen Sozialisierungsinstanz ein. Der französische Beitrag zur Entwicklung dieser Technologie, die als „véhicule privilégié du sentiment national et de la communauté nationale"[32] angesehen wurde, eignete sich somit in zweifacher Weise für eine nationalistische Instrumentalisierung.

Doch auch in anderen Ländern findet sich dieses Muster retrospektiver Vereinnahmung, wie die Beispiele von Max Skladanowsky oder Paul Nipkow zeigen. Im November 1895 war es Max Skladanowsky gelungen, im Berliner Wintergarten Filme mittels eigens entwickelter Kamera und Projektor vorzuführen – also einige Wochen vor der Premiere des *Cinématographe Lumière* in Paris.[33] Die Familie Skladanowsky betrieb ein reisendes Projektionskunstunternehmen mit so genannten „Nebelbildern", d.h. Laterna Magica-Projektionsbildern.[34] Seine als *Bioscop* bezeichnete Vorrichtung präsentierte Skladanowsky als eigenständigen Varieté-Akt und somit, anders als es z.B. bei Edison oder Lumière der Fall war, nicht für die zukünftige Massenproduktion. Die komplizierte Funktionsweise des Projektors hätte dem auch im Weg gestanden. Ab Mitte der 1920er Jahre, also um die Zeit, als man den 30. „Geburtstag" des Kinos feierte, beanspruchte Skladanowsky mit Nachdruck, er, und nicht die Brüder Lumière, sei der erste gewesen, der öffentlich lebensgroße bewegte Bilder vorgeführt habe.

Da dies aber selbst in Deutschland nicht unumstritten war, konzentrierten sich die Befürworter auf den Gedanken, dass Skladanowsky seine Idee völlig unabhängig entwickelt habe, eine Sichtweise, die der Kölner Professor für Theaterwissenschaft Carl Niessen in seiner 1934 erschienen Schrift *Der „Film" – eine unabhängige deutsche Erfindung* darlegte. Auch dagegen regte sich Widerspruch, vor allem seitens Oskar Messter, der seinem früheren Konkurrenten diese Ehre nicht zuteil werden lassen wollte. Messter selbst wurde als Begründer der deutschen Filmindustrie gefeiert, der die so genannte Malteserkreuz-Schaltung für die ruckweise Projektion entwickelt hatte, die im Nationalsozialismus schlichtweg als „deutsche Schaltung" bezeichnet wurde. In einem populärwissenschaftlichen Buch aus dem Jahr 1941 heißt es schließlich:

„*Und so hat dann auch ein anderer Deutscher im Jahre 1896, zu einer Zeit, da Lumières Apparat noch geheim gehalten wurde, selbstän-*

---

[32] Cohen (1999), S. 32.
[33] Zu Skladanowsky vgl. Castan (1995).
[34] Zum Projektionskunst-Unternehmen Skladanowsky vgl. Vogl-Bienek (1999), S. 83–100; sowie Lange-Fuchs (2003), S. 123–143.

dig alle Voraussetzungen zum Aufbau einer ausschließlich mit deutschen Geräten arbeitenden Kinoindustrie erfüllt: Oskar Messter."[35]
Als technopolitisches Regime entfaltete der Nationalsozialismus eine radikale Form der nationalistischen Instrumentalisierung „deutscher Technik", die auch in der propagandistischen Vereinnahmung Paul Nipkows als „Vater" des Fernsehens zum Ausdruck kommt. Der erste deutsche Fernsehsender, der ab März 1935 mit einem regelmäßigen Programmbetrieb startete, wurde Nipkow zu Ehren „Fernsehsender Paul Nikow" getauft, und als Ehrenpräsident der Fernseharbeitsgemeinschaft der Reichsrundfunkkammer wurde der alternde Nipkow (Jahrgang 1860) vor den ideologischen Karren der nationalsozialistischen Propaganda gespannt.

Ähnlich wie im Frankreich der 1950er und 1960er Jahre wurde in Nazideutschland das Fernsehen als Symbol deutscher Wertarbeit und schöpferischer Genialität gefeiert. Wie Monika Elsner und Thomas Müller gezeigt haben, zielte der nationalsozialistische Eifer im Bereich des Fernsehrundfunks auch und besonders darauf ab, die Superiorität deutscher Fernsehtechnik im Vergleich zur britischen Konkurrenz zu demonstrieren.[36]

To be continued... Schlussbetrachtung

Die präsentierten Fallbeispiele aus dem Bereich der Film- und Fernseherfindungen machen deutlich, dass die Erzählungen über die Entdeckungsakte und Erfindungsprozesse als die retrospektiven Instrumentalisierungen von Erfindungen und Erfindern im Kontext technopolitischer Regime narrative Muster aufweisen, die als literarische Mediatoren und Katalysatoren der Mythen- und Legendenbildung funktionieren. Mit Thomas Hughes und Brian Pfaffenberger könnte man jedoch argumentieren, dass diese wiederkehrenden narrativen Muster nicht nur die Geschichtsschreibung und Erinnerungspolitik charakterisieren, sondern die technischen Artefakte oder Systeme selbst Ausdruck und Symbol dieser dramatischen Erzählungen sind. Pfaffenberger führt die Metapher des „technological drama" ein, um die hybride Natur technischer Artefakte und ihrer diskursiven wie symbolischen Semantiken zu unterstreichen:

---

[35] Oertel (1941), S. 67.
[36] Elsner & Müller (1990), S. 193–220.

„To emphasize the metaphor of drama, too, is to employ a richer metaphor than text. It is to emphasize the performative nature of technological ‚statements' and ‚counterstatements', which involve the creation of scenes (contexts), in which actors (designers, artefacts, and users) play out their fabricated roles with regard to a set of envisioned purposes (and before an audience), and it is also to emphasize that the discourse involved is not the argumentative and academic discourse of a text but the symbolic media of myth (in which scepticism is suspended) and ritual (in which human actions are mythically patterned in controlled social spaces."[37]

Die narrativen Topoi sowie die techno-nationalistische Überformung der Technikgeschichtsschreibung, die wir im Bereich der Erzählungen über Erfinder und Erfindungen im Bereich der Film- und Fernsehtechnik ausmachen konnten, zeugen beispielhaft von der symbolischen Dimension der technischen Artefakte Film und Fernsehen, in denen mythische und rituelle Elemente zum Ausdruck kommen: Erstens die metaphorische Überhöhung des Entdeckungs- oder Erfindungsaktes, zweitens die (melo)dramatische Inszenierung und rhetorische Stilisierung der Erfinderbiographien und Innovationsprozesse und drittens die ideologische Aufladung technischer Artefakte oder Technologien im Rahmen technopolitischer Regime.

Dass der Prozess der Mythen- und Legendenbildung auch bei solch „alten Medien" wie Film und Fernsehen keineswegs abgeschlossen ist, beweist ein flüchtiger Blick ins Internet. Die Eingabe der Stichworte „Film", „Fernsehen" und „Erfindung" bzw. „Erfinder" (in mehreren Sprachen) in eine beliebige Suchmaschine bringt Tausende neuer Erzählungen hervor, die Eric Barnouws eingangs zitierte These von den Erfindungsgeschichten als „serial drama" bestätigen. Das Ende dieser Erzählung lässt demnach nur einen Schluss zu: „to be continued"!

---

[37] Pfaffenberger(1992), S. 286.

Zwischen Beweis und Widerlegung
Die sich wandelnde Bedeutung
eines Instruments im 18. Jahrhundert

Susan Splinter

> Pour entendre comment la matière subtile qui tourne autour de la terre chasse les corps pesants vers le centre, remplissez quelque vaisseau rond de menues dragées de plomb, et mêlez parmi ce plomb quelques pièces de bois, ou autre matière plus légère que ce plomb, qui soient plus grosses que ces dragées; puis, faisant tourner ce vaisseau fort promptement, vous éprouverez que ces petites dragées chasseront toutes ces pièces de bois, ou autre telle matière, vers le centre du vaisseau, ainsi que la matière subtile chasse les corps terrestres, etc.
>
> *Descartes an Mersenne, 16. Oktober 1639* [1]

René Descartes hat in einem Brief an Marin Mersenne dieses Experiment vorgeschlagen, mit dessen Hilfe seine Theorie der Schwerkraft zu exemplifizieren sei. Der französische Philosoph führt aus, dass die leichten Holzteilchen in einem rotierenden Gefäß durch die schwereren Bleiteile zum Zentrum getrieben werden. Die Bleiteilchen wirken in diesem Analogieexperiment wie die Teilchen der subtilen Materie, die als Wirbel um Erde rotieren. Dieser Äther [2] drückt durch seine Bewegung die schweren Teile zur Erde, womit Descartes die Ursache der Schwerkraft erklärte. Dabei störte es Descartes keineswegs, dass in seinem Experiment die subtile Materie durch schwere Bleikugeln repräsentiert werden. Ihm ging es einzig um die Veranschaulichung des Ätherwirbels. In der ersten Hälfte des 17. Jahrhundert entwarf er sein mechanisches Weltbild, in dem alle Veränderungen durch Stöße, Drücke oder Bewegungen von messbaren oder unwägbaren Teilchen verursacht werden. Voraussetzung für eine solche Welterklärung ist eine kontinuierliche Raumerfüllung. So ist das Universum von einer himmlischen Materie ausgefüllt. [3] Mit Hilfe dieses Nahwirkungs-

---

[1] Descartes (1970), S. 251f.
[2] Obwohl Descartes den Begriff Äther nicht verwendet, sondern von subtiler Materie spricht, benutzen Gelehrte des 18. Jahrhunderts durchaus diesen Begriff zur Bezeichnung der Materie, die das Weltall ausfüllen sollte.
[3] Descartes (1955), S. 70f.; Schreier (1988), S. 155.

prinzips erklärte Descartes auch die Gravitation. Die Imponderabilien formten einen Wirbel um die Sonne, der das gesamte Planetensystem mit sich führt und so die Anordnung der Planeten erklärt. In dem großen Sonnenwirbel existieren noch weitere kleinere Wirbel, z.B. um den Jupiter und die Erde, welche die Monde mit sich tragen.[4] Die cartesianische Wirbeltheorie war äußerst erfolgreich, da viele Erscheinungen damit erklärt werden konnten.[5] Viele Gelehrte, wie Giovanni Domenico Cassini, Christiaan Huygens und Gottfried Wilhelm Leibniz verteidigten diese Theorie. Obwohl er als junger Mann die cartesianische Wirbeltheorie anfangs auch sehr schätzte, formulierte Isaac Newton in seiner 1687 veröffentlichten *Principia* enorme Einwände. Die Wirbeltheorie konnte die elliptischen Bahnen und somit die Keplerschen Gesetze nicht erklären. Doch diesen Einwand sahen die Cartesianer als zweitrangig an und hielten weiterhin an ihr fest.[6] Wie im nachfolgenden gezeigt wird, waren in der nun entstehenden Auseinandersetzung Experimente von großer Bedeutung. In der bisherigen Forschung zu diesem Thema wurden vor allem Abhandlungen untersucht und interpretiert. So stehen bei Eric Aiton vor allem Schriften Pierre Bouguers, Leonhard Eulers sowie Johann I und Daniel Bernoullis im Vordergrund.[7] Auch Ronald J. Overmann geht vor allem auf die theoretischen Auseinandersetzungen ein, wenn er in seiner Dissertation die geläufigen Theorien der Gravitation des 17. Jahrhunderts vorstellt.[8]

Doch erst im Zusammenspiel von Experiment und philosophischer Erklärung werden die komplexen Argumentationsstrukturen verständlich. Daher wird im nachfolgenden geklärt, welche Bedeutung Experimente bei der Erklärung der Schwerkraft hatten. Die hier vorgestellten Experimente dienten vor allem der Veranschaulichung und der Visualisierung eines Vorgangs, der aufgrund der Dimensionen des Weltalls das allgemeine Vorstellungsvermögen überschritt. Die Experimente sollten eine Theorie legitimieren helfen. Sie waren argumentative Hilfsmittel, die ähnlich wie Mythen eine Stringenz und Anschaulichkeit konstruierten, um die Ursachen der Schwerkraft zu verstehen.

---

[4] Descartes (1955), S. 74ff.; Perler (1998), S. 113f.; Aiton (1972), S. 33–57; Gaukroger (1995), S. 249–256.
[5] Baigrie (1988), S. 87.
[6] Ebd., S. 87–92.
[7] Aiton (1972), S. 214–239, 246f.
[8] Overmann (1974).

Saulmons und Huygens' Experimente

Huygens griff als erster das von Descartes vorgeschlagene Experiment auf. Doch leugnet Huygens die Aussagekraft des oben zitierten Versuchs. Denn demnach würden die Körper mit weniger Masse – die Holzteilchen – von den Bleistücken zur Rotationsachse gedrückt. Doch sollte das Experiment zeigen, wie schwere Teile zur Erde gedrückt werden:

„*Mais ce qui arrive icy n'est nullement propre à representer l'effet de la pesanteur; puis qu'on devroit conclure de cette experience, que les corps, qui contienent le moins de matiere, sont ceux qui pesent le plus. Ce qui est contraire à ce qui s'observe dans la veritable pesanteur.*"[9]

Huygens zitiert dann ein weiteres von Descartes vorgeschlagenes Experiment, in dem Holzteile in einem mit Wasser gefüllten Gefäß rotiert werden.[10] Wahrscheinlich von dieser Idee ausgehend entwickelt Huygens sein Belegexperiment. Ein acht bis zehn Fuß im Durchmesser messendes Glasgefäß wird mit Wasser gefüllt und mit kleinen Wachskugeln bestückt. Dann wird das Glas mit einer Platte bedeckt, damit nichts entweichen kann und auf eine rotierende Scheibe gesetzt. Wenn die Drehbewegung der Scheibe unterbrochen wird, entfernen sich die Wachskugeln aus dem Zentrum, was für Huygens den Effekt der Schwerkraft repräsentiert. „[...] j'arrestay soudainement la table et alors à l'instant toute la cire d'Espagne s'enfuit au centre en un monceau, qui me representa l'effet de la pesanteur."[11] Das Wasser rotiert nach Beendigung der Drehbewegung langsamer weiter und entfernt sich allmählich aus dem Zentrum, weshalb die Wachskugeln ihren erzwungenen Platz verlassen.[12] D.h. das Wasser ist die Imponderabilie, die die Schwere durch Rotation verursacht, was dann deutlich wird, so bald die Krafteinwirkung nachlässt. Auch wenn Huygens das cartesianische Experiment verwirft, unterscheiden sich beide nur von der Wahl der benutzten Stoffe. Was für Descartes die Bleiteile waren, ist für Huygens das Wasser. Doch bei beiden gilt: Ein Stoff symbolisiert die Imponderabilie und drückt durch seine Kreisbewegungen die schwereren Körper zum Zentrum. Huygens griff den Vorschlag Descartes' auf, variierte dessen experimentelle Idee und bemühte sich gleichzei-

---

[9] Huygens (1690), S. 133.
[10] Ebd., S. 134.
[11] Ebd., S. 132f.
[12] Ebd., S. 133.

tig, um eine Verteidigung der cartesianischen Theorie, bei der er die Kritikpunkte Newtons zu berücksichtigen versuchte. Vor allem gelang es Huygens ein grundlegendes Problem zu lösen. Descartes' Wirbel bewegt sich lediglich zu einer Achse hin, nicht aber zu einem Mittelpunkt. In Huygens' Theorie der Schwerkraft überlagern sich mehrere Wirbel. Der Äther wirbelt in alle möglichen Richtungen um die Erde und verursacht dadurch, dass sich die angezogenen Partikel zu einem Zentrum und nicht zu einer Achse bewegen.[13]

Anfang des 18. Jahrhunderts stellte Saulmon in der Pariser Académie des Sciences Rotationsexperimente mit wassergefüllten Gefäßen vor.[14] Dabei knüpfte er sowohl an Rotationsversuche an, die Newton in seinen *Principia* vorgestellt hatte, als auch an Huygens' Experiment.[15] Saulmon verband die Zielsetzungen beider Versuche miteinander. So wiederholte er Huygens Experiment und beobachtete wie zwei Körper, die unterschiedlich entfernt von der Rotationsachse im Wasser eingetaucht waren, sich verhielten. So wie Newton es beobachtet hatte, stellte auch Saulmon fest, dass der Körper an der Rotationsachse sich schneller bewegte als ein entfernter Körper.[16] Saulmon variierte verschiedene Bedingungen, in dem er Wirbel um Achsen oder Zentren kreisen ließ und beobachtete, welche Kreisbewegungen die einzelnen Körper dabei absolvierten. Damit ermöglichten die Experimente eine Präzisierung der bisherigen Beobachtungen bei Rotationsexperimenten.[17] Gleichzeitig wurden die Ergebnisse aber im Sinne der cartesianischen Himmelsmechanik interpretiert. So erklärte Bernard le Bovier de Fontenelle, dass die Drehung des Mondes um seine eigene Achse keine Hypothese sei, sondern aus der Umrundung der Erde geschlussfolgert werden könne. Denn Saulmon bewies, dass eine Rotation um ein Zentrum einer Rotation um eine Achse folgt.[18] Da der Mond um die Erde – also ein Zentrum kreist – muss es auch eine Rotation um die Achse geben.

---

[13] Huygens (1896); Gillispie (1970–1980). Bd. 6, S. 597–613; Schreier (1988), S. 160; Aiton (1972), S. 76f., 153.
[14] Saulmon (1731), Saulmon (1717), Saulmon (1741), Saulmon (1718).
[15] Brunet (1931), S. 53–62; Châtelet (1759), S. 413–427.
[16] Brunet (1931), S. 58; Châtelet (1759), S. 413f.
[17] Brunet (1931), S. 60.
[18] Ebd., S. 61.

Bilfingers Demonstrationsinstrument

Nicht nur in Paris, sondern europaweit beschäftigte man sich mit der Theorie der Schwerkraft. So entwickelte das Petersburger Akademiemitglied Georg Bernhard Bilfinger ein spezielles Instrument, um die Ursache der Schwere zu demonstrieren. Mit der Weiterentwicklung der cartesianischen Wirbeltheorie veränderte sich auch der Aufbau der Maschine. Aktuelle Forschungen und Erkenntnisse, die die Wirbeltheorie den Beobachtungen anpassten, materialisierten sich in dem Instrument.

Bilfinger – auch Bülfinger genannt – wurde 1693 bei Cannstatt geboren und verstarb 1750 in Stuttgart. Nach seinem Studium der Theologie in Tübingen und Halle erhielt er 1723 einen Ruf als Professor für Mathematik und Moral an das Tübinger Collegium illustre. Anschließend war er ordentliches Mitglied der Petersburger Akademie und Professor der Theologie an der Tübinger Universität. 1735 wurde er an den Stuttgarter Hof gerufen, wo er als Geheimer Rat staatsmännische Funktionen wahrnahm. Bilfinger, der sich mit mathematischen, technischen, physikalischen, philosophischen und theologischen Fragen auseinandersetzte, gewann die für das Jahr 1728 ausgelobte Preisaufgabe der Pariser Akademie der Wissenschaften, die nach der Ursache der Schwere fragte.[19] Bereits im ersten Band der Petersburger Akademieschriften setzte sich Bilfinger mit diesem Thema auseinander. In diesem Aufsatz referiert er ausgiebig die vorhandene Literatur. So nennt er Descartes, Huygens und das französische Akademiemitglied Joseph Saurin, der wie Saulmon Rotationsexperimente durchgeführt hatte. Bilfinger wollte Skeptiker mit Hilfe eines Experiments von der Wirbeltheorie überzeugen. Dafür zitierte er zuerst ein Experiment Huygens', der in einem Glaszylinder Wasser mit Wachskügelchen rotieren ließ. Dabei sammelten sich letztere in der Mitte des Gefäßbodens.[20] Bilfingers Ziel war es nun aus dem halbkugelförmigen Sammelpunkt der Wachskugeln am Glasboden eine ganze Kugel zu formen. Dafür benutzte er die Elektrisiermaschine Hauksbees.[21]

---

[19] Zur vielfältigen Arbeit und Biographie Bilfingers vgl. den *Deutschen Biographischen Index*, wo sich auch Werksverzeichnisse finden. Bilfinger (1728a); Bilfinger (1728b); Bilfinger (1732); Splinter (2007); Aiton (1972).
[20] Mairan (1759), S. 473; Overmann (1974), S. 163.
[21] Bilfinger (1728a), S. 250.

Francis Hauksbee konstruierte Anfang des 18. Jahrhunderts die erste Elektrisiermaschine, bei der eine hohle Glaskugel durch Reibung elektrostatisch aufgeladen wird. Mit Hilfe einer großen Kurbel versetzt man die evakuierte Glaskugel in Bewegung. Wenn man mit einem Textil an der fast luftleeren Glaskugel reibt, leuchtet das Innere der Glaskugel bläulich. Heute wissen wir, dass das Restgas in der Glaskugel ionisiert wird und deshalb zu leuchten beginnt. Anfang des 18. Jahrhunderts konnte man diese verblüffenden Phänomene nicht erklären. Aufgrund des allgemeinen öffentlichen Interesses und der Tatsache, dass die Elektrisiermaschine Hauksbees leicht nachzubauen war, wurden die Maschine und die elektrischen Versuche europaweit bekannt.[22] Wie Bilfinger in seinem Petersburger Aufsatz schreibt, lernte er die Maschine Anfang der zwanziger Jahre im Kontext der elektrischen Experimente kennen.[23]

Die Ähnlichkeit zwischen Bilfingers und Hauksbees Maschine ist offensichtlich. Die große Kurbel, die Platzierung der Kugel und der

Abb. 1: Elektrisiermaschine nach Hauksbee und Bilfingers Schwerkraftmaschine

---

[22] Hochadel (2003).
[23] Bilfinger (1728a), S. 250.

Rahmen sind identisch. Auffällig ist das Ventil, welches an der Elektrisiermaschine für die Evakuierung der Glaskugel nötig ist. An Bilfingers Maschine ist dieses Ventil nutzlos, aber trotzdem vorhanden. Es ist ein typologisches Relikt. Statt mit einem trockenen Tuch an der Außenseite der evakuierten Kugel zu reiben, befüllte Bilfinger die Kugel mit Wasser und einigen Feilspänen bzw. Wachskugeln.

Setzt man die Glaskugel in Bewegung, bilden die eingeschlossenen Feilspäne einen Zylinder an der Drehachse. Diesen Versuch führte Bilfinger in einer Sitzung der Petersburger Akademie der Wissenschaften vor. Bilfinger beschreibt detailliert die Abläufe und Ergebnisse: Zum Beispiel welche Bahnen eingeschlossene Luftbläschen haben und wie sich die Wachskügelchen bei der Rotation anordnen. Man kann diese Petersburger Experimente als Testläufe bezeichnen, die dazu dienten, die Aussagekraft der Experimente vor einem Fachpublikum zu prüfen. So konstatierte er am Ende seines Petersburger Aufsatz, dass die Körper zwar durch die Rotation zur Mitte gedrängt werden, aber nicht zu einem Punkt, sondern zu einer Achse.[24] Einige dieser Versuche präsentierte Bilfinger auch in seiner Pariser Preisschrift. So benutzte er das eben erwähnte Experiment, um das Problem der cartesianischen Wirbeltheorie – die Rotation um eine Achse – zu verdeutlichen. Descartes' und Huygens' Erklärung der Schwere nennt er nun lediglich eine „Morgendämmerung". Bilfinger will selbst die Ursache der Schwerkraft aufdecken und – im wahrsten Sinne des Wortes – sichtbar machen. Zwei Probleme waren dafür zu lösen: Zum einen ist unklar, wie dieser Wirbel enorme Massen bewegen kann. Und zum anderen dreht sich der cartesianische Wirbel nicht um ein Zentrum, sondern um eine Achse. Um diese Schwierigkeit zu umgehen, griff er in seinem Pariser Aufsatz Huygens' Vorschlag auf, wonach viele Wirbel ein punktförmiges Zentrum verursachen.[25] Für sein veranschaulichendes Experiment beschreibt Bilfinger in der Preisschrift, wie sich in der Glaskugel zwei Rotationen, die sich senkrecht schneiden, in einem Punkt treffen.[26] Er hatte die Konstruktion der ehemaligen Elektrisiermaschine verändert. Er fügte eine Umlenkrolle hinzu, die eine horizontale und vertikale Drehung der Glaskugel ermöglichte (siehe Abb. 2).[27]

Sich nur mit den Phänomenen der Schwerkraft zufrieden zu geben, ohne ihr Natur untersuchen und erklären, war für Bilfinger inakzep-

---

[24] Bilfinger (1728a), S. 255.
[25] Bilfinger (1732), S. 8f.
[26] Ebd., S. 12.
[27] Ebd., S. 14ff.

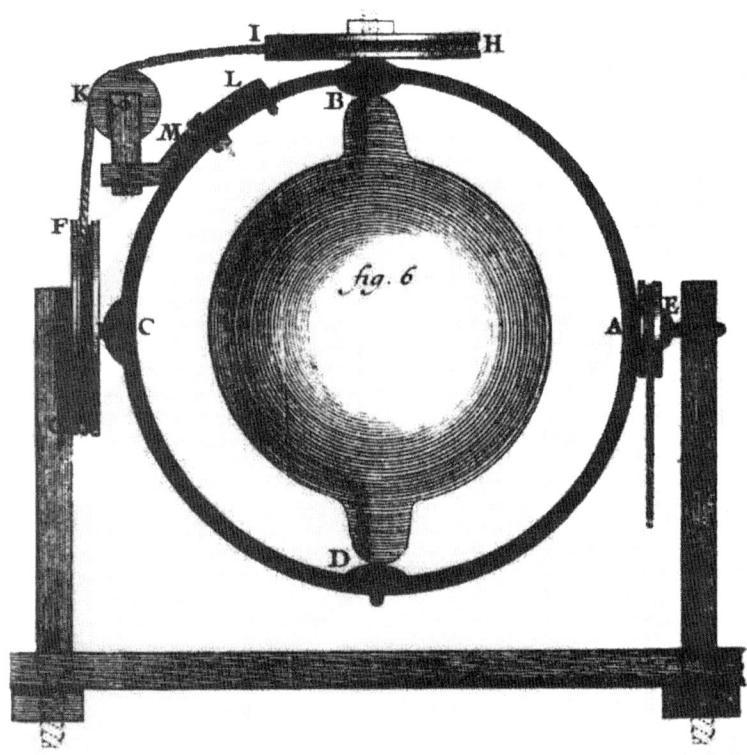

Abb. 2: Glaskugel mit Umlenkrolle aus Bilfingers Schwerkraftmaschine

tabel.[28] Mit diesem Hinweis widersprach er Newtons „hypotheses non fingo", womit sich der englische Gelehrte weigerte, eine Ursache für die Gravitation anzugeben.[29] Bilfinger nannte als Ursache die cartesianische Wirbeltheorie, die er mit den Keplerschen Gesetzen und Newtons Gravitationsgesetz in Einklang brachte. Alle Körper waren demnach vom Äther eingeschlossen, wobei die Dichte vom Zentrum her abnahm. Da die Schwerkraft durch Reibung des Äthers weitergegeben wurde,

---

[28] Ebd., S. 2, 6.
[29] Ebd., S. 2f.; Jammer (1964).

nahm die Gravitation ab – und zwar in Übereinstimmung zu Newtons Gravitationsgesetz.[30] Damit präsentierte Bilfinger eine Ursache, die er auch visualisieren konnte. Den Ursprung der Wirbeldrehung konnte Bilfinger nicht angeben. Allerdings ist dies für ihn kein Gegenargument, sondern vielmehr Ansporn für weitere Untersuchungen.[31] Bilfinger, der in dieser Schrift Newtons Einwände zurückwies, war bei der Verteidigung der Wirbeltheorie sehr erfolgreich.[32]

In der Preisschrift gelang ihm eine vollständige Beweisführung der Wirbeltheorie, die er in die bekannte Newtonsche Himmelsmechanik eingebettet hatte und ihm gelang eine experimentelle Umsetzung, die die Wirkung des Wirbels visualisierte. Die Visualisierungsversuche zeigten ihm auch die Schwierigkeiten der Wirbeltheorie, so dass er aufgrund seiner ersten Versuche mit der Elektrisiermaschine über sein ursprüngliches Ziel hinausging. Durch die experimentellen Visualisierungsversuche gelang Bilfinger eine erfolgreiche konzeptionelle Weiterentwicklung der Wirbeltheorie.

Nollets Uminterpretation

Im Laufe der ersten Hälfte des 18. Jahrhunderts verlor die Wirbeltheorie Descartes' ihre Erklärungskraft. Newtons Gravitationstheorie verbreitete sich in den ersten Jahrzehnten des 18. Jahrhunderts auf dem europäischen Kontinent, wo Voltaire sie popularisierte und Christian Wolff Wilhelm Jacob 'sGravesande und Pierre Louis Moreau de Maupertuis sie lehrten.[33] Trotzdem wurden Bilfingers Experimente zur Wirbeltheorie noch 1741 in der Versammlung der Pariser Akademie durchgeführt und in diesem Zusammenhang die cartesianische Wirbeltheorie erneut diskutiert.[34] Der französische Experimentalphysiker Jean Antoine Nollet (1700–1770) wiederholte die Versuche und erklärte sie völlig neu.[35] Nollet baute für seine Experimente vor der Sozietätsversammlung eine Maschine mit den gleichen Funktionsmechanismen, wobei er aber das von Bilfinger kreierte Visualisierungskonzept der cartesianischen Himmelsmechanik verwarf.

---

[30] Bilfinger (1732), S. 16.
[31] Bilfinger (1732), S. 33.
[32] Aiton (1972), S. 155, 170.
[33] Hall (1965), S. 376ff.; Schreier (1988), S. 168ff.
[34] Mairan (1759), S. 476–479.
[35] Ebd., S. 479.

Eine Bauanleitung findet sich sowohl in seiner Pariser Akademieabhandlung als auch in seinem Experimentierhandbuch, in dem er die Konstruktion der Instrumente beschreibt, die er in seinem Lehrbuch *Vorlesungen über die Experimental-Natur-Lehre* erwähnt.[36] So konnten andere Gelehrte oder an Gelehrsamkeit Interessierte die Geräte aufgrund der Abbildungen und Bauhinweise nachbauen lassen und so die angeführten Experimente durchführen. Der Aufbau und das Funktionsprinzip der abgebildeten Maschine wurde nur leicht verändert. Noch immer wird durch eine Kurbelbewegung eine Glaskugel sowohl um ihre horizontale als auch um ihre vertikale Achse gedreht, wobei man die Rotation um die vertikale Achse ausschließen kann. Dafür entfernt man das Lederband, das die horizontale Drehung mit der vertikalen koppelt. Als zusätzliche Funktion enthält Nollets Maschine eine Vorrichtung, mit deren Hilfe man die Glaskugel neigen kann.

Wie Bilfinger füllte auch Nollet Wasser mit Wachskügelchen, Luft oder Terpentinöl in die Glaskugel und versetzte diese dann in Bewegung. Die eingeschlossene Materie sammelt sich bei einer horizontalen Drehung um die Achse.[37] Nollet und Bilfinger machten die gleiche Beobachtung. Nollet aber erklärte dieses Phänomen mit den Zentrifugalkräften des Wassers.

„Sie [die Luftblase] wird nach und nach zum Mittelpuncte des Zirkels nicht durch eine wirkliche Kraft von ihrer Seite geführt; sondern, weil sie genöthigt wird, die Stelle, die sie nach und nach einnimmt, allen ähnlichen kleinen Voluminibus Wassers zwischen ihr und dem Mittelpuncte der Umwälzung abzutreten, die, nach dem Verhältnisse ihrer Masse, eine vordringende vim centrifugam haben."[38]

Mit anderen Worten: Die Zentrifugalkraft der eingeschlossenen Luftblase ist geringer als die Zentrifugalkraft einer gleich großen Wasserblase. Daher verdrängt das Wasser mit seiner stärkeren Zentrifugalkraft die Luftblase, die sich schließlich an der Rotationsachse sammelt. Des weiteren beobachtete Nollet, wie sich die Luftblase verhält, wenn die Glaskugel geneigt wird. Aufgrund ihrer geringeren Masse nähert sie sich dem höchsten Punkt der Rotationsachse an.[39] Als letzten Beweis für die Wirkung der Zentrifugalkraft des Wassers schreibt er:

„Denn als man Theilchen von leichterer Materie in genugsamer Menge in die Kugel that, und sie dadurch, daß man allen Zirkeln fast

---

[36] Nollet (1759), S. 483f.; Nollet (1770), S. 173ff.
[37] Nollet (1759), S. 488.
[38] Ebd., S. 489.
[39] Ebd., S. 492.

Abb. 3: Nollets Demonstrationsinstrument

die gleiche Geschwindigkeit gab, in eine cylindrische Gestalt um ihre Achse her setzte, so unterließ der Cylinder so oft man die Kugel langsamer drehete, oder auf einmal stille stehen ließ, nicht, sich an beyden Enden zu erweitern. Das beweiset denn gar klärlich, daß die vis centrifuga des Wassers, welche diese Theilchen in einen kleineren Raum zusammen pressete, wie die Geschwindigkeit abnimmt, als welche an den Polen eher, als sonst irgend, langsamer wird, und nachlässet."[40]

Am Schluss seines Aufsatzes geht er auf Bilfingers Einsichten und Experimente ein. Nollet greift also die Diskussionen um die experimentelle Bestätigung der cartesianischen Wirbeltheorie auf. Er zeigt deren Unzulänglichkeit, in dem er das Experiment in einen völlig anderen Kontext erklärte. Die cartesianische Wirbeltheorie verlor, die im Vergleich zu Newtons Gravitationstheorie kompliziert, unvollständig und nicht mathematisierbar war, eine wichtige experimentelle Stütze. Nollet hatte das cartesianische Visualisierungskonzept zerstört.

Während Descartes und Huygens sowohl für die Himmelsmechanik als auch für die Schwerkraft Wirbel verantwortlich machten, gibt Nollet für beide Bereiche unterschiedliche Erklärungen. Für die Himmelsmechanik ist sowohl bei Nollet als auch bei Descartes und Huygens das Wechselspiel aus Zentrifugal- und Zentripetalkraft die entscheidende Komponente.[41] Doch während Descartes und Huygens eine Ursache für die Zentripetalkraft in einem bzw. mehreren Wirbeln suchen, stellt Nollet fest, dass es eine solche Kraft zwar gibt, von „deren Existenz alle Weltweisen" überzeugt sind, aber „in Ansehung der wesentlichen Eigenschaft ihrer Ursache gar verschiedener Meynung sind".[42] Auch wenn Nollet keine weitere Ursache angibt, ist für ihn das Wechselspiel der Rotationskräfte in der Himmelsmechanik die entscheidende Erklärung.[43] Anders begründet er die Schwerkraft: „Die Ursache der Schwehre mag nun bestehen worinnen sie will, so muß man sich die Kraft so vorstellen, als ob sie sich in dem beweglichen Cörper selbst

---

[40] Ebd., S. 494.
[41] Overmann (1974), S. 172, 239; Martins (1993), S. 206; Aiton (1989), S. 214.
[42] Nollet (1749–1775), Bd. 2, S. 463.
[43] Zu berücksichtigen ist, dass im 17. Jahrhundert die Kreisbewegung als eine natürliche Bewegung verstanden wurde, die aus einem Gleichgewicht von Zentripetal- und Zentrifugalkraft resultiert. Erst Newton zeigte, dass es eine Ablenkung einer trägen Masse zu einem Mittelpunkt hin ist. Damit veränderte sich das Verständnis von Kreisbewegungen grundsätzlich. Das bedeutet Zentrifugalkräfte sind resultierende Kräfte einer Rotation. Vgl. Huygens (1690), S. 130; Overmann (1974), S. 224f.

aufhalte, in welchen sie würket, [...]"[44] Damit resultiert der freie Fall eines Körpers gegen die Erde aufgrund einer dem Körper innewohnenden Eigenschaft, über deren Ursache er nicht spekuliert. Obwohl Nollet in beiden Fällen keine endgültige Ursache nennen konnte, so hat er doch die cartesianische Wirbeltheorie überwunden.

Doch das von Bilfinger entwickelte Instrument erhielt eine neue Funktion. Es diente nun der Demonstration der Zentrifugalkraft. Dafür wurde der Aufbau der Maschine geändert. Nollets eigene Maschine ist kleiner und besitzt keine Umlenkrolle mehr, so dass nur noch die Radial- und Fliehkräfte verdeutlicht werden können.[45] Dafür verwendet er die gleichen Experimente wie Bilfinger – eine wassergefüllte Glaskugel mit Öltropfen. Diese sammeln sich um die Achse der rotierenden Glaskugel, da sie aufgrund ihrer geringeren Dichte eine niedrigere Zentrifugalkraft haben als das Wasser, so dass dieses das Öl zur Mitte drängt.[46] Doch auch die Wirkung der Fliehkraft auf die Erde verdeutlicht Nollet mit dieser Maschine. Dafür spannt er einen mit Spreu gefüllten Ledersack in die Maschine und versetzt ihn in Bewegung. Nun sieht man deutlich, wie der Beutel die Form eines Sphäroid annimmt.[47] Nollet kann mit Bilfingers Maschine die Abplattung der Pole und damit das zwischen Cartesianer und Newtonianer lang diskutierte Aussehen der Erde visualisieren.

Nollet setzte die Maschine in einen neuen Experimentier- und Erklärungskontext. Als Experimentalphysiker nutzte er die baulich kaum veränderte Maschine für die Untersuchung der Fliehkraft. Damit riss er das Instrument aus seinem bisherigen Erklärungskontext. Durch aktuelle Forschungsfragen und -ergebnisse sowie deren Präsentation in Lehrbüchern und bei öffentlichen Experimentalphysikvorlesungen wurde die Schwerkraftmaschine Bilfingers zur Fliehkraftdemonstrationsmaschine Nollets. Nur die Kontextualisierung – d.h. die beginnende Elektrizitätsforschung, die Diskussionen um die cartesianische Wirbeltheorie, der Stellenwert der Experimentalphysik sowie deren Vermittlungspraxis – erklärt die Konstruktion, Verwendung, Umwidmung und Neuausrichtung des Instruments.

---

[44] Nollet (1749–1775), Bd. 2, S. 522.
[45] Gauvin & Pyenson (2002), S. 135; Gauvin (2002), S. 185; Nollet (1749–1775), Bd. 2, S. 442–453.
[46] Nollet (1749–1775), Bd. 2, S. 447.
[47] Nollet (1749–1775), Bd. 2, S. 518.

Zusammenfassung

Die jahrzehntelange Suche nach einem augenscheinlichen Beweis der cartesianischen Himmelsmechanik und der Schwerkraft zeigt, welchen Stellenwert dem Experiment zugesprochen wurde. Über Generationen hinweg bemühte man sich einen Beleg zu finden, um die schwer darstellbaren Vorgänge zu verdeutlichen. Descartes kreierte zu seinen theoretischen Vorstellungen ein Visualisierungskonzept, das von Huygens und Bilfinger aufgegriffen und verbessert wurde. Bis in die dreißiger Jahre des 18. Jahrhunderts hinein wurde die cartesianische Wirbeltheorie, die durch zahlreiche Gelehrte abgewandelt und erweitert wurde, als Erklärung für astronomische Phänomene benutzt.[48] Und obwohl es mit Newtons Gravitationstheorie einen neuen Ansatz gab, diskutierte man in der ersten Hälfte des 18. Jahrhunderts immer wieder über die cartesianische Wirbeltheorie und deren Belegexperimente. Selbst 1748 ist die Wirbeltheorie noch nicht überwunden, wenn Denis Diderot die Pariser Akademie als „in zwei Fraktionen gespalten, die Vortikosen und die Attraktionisten" charakterisiert.[49]

In der bisherigen Literatur wird dem Experiment und seiner vermeintlich beweisenden Funktion keine wesentliche Rolle beigemessen. Bilfingers Schwerkraftmaschine und die visualisierten Wirkungen der Wirbel wurden übersehen. Das Experiment legitimierte die cartesianische Wirbeltheorie über Jahrzehnte. Es war eine wesentliche Säule, die andere zur Auseinandersetzung und Diskussion anregte, wie die Arbeiten in der Académie des Sciences, die Schriften Bilfingers und die Preisfragen belegen. Streitpunkte waren die Ergebnisse der scheinbaren Belegexperimente und deren Interpretation. So ließ Nollet das Experiment an der mangelnden Anschaulichkeit scheitern, in dem er zeigte, dass sich das Öl nicht zu einem Punkt, sondern an der Rotationsachse sammelt.[50] Er stellte nicht die Methodik in Frage. Gelehrte – wie Bilfinger, Nollet, Saulmon – schätzten das Experiment und die Anschaulichkeit. Letztendlich scheiterte das Experiment an diesem Denk- und Experimentierstil.[51] Man sieht deutlich, in welchem Maße das theoriegeleitete Experiment wirksam wird, in dem theoretische Überlegungen – die cartesianische Wirbeltheorie – und

---

[48] Aiton (1972), S. 209–252.
[49] Diderot (1995), S. 80.
[50] Nollet (1749–1775), Bd. 2, S. 453–456, hier S. 456.
[51] Heering, (1998); Herr (2005). Ich danke Wiebke Herr für die freundliche Überlassung der Arbeit.

die praktische Umwidmung einer ursprünglichen Elektrisiermaschine zusammenkommen.[52] Es ist also wichtig nicht nur die theoretischen Diskussionen über die Schwerkraft und die Himmelsmechanik, sondern auch das Experiment und die Bedeutung der Anschaulichkeit zu berücksichtigen.

So wie Mythen komplexe Sachverhalte auf wenige prägnante Gegebenheiten reduzieren, so vereinfacht das Experiment die Erklärungen der Himmelsmechanik. Die Rotationsversuche können keine Ursachen erklären oder beweisen. Die Experimente versuchen in diesem Fall lediglich zu überzeugen und zu verbildlichen. Ähnlich einem Mythos, der „fast zu einem rhetorischen Begriff für erzählende Darstellungsweise" wird und „glaubhaft sein" will, wollen die Versuche eine physikalische Theorie glaubhaft machen und legitimieren.[53] Damit wird deutlich, dass Experimente im wissenschaftlichen Diskurs nicht nur beweisende, sondern auch veranschaulichende Funktionen einnehmen können.

---

[52] Steinle (2005), S. 310–313. Ich danke Siegfried Bodenmann für diesen Hinweis.
[53] Gadamer & Fries (1981), S. 10.

Mythos Untertonreihe

Karl Traugott Goldbach

Im englischen Sprachraum ist der Musiktheoretiker Hugo Riemann häufig nur aus einer Anekdote bekannt, die Alexander Rehding in seinem suggestiv mit „Hugo Riemann's moonshine experiment" überschriebenen ersten Kapitel seines Buchs über das musikalische Denken Hugo Riemanns wiedergibt:

> „*During a silent night in 1875, the young musicologist Hugo Riemann struck a key on his grand piano. He was listening for undertones, which he believed to exist in the sound wave.*"[1]

Dieses Zitat trägt Züge des Gründungsmythos im Sinne Siegfried Bodenmanns.[2] Es spitzt das Paradigma der Untertontheorie auf einen bestimmten Heroen zu, Hugo Riemann, der selbst auf eine einzelne Theorie reduziert bleibt. Doch gerade hier zeigt sich auch der Unterschied zum Gründungsmythos: Während die Heroengeschichtsschreibung beispielsweise Newtons Leben auf die Gravitationstheorie beschränkt und seine anrüchig erscheinenden alchemistischen Arbeiten verschweigt, gesteht die Anekdote Riemann keine weiteren Leistungen zu und verbannt das Ganze auch noch in eine typisch deutsch erscheinende Mondscheinromantik. Das Bild in Deutschland ist dann freilich ein ganz anderes. Hier genießt Riemann als Begründer der an Musikhochschulen und Konservatorien nahezu eine Monopolstellung genießenden Funktionstheorie zur harmonischen Analyse hohes Ansehen. Dabei sind in dieser Theorie heute fast alle Relikte der Untertonhypothese getilgt,[3] wie auch die Anekdote in Deutschland kaum bekannt ist.

Im Folgenden soll jedoch ein anderer Aspekt der Untertontheorie im Vordergrund stehen. Sie ist selbst – um noch einmal auf die Klassifikation Siegfried Bodenmanns zurückzugreifen – ein Ursprungsmythos. Riemann kannte die Möglichkeit, aus der Obertonreihe den für die Musiktheorie wichtigen Dur-Dreiklang herzuleiten. Im Glauben an die Einfachheit und Zweckmäßigkeit der Natur postulierte er nun die Untertonreihe, aus der der Moll-Dreiklang ebenso einfach abzuleiten wäre, er rekonstruierte die akustische Natur also so, wie sie aus musiktheoretischen Erwägungen sein sollte.

---

[1] Rehding (2003), S. 15.
[2] Vgl. seinen Beitrag in diesem Band.
[3] Vgl. Holtmeier (2005).

Dazu sollen zunächst die physikalischen Grundlagen der Obertonreihe und Riemanns Ableitung der Untertonreihe dargelegt werden. Anschließend vollzieht der Text in drei weiteren Teilen die Genese der Untertonhypothese nach: von der Proportionslehre der Antike über Jean-Philippe Rameau bis zu Riemann und seinen Versuchen. Es wird deutlich gemacht, dass Rameau die Lehre der Antike seiner Musiktheorie noch zugrunde legte, bevor er erkannte, dass die Obertonreihe seine Hypothesen bestätigte und er sodann auch den Molldreiklang aus mathematisierten Resonanzphänomenen erklären zu können glaubte. Riemann und seine Experimente, welche im Kontext der physikalisch inspirierten Musiktheorie des 19. Jahrhunderts zu lesen sind und die physikalische Existenz der Untertöne zu beweisen versuchten, werden uns zu einem abschließenden Ausblick zum Mythos Untertonreihe führen.

Obertonreihe und Untertonreihe

Der musikalische Ton ist physikalisch gesehen ein zusammengesetzter Klang aus mehreren Sinusschwingungen, die jeweils Vielfache der Grundfrequenz sind. Am anschaulichsten ist dies an Saiten von Saiteninstrumenten zu sehen, die mehrere Schwingungen gleichzeitig vollziehen, wobei innerhalb der Teilschwingungen sogenannte „Knotenpunkte" im Abstand $^{kl}/n (k = 1, 2, 3 \ldots (n-1))$ für die Länge l der Saite nicht mitschwingen:

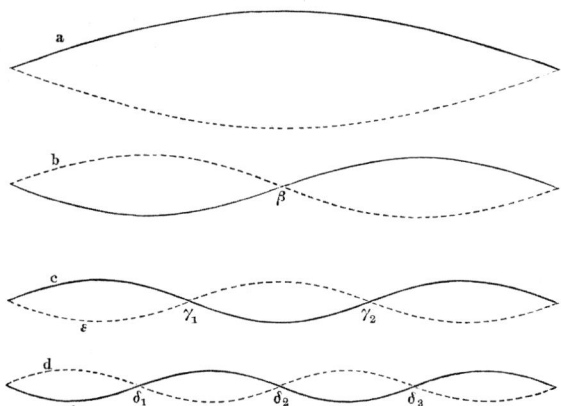

Abb. 1: Teilschwingungen einer Saite

Die schwarzen Notenköpfe im Folgenden Notenbeispiel markieren gravierende Abweichungen der Obertonreihe von der heute vor allem bei Tasteninstrumenten verwendeten gleichschwebend-temperierten Stimmung.

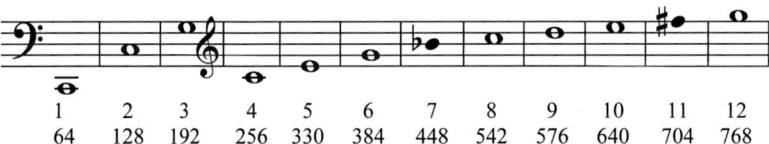

Abb. 2: Notenbeispiel 1 – Obertonreihe

Mit dem Wissen, dass sich gespannte Saiten durch einen Ton in ihrer Eigenfrequenz anregen lassen, können wir sowohl die Obertonreihe als auch die Teilschwingungen von Saiten am Klavier nachvollziehen. Wenn wir zum Beispiel den Ton c (Ton 2 der im Notenbeispiel gegebenen Obertonreihe) stumm drücken und c (Ton 1) kurz anschlagen, hören wir die Saite c klingen. Genauso regen die im c enthaltenen Obertöne weitere Saiten an, etwa g (Ton 3) oder e (Ton 5). Außerdem können wir die Saite c in einer n-fachen Teilung schwingen lassen, wenn wir nun diese Taste stumm drücken und die Taste des n-ten Teiltons kurz anschlagen.

Über solche Anschauungen hinaus begeisterte die Entdeckung der Obertonreihe die Musiktheoretiker ab Rameau, weil in ihr der Dur-Dreiklang als 4., 5. und 6. Partial enthalten ist. Den Moll-Dreiklang finden wir allerdings erst als 10., 12. und 15. Ton und er hat dabei nicht einmal eine Oktave des Partialreihen-Grundtons als tiefsten Ton. Um eine ähnlich einfache Erklärung für den Moll-Dreiklang zu erhalten, war es für Riemann verlockend, eine Umkehrung der Obertonreihe anzunehmen, deren Töne nun nicht Vielfache, sondern Teiler der Frequenz des Grundtons sein sollten, wie im Folgenden Notenbeispiel dargestellt:

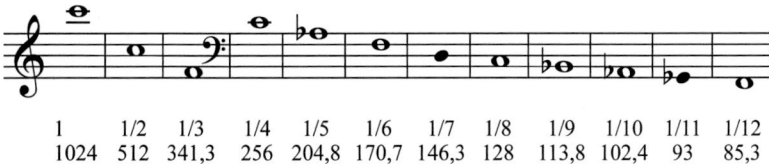

Abb. 3: Notenbeispiel 2 – Untertonreihe

In der Untertonreihe bilden der 4., 5. und 6. Teilton nun den Mollakkord. Doch im Gegensatz zur Obertonreihe existiert die Untertonreihe physikalisch nicht. Dies hinderte Musiker jedoch nicht am Versuch, die für ihre Theorie elegante Hypothese naturwissenschaftlich zu beweisen, womit sie die Untertontheorie als Ursprungsmythos konstruierten. Um im Folgenden die Geschichte dieser Beweisführung nachzuzeichnen, holen wir jetzt aus und beginnen mit der Proportionslehre als Beginn der Musiktheorie.

Die Entdeckung der musikalischen Proportionen

Aus der Obertonreihe lässt sich nicht nur der Durakkord herleiten; wir finden in ihren ersten vier Tönen auch die von antiken Musiktheoretikern als Proportionen beschriebenen Konsonanzen Oktave (1:2), Quinte (2:3) und Quarte (3:4). Die Verhältnisse dieser Intervalle bestimmten die Gelehrten im Altertum am Monochord, einer schwingenden Saite, die durch einen beweglichen Steg verkürzt werden konnte. Die hieran angeknüpften Lehren beherrschten die Musiktheorie bis in die Frühneuzeit. Insofern beschreibt folgender Mythos auch den Beginn der Musiktheorie: Als Pythagoras an einer Schmiede vorbeikam, sei er auf eine besondere Übereinstimmung der Hammerschläge aufmerksam geworden. Er habe die Gewichte der Hämmer bestimmt, die in den Intervallen Oktave, Quinte und Quarte erklangen. Das gemessene Ergebnis (12:9:8:6) habe er im Folgenden auf Saiten übertragen, deren Saiten er durch Gewichte spannte. Eine mit zwölf Pfund und eine mit sechs Pfund beschwerte Saite erklangen im Verhältnis 12:6=2:1 als Oktave, mit zwölf und acht Pfund 12:8=3:2 als Quint und mit zwölf und neun Pfund 12:9=4:3 als Quart.[4]

Wie wir an den Ausführungen zur Untertonreihe noch sehen werden, ist diese Legende symptomatisch für den Umgang der Musiktheorie mit physikalischen Phänomenen, die sich gefälligst nach der Theorie richten sollen: Erst nachdem diese Legende bereits Jahrhunderte fester Bestandteil der musiktheoretischen Lehre gewesen war, wies Vincenzo Galilei, Vater des in der Wissenschaftsgeschichte bekannteren Galileo, in seinem musiktheoretischen *Discorso intorno all'opere di messer Gioseffo Zarlino da Ghioggia* 1589 darauf hin,[5] dass zwar Schwingungszahl und Saitenlänge proportional sind, bei

---

[4] *Nikom. harm.* I, 6, hier nach Nikomachos (1989), S. 256ff.
[5] Siehe Galilei (1589).

durch Gewichte gespannten Saiten ist die Schwingungszahl jedoch zum Quadrat des Gewichts proportional.[6]

Die früheste bekannte Fassung der Schmiedelegende stammt von Nikomachos von Gerasa. Bei ihm ist der Harmonikalen Forschung[7] zufolge auch das erste Mal die Dualität von Ober- und Untertonreihe zu finden. Albert von Thimus, einer ihrer Begründer, bezog sich dabei Iamblichos' Kommentar zur Arithmetik des Nikomachos. Ausgehend von der Einheit „1" stehen sich jeweils Paare von Zahlen gegenüber, deren Produkt wieder „1" ergibt: $\{(1;1), (1/2;2), (1/3;3), \ldots (1/n;n)\}$. Setzt man mit Thimus diese Zahlenproportionen zu Tonfrequenzen in Relation, ergeben sich aus der Reihe $\{1, 2, 3, \ldots n\}$ die Ober-, aus der Reihe $\{1/1, 1/2, 1/3, \ldots 1/n\}$ die Untertonreihe.[8] Doch der Versuch, mit Nikomachos als Kronzeugen am Mythos der allwissenden Alten zu wirken, denen in diesem Fall bereits die Gegenüberstellung von Ober- und Untertonreihe bekannt war, läuft in Leere. In einer bei Boethius überlieferten Passage erklärte Nikomachos selbst mit der Gegenüberstellung der Paare $\{(1/n;n)\}$ die Ordnung der Konsonanzen.[9] Er übertrug die arithmetischen Reihen allerdings gerade nicht direkt auf Intervallproportionen; sie dienten ihm lediglich als Modell für das Prinzip des Wachsens und Abnehmens aus einer Einheit, das er auf seine Ordnung der Konsonanzen übertrug. Dabei nahm er die Oktave (1:2) als Einheit, von der alles ausgeht, an. Anschließend ordnete er einerseits Duodezime (1:3) und Quint (2:3) und andererseits Doppeloktave (1:4) und Quart (3:4) gegenüber an.[10] Wollte man diese Reihe weiter fortsetzen, ergäbe sich eine Gegenüberstellung aller Paare $\{(1:(n+1), n:(n+1))\}$. Selbst wenn man in Nikomachos' arithmetischen Reihen einen Vorläufer der Obertonreihe sehen will, ist die Untertonreihe für seine Ordnung nicht notwendig. Denn das Wachsen besteht hier darin, dass zur Strecke vom Grundton aus jeweils ein neuer Abschnitt hinzukommt; das Abnehmen darin, dass Nikomachos jeweils nur die letzte, immer kleinere Strecke misst.

---

[6] Zitiert nach Palisca (1961), S. 128.
[7] Diese Disziplin untersucht von pythagoräischen Zahlenspekulationen ausgehend auch musikalische Gesetzmäßigkeiten („harmonikale Strukturen") in Kristallen, Fauna, Flora, Architektur, Metaphysik und religiöser Symbolik (vgl. Krammer (1995), S. 69). Sie ist an der Universität für Musik und Theater in Wien mit einer Lehrkanzel vertreten.
[8] Vgl. Thimus (1868), S. 132–136.
[9] De inst. mus. II, 20, hier nach Boethius (1867), S. 252. Für den Hinweis auf Nikomachos/Boethius danke ich Dominik Sedivy.
[10] Ebd., S. 253.

Die Entdeckung der Obertonreihe und Rameaus Resonanztheorie

Die physikalische Obertonreihe als Grundlage für einen komplexen musikalischen Klang war im Altertum noch nicht bekannt. Allerdings beobachteten antike Gelehrte an den im Oktavabstand gestimmten Außensaiten der acht-saitigen Lyra, dass das Anzupfen der höheren Saite die Resonanz der tieferen Saite auf der Frequenz der höheren Saite anregt. So gaben die pseudo-aristotelischen *Problemata physica* die Erklärung, dass die tiefere Saite resoniere, weil sie ja auch beim Ausschwingen auf dem höheren Ton verklinge.[11] Vorher heißt es bereits, dass der tiefere Ton einer Oktave umfangreicher als der höhere sei.[12] Claude Palisca zufolge suggeriert der Autor hier, dass der tiefe Ton seine Oberoktave enthalte.[13]

Der französische Geistliche Marin Mersenne hörte außer der Oktave bei schwingenden Saiten auch weitere Töne in den Verhältnissen drei, vier und fünf.[14] Dabei erwog er 1636 in seiner *Harmonie universelle*, dass diese Töne durch zusätzlich zur Vollschwingung erfolgende Teilschwingungen der Saite entstanden, führte dies aber nicht näher aus.[15]

1677 beschrieb der englische Mathematiker John Wallis, wie 1674 William Noble und Thomas Pigot die von Mersenne postulierten Teilschwingungen veranschaulicht hatten. Sie regten durch Resonanz von höheren in Partialtonbeziehung gestimmten Saiten einzelne Teilschwingungen einer tieferen Saite an. Auf die Saite gesetzte Papierreiter zeigten nun durch eine unterschiedliche Bewegungsintensität die Schwingungsbäuche und – wo sie liegen blieben – die Schwingungsknoten an.[16] Wohl unabhängig von der Mitteilung Wallis' entwickelte der französische Physiker Joseph Sauveur 1701 den gleichen Versuch.[17] Der Text Wallis' blieb anscheinend wirkungslos, dagegen nahmen nicht nur die Pariser Akademiemitglieder die Publikation Sauveurs zur Kenntnis, sondern auch Jean-Philippe Rameau.

---

[11] *Probl. phys.* XIX, 42 (921b), hier nach Aristoteles (1962), S. 167; zu weiteren Belegen in antiken Texten vgl. Flashar in: ebd., S. 615.
[12] Ebd., XIX, 8 (918a), hier nach Aristoteles (1962), S. 158.
[13] Palisca (1961), S. 96f.
[14] Mersenne (1636), III, 4, prop. IX; vgl. Palisca (1961), S. 97f.; Dostrovsky und Cannon (1987), S. 39f.
[15] Mersenne (1636), III, 4, prop. XIII.
[16] Wallis (1677), vgl. Dostrovsky und Cannon (1987), S. 46.
[17] Sauveur (1743), S. 349–356; vgl. Dostrovsky und Cannon (1987), S. 46.

Dieser Komponist war in seinem *Traité de l'harmonie* traditionell von Versuchen am Monochord ausgegangen. Durch Teilung einer Saite mit der Tonhöhe C in 1, 2, 3, 4, 5, 6 und 8 Teile erhielt er die Töne C-c-g-c^1-e^1-g^1-c^2 (wie viele andere Musiktheoretiker ließ er den vermeintlich falsch gestimmten 7. Teilton unberücksichtigt; vgl. Notenbeispiel 1). Aus den Tönen 1, 3 und 5 bzw. den oktavidentischen Tönen 4, 5 und 6 erklärte er den Durdreiklang. [18]

Als Louis Bertrand Castel in seiner Rezension des *Traité* darauf hinwies, dass die Ergebnisse Sauveurs die Thesen Rameaus stützten, [19] unternahm der Komponist Versuche zu mitschwingenden Saiten am Cello, auf dem er zwei Saiten im Verhältnis von Grundton und 3. Partialton zueinander stimmte. Dabei meinte er festzustellen, dass die höhere Saite die tiefere nicht nur zu Teilschwingungen in Drittelteilung anregte, sondern auch zu Vollschwingungen, die allerdings durch die Teilschwingungen nicht genügend erregt würden, um hörbar zu sein. [20] Während er im *Traité* aus der durch Saitenteilung ermittelten Reihe nur den Dur-, nicht aber den Molldreiklang hergeleitet hatte, [21] erklärte er den Mollakkord nun damit, dass nicht nur tiefere Partialtöne einer Obertonreihe höhere zur Resonanz bringen könnten, sondern auch umgekehrt. Da Rameau nur mit Resonanzphänomenen argumentierte und noch nicht (wie später Riemann) aus der angeblichen Anregung tieferer Töne durch höhere die Existenz von Untertönen in der Schallwelle folgerte, spricht Thomas Christensen in diesem Zusammenhang von Rameaus „sympathetic resonance theory". [22]

Über Rameau hatten die Erkenntnisse Sauveurs Eingang in die musikalische Öffentlichkeit gefunden, es sollte aber noch einmal mehr als ein Jahrhundert dauern, bis die Publikation eines anderen Physikers zu neuer intensiver Beschäftigung von Musikern mit akustischen Forschungen führte.

---

[18] Rameau (1722), S. 3f. und 34f.
[19] Castel (1722), S. 1734.
[20] Rameau (1737), S. 5 und 8f.
[21] Rameau (1722), S. 36.
[22] Christensen (1993), S. 149. – Später ließ Rameau diese Theorie fallen, seine folgenden Erklärungsversuche können wir im Rahmen dieses Aufsatzes nicht weiter verfolgen (vgl. dazu ebd., S. 162–168).

Der „objektive Nachweis" der Untertonreihe

In seinem Überblick zur Musikgeschichte des 19. Jahrhunderts stellte Carl Dahlhaus fest:
> *Das einzige Werk, das in der Musiktheorie des 19. Jahrhunderts wahrhaft ‚Epoche machte' und dessen Einfluß sich – von den Philosophen, die über Ästhetik räsonierten, bis zu den schlichten Musikern, die den Umgang mit Akkordverbindungen lehrten – kaum jemand entziehen vermochte, war die Lehre von den Tonempfindungen von Hermann von Helmholtz (1863).*"[23]

An einer anderen Stelle bezeichnet Dahlhaus *Die Lehre von den Tonempfindungen als Grundlage für die Theorie der Musik* gar als das Hauptwerk Helmholtz'.[24] Die Historiker anderer Disziplinen teilen Dahlhaus' Einschätzung allerdings nicht. Die Physikgeschichte schätzt seine Arbeiten zur Thermodynamik höher, darunter die mathematische Formulierung des Energieerhaltungssatzes.[25] Und wenn die Medizingeschichte sein dreibändiges *Handbuch der physiologischen Optik* für wichtiger hält,[26] könnte sie darauf hinweisen, dass Helmholtz seine *Lehre von den Tonempfindungen* tatsächlich als Ergänzung zu seinen optischen Arbeiten zwischen dem zweiten und dritten Band des Handbuchs veröffentlichte.

Dennoch heben die Einschätzungen Dahlhaus' die große Bedeutung Helmholtz' für die Musiktheorie des 19. Jahrhunderts hervor. So erklärte Helmholtz beispielsweise die Klangfarben unterschiedlicher Instrumente durch die verschiedene Zusammensetzung der Klänge aus Partialtönen verschiedener Intensität. In Bezug auf die Untertontheorie interessiert hier aber vor allem seine Deutung des Moll-Dreiklangs als Mischklang: da im c-Moll-Akkord die Quinte *g* sowohl Bestandteil des *c* als auch des *es* ist, sieht er *g* als abhängigen Ton eines sowohl als c-Klang mit zugefügtem *es* als auch als *es*-Klang mit hinzugefügtem *c* interpretierbaren Akkords an.[27]

---

[23] Dahlhaus (1980), S. 159.
[24] Dahlhaus (1989), S. 252.
[25] Vgl. z.B. Schiemann (2004), S. 185; Kuhn (2001), S. 353f.; Simonyi (1995), S. 366–369.
[26] Karger-Decker (2001), S. 196, 200ff.; Jetter (1992), S. 333; Pialoux & Soudant (1980), S. 2721.
[27] Helmholtz (1913), S. 477f.

Abb. 4: Notenbeispiel 3 – Helmholtz' Erklärung des Mollakkords

Diese Interpretation stieß bei Musikern, die gerne weiter von der Gleichberechtigung von Dur und Moll ausgehen wollten, auf Ablehnung, wie Helmholtz selbst in späteren Auflagen der *Lehre* einräumte.[28]

Helmholtz' Physikerkollege Arthur von Oettingen löste dieses Problem, indem er gegen die von ihm „Tonigkeit" genannte Grundtonbezogenheit des Durdreiklangs eine von ihm „Phonigkeit" genannte Obertonbezogenheit des Molldreiklangs setzte: so wie die Töne des C-Durdreiklang den gemeinsamen Grundton *C* besitzen, enthalten die Obertonreihen der Töne des c-Molldreiklangs alle den Oberton *g*.[29]

Abb. 5: Notenbeispiel 4 – Oettingens Erklärung des Mollakkords

Nehmen wir alle Töne, die den Oberton c^1 gemeinsam haben, erhalten wir die in Notenbeispiel 2 dargestellte Untertonreihe.

An diese Vorstellungen knüpfte Riemann in seiner Dissertation an, der Oettingen neben Rameau, Helmholtz und dem für diesen Aufsatz uninteressanten Moritz Hauptmann zu einem der „vier großen Harmonikern" erhob.[30] Er kritisierte an Oettingen dennoch, dass er den Molldreiklang immer noch umständlich aus der Obertonreihe herleitete. Stattdessen adaptierte er Helmholtz' Theorie zur *Membrana basilaris*. Dieser nahm an, dass die einzelnen Fasern dieser Membran

---

[28] Ebd., S. XII.
[29] Oettingen (1866), S. 31ff.
[30] Riemann (s.d. [1874]), S. 4f.

im Innenohr jeweils nach dem Prinzip mitschwingender Saiten auf die einzelnen Sinusschwingungen des Klangs reagierten.[31] Riemann erweiterte diese Hypothese, indem er behauptete: „die den Untertönen eines angegebenen Tones entsprechenden Fasern der *Membrana basilaris* schwingen partiell mit und wir haben daher die Vorstellung der Untertöne implicite".[32] Er vermute also nicht wie Rameau, dass Teilschwingungen Vollschwingungen auslösen konnten, sondern dass die Empfindung aus der Teilschwingung einer Faser auf die Vollschwingung folgere. Entsprechend erklärte Riemann, dass diese Untertöne nur in der Empfindung, nicht aber „in der das Ohr treffenden Schallwelle existieren".[33]

Etwas später folgerte er aber aufgrund anderer Erfahrungen doch die objektive Existenz von Untertönen. Er vollzog mit seinem Harmonium Helmholtz' Experimente mit Kombinationstönen nach.[34] Kombinationstöne entstehen auf dem Weg der Klangübertragung als nichtlineare Verzerrungen; die von Helmholtz hauptsächlich untersuchten Kombinationstöne sind die Differenztöne, deren Frequenz der Differenz zwischen den beiden tatsächlich erklingenden Tönen entspricht.[35]

Riemann stimmte für seine Wiederholung der Experimente auf seinem Harmonium über dem C die ersten dreizehn Partiale in reiner Stimmung.[36] Da sie jeweils Vielfache der Grundfrequenz sind, ist bei aufeinanderfolgenden Tönen der Partialtonreihe jeweils der Grundton Kombinationton, z.B. beträgt die Differenz zwischen dem 5. und 6. Partial $6 - 5 = 1$, zwischen dem 6. und 7. Partial $7 - 6 = 1$.[37] Doch Riemann stellte nun fest, „daß auch Intervalle, welche nicht nebeneinanderliegenden Tönen der Reihe entsprachen, den Combinationston C deutlich hören ließen", während die nach Helmholtz eigentlich erwarteten Töne viel leiser waren.[38]

Noch schlimmer: während Helmholtz' Theorie ein kontinuierliches Ansteigen der Kombinationstöne postulierte, sprangen die tiefen Töne während Riemanns Experimenten mit unterschiedlich großen Terzen: sobald zwei Töne einer Partialtonreihe angehörten, vernahm er den

---

[31] Helmholtz (1913), S. 238–241.
[32] Riemann (s.d. [1874]), S. 12.
[33] Ebd., S. 12f.
[34] Helmholz (1913), S. 325–347.
[35] Vgl. Fricke (2005), S. 143f.
[36] Zum reingestimmten Harmonium in der musiktheoretischen Forschung des 19. und 20. Jahrhunderts vgl. Goldbach (2007).
[37] Riemann (1875), S. 205.
[38] Ebd., S. 206.

dazugehörigen Grundton. Das folgende Notenbeispiel übersetzt drei Einträge aus einer Tabelle Riemanns in die Notenschrift. Dabei bezeichnet T die gespielten Töne, K den erwarteten Kombinationston und G den von Riemann gehörten Ton.[39]

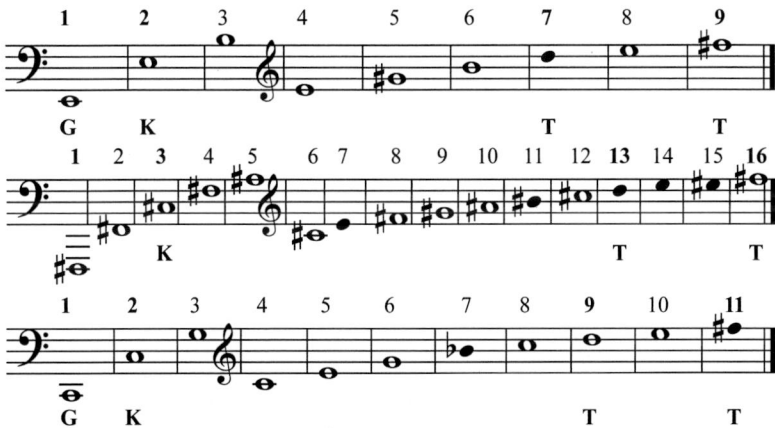

Abb. 6: Notenbeispiel 5 – Riemanns Kombinationstonversuche

Was Riemann hörte, ist ein den Kombinationstönen verwandtes, zu dieser Zeit aber noch nicht beschriebenes Phänomen, der virtuelle Grundton, auch Residualton genannt:[40] der menschliche Hörer ist in der Lage, fehlende Teiltöne in einem Spektrum „hinzuzuhören"; so erkennt er am Telefon die Stimme seines Gesprächspartners, obwohl der kleine Lautsprecher im Telefon die tiefen Grundfrequenzen der menschlichen Stimme gar nicht überträgt. Ab vier simultan gegebenen Teiltönen einer Partialtonreihe ist der Grundton deutlich zu hören. Unter bestimmten Voraussetzungen lässt sich der virtuelle Grundton aber auch schon bei einem Stimulus aus nur zwei Teiltönen wahrnehmen.[41]

Doch weshalb hörte Riemann diese Töne, Helmholtz zuvor aber nicht? Für die lineare Verzerrung auf dem Übertragungsweg, durch die Kombinationstöne entstehen, ist eine gewisse Schallintensität not-

---

[39] Ebd., S. 213.
[40] Reinecke (1962); zum Virtuellen Grundton allgemein vgl. Terhardt (1998), S. 345–359; Fricke (2005), S. 140–149.
[41] Smoorenburg (1970).

wendig, nach Reinier Plomp wenigstens 30 dB, wobei bei den meisten Versuchspersonen die notwendige Schallintensität deutlich über 40 dB lag.[42] Dagegen entstehen virtuelle Grundtöne erst als Leistung des Gehirns. Zudem treten sie in der Extremform mit nur zwei Partialen als Stimulus bei Schallpegeln, die größer als 50–60 dB sind, in den Hintergrund und sind bei einem Schallpegel von etwa 30–40 dB am besten wahrnehmbar.[43] Nun sind Lautstärken unter 50 dB musikalisch ungünstig, da sie kaum über den immer vorhandenen Nebengeräuschen liegen. Wenn Riemann also mit seinem Harmonium bei zwei gespielten Tönen virtuelle Grundtöne wahrnahm, hatte er möglicherweise ein besonders leises Harmonium, auf dem er im Gegenzug die Kombinationstöne schlechter hörte.

Hans-Peter Reinecke beschließt seinen Aufsatz über Riemanns Harmoniumexperimente mit der Überlegung, dass Riemann Dinge angerührt und zum Teil vorausgenommen habe, die der Vorstellungswelt seiner Zeit noch nicht entsprachen, zumal sie dem Helmholtzschen Gedankengebäude schon im Ansatz widersprochen hätten.[44] Jedoch war Riemann so von seinem Beweis für die „objektive Existenz der Untertöne in der Schallwelle" überzeugt, so der Titel seines Aufsatzes, dass er seine korrekte Beobachtung falsch interpretierte und anschließend nur noch seine Folgerungen verbreitete und nicht mehr seinen Versuchsaufbau. Den virtuellen Grundton verstand er als ersten Ton seiner Untertonreihe, wohingegen die weiteren Untertöne, die in ihrer Lautstärke exponentiell abnähmen, nicht mehr vernehmbar seien:

> *„Ist dieser Zusammenhalt im ersten gemeinsamen Untertone gefunden, so stehen wir still und fassen die weiteren gemeinsamen Untertöne nicht auf, sondern sie verschmelzen als Untertöne des Combinationstons mit diesem ebenso, wie sonst die Untertöne mit dem einzeln angegebenen Tone verschmelzen, oder vielmehr ihn bilden."*[45]

Nun von der Existenz der Untertöne überzeugt, nahm Riemann die in der Einleitung erwähnten Experimente mit mitschwingenden Saiten auf, die er in seiner Monographie *Musikalische Syntaxis* (1877) darlegte. Bei Hebung des Dämpfers sollten die Untertöne eines stark angeschlagenen Klaviertones nachklingen und zwar nicht nur mit partiellen Schwingungen, also auf der Tonhöhe der angeschlagenen Taste,

---

[42] Plomb (1965), 115ff.
[43] Terhardt (1998), S. 349.
[44] Reinecke (1962), S. 241.
[45] Riemann (1875), S. 214.

sondern mit totalen Schwingungen.[46] Obwohl er den Aufsatz über seine früheren Experimente erwähnte, ging er in seiner neuen Schrift nicht mehr auf seine Versuche am Harmonium ein, sondern nur noch auf die neuen am Klavier.[47] So verhinderte er die Würdigung seiner Entdeckung. Am Klavier gab es nicht wie am Harmonium virtuelle Grundtöne zu hören; seine Kollegen konnten sie daher nicht nachvollziehen. Auch wenn Riemann von namentlich nicht genannten Freunden berichtete, denen die Replikation des Klavierexperiments sofort gelungen sei, musste er eingestehen, dass Oettingen ihm berichtete, die Ergebnisse nicht wiederholen zu können. Doch Riemann beharrte trotzig: „und wenn alle Autoritäten der Welt auftreten und sagen ‚wir hören nichts', so muß ich ihnen doch sagen: ‚ich höre etwas und zwar etwas sehr deutliches'".[48]

An der gleichen Stelle bemerkte Riemann auch, dass Helmholtz noch nicht auf seine Entdeckung reagiert habe. Er teilte sie dem Physiker aber wohl auch erst verspätet mit: zwischen die Publikation von Riemanns Unterton-Versuchen am Harmonium 1875 und am Klavier 1877 fällt noch ein Brief vom 2. August 1876, in dem Riemann Helmholtz nicht nur die Übersendung der *Musikalischen Syntaxis* anbot,[49] sondern gleichzeitig in Bezug auf seine Theorie zur *Membrana basilaris* einen Fehler einräumte, „wie weiland Rameau ein Mitschwingen mit Knoten mit einem totalen Mitschwingen der den Untertönen entsprechenden Saite verwechselte".[50] Nun behauptet er aber dieses totale Mitschwingen in der *Musikalischen Syntaxis*. Der Grund für diese Zurücknahme ist wohl, dass er Helmholtz in diesem Brief außerdem um eine Referenz für eine Lehrstuhlbewerbung in Bonn bat, wo Helmholtz selbst einige Jahre gelehrt hatte. Auf jeden Fall hörte Helmholtz Riemanns Untertöne später nicht. Stattdessen nahm er an, dass Riemann sich getäuscht habe, „daß an stark resonierenden (namentlich wohl älteren) Instrumenten jede kräftige Erschütterung, also vielleicht auch ein kräftiger Tastenschlag, ganz unabhängig von der Tonhöhe einzelne oder mehrere von den tiefen Saiten zum Tönen bringen kann".[51]

Auch der Berliner Geigenlehrer Hermann Schröder wandte sich an Helmholtz. Seinen eigenen Auskünften nach, stellte ihm der Physi-

---

[46] Riemann (1877), S. XIII und 6.
[47] Ebd. (1877), S. 7 und 123.
[48] Ebd. (1877), S. 121.
[49] Brief abgedruckt in: Hörz (1997), S. 410ff., hier S. 412.
[50] Ebd., S. 411.
[51] Helmholtz (1913), S. 578, Anm. 1.

ker zur weiteren Untersuchung der von ihm beobachteten Phänomene einen „jungen Gelehrten" zur Verfügung. Da dies wohl zu keinem für Schröder befriedigenden Ergebnis führte, publizierte er seine Überlegungen 1888 schließlich allein.[52] Er hatte beobachtet, dass bei einem sehr starken Bogendruck Töne erklingen, die unter den eigentlich gegriffenen Tönen liegen, und führte dieses Phänomen wohl zu Recht darauf zurück, dass die Saite durch den Bogendruck beispielsweise nur jede zweite Schwingung vollzieht, der Ton dadurch also mit halber Frequenz eine Oktave tiefer klingt.[53] Damit lag auf der Geige eine Entsprechung zu den der Akustik schon lange bekannten „Klirrtönen" vor, bei denen eine sehr leicht aufgesetzte Stimmgabel nur jede zweite oder sogar dritte Schwingung auf den Resonanzboden überträgt.[54] Wie Riemann war er aus musiktheoretischen Überlegungen so von der Existenz der Untertonreihe überzeugt, dass ihn auch gehörte Unterquarten nicht irritierten, die er als Obertöne von Untertönen erklärte.[55]

Riemann adaptierte die Untersuchung Schröders als den ersten von drei Nachweisen in seinem *Katechismus der Musikwissenschaft*, dass tiefere Töne in höheren enthalten sein können. Zweitens stützte er sich auf Helmholtz' angebliche Mitteilung zu Resonatoren. Dies sind abgestimmte Hohlkugeln oder Röhren aus Glas oder Metall, die an das Ohr gehalten die Analyse eines Klanges auf die Stärke bestimmter Teiltöne ermöglichen, indem sie nur Töne ihrer Eigenfrequenz verstärken, alle anderen dämpfen. Riemann zufolge schrieb Helmholtz, dass die Eigentöne von Resonatoren auch klingen, wenn einer der folgendenden harmonischen Obertöne erklänge.[56] In der Tat wäre dies eine Analogie zu der von Riemann postulierten Vollschwingung einer durch einen ihrer Obertöne angeregten Saite. Doch die Stelle, auf die Riemann sich bezieht, lautet:

„*Die Luftmasse eines solchen Resonators in Verbindung mit der des Gehörganges und mit dem Trommelfell bildet ein elastisches System, welches eigenthümlicher Schwingungen fähig ist, und namentlich wird der Grundton der Kugel, welcher viel tiefer ist als alle ihre anderen Eigentöne, durch Mittönen in grosser Stärke hervorgerufen.*"[57]

---

[52] Schröder (1906a), S. 8.
[53] Schröder (1888), S. 270f. und 281ff.
[54] Ebd., S. 283.
[55] Ebd., S. 295f.
[56] Riemann (1891), S. 78f.
[57] Helmholtz (1913), S. 73f. – Riemann bezieht sich auf den gleichen Wortlaut in

Hiermit ist nicht gemeint, dass der Grundton der Kugel mittönt, wenn einer der anderen Eigentöne erklingt, sondern wenn der Eigenton in einem zu analysierenden Klang enthalten ist.

Riemanns drittes Argument waren die Kombinationstöne, wobei seine Formulierung verdeutlicht, dass er hier an die bei seinen Harmoniumexperimenten unwissentlich entdeckten virtuellen Grundtöne dachte: „Erklingen zwei Töne gleichzeitig, die nach den Anforderungen der reinen Stimmung Obertönen eines und desselben Tones entsprechen, so wird dieser hörbar (Kombinationston)."[58] Er bezog sich hier hier im Unterton-Kapitel aber wieder nicht auf seinen eigenen Aufsatz, den er erst im Kombinationstons-Kapitel beiläufig erwähnte.[59]

Dass die Untertonreihe dennoch nicht hörbar sei, erklärte Riemann damit, dass sich ihre jeweils mehrfach erzeugten Partialtöne durch Interferenz gegenseitig aufhöben:

„Daß man den Ton C trotzdem nicht hört, wenn g erklingt, erklärt sich aber aus dem Gesetz der Interferenz, nach welchem zwei Schwingungsformen gleicher Periode und Amplitude sich gegenseitig aufheben, wenn sie so nebeneinander verlaufen, daß die Maxima der einen und die Minima der andern zusammenfallen."[60]

Riemann wollte Oettingens Dualität von Dur und Moll systematisieren. Da ihm dessen Herleitung der Untertonreihe zu kompliziert erschien, versuchte er den Beweis ihrer eingenständigen physikalischen Existenz. Das verstellte ihm nicht nur den Blick auf die Ergebnisse seiner Harmoniumexperimente, es führte ihn auch zu immer komplizierteren theoretischen Annahmen über die physikalische Beschaffenheit der Untertöne.

Eine ähnliche Kritik an Oettingen, dass bei ihm die Herleitung der Untertonreihe nicht der Forderung nach Einfachheit (in der Musik wie in der Natur) entspreche, äußerte auch Schröder. Im Folgenden Zitat verbindet sich dies mit einer Referenz auf die Analogie zwischen Licht und Ton,[61] wobei das Beispiel der 11 Jahre zuvor entdeckten Röntgenstrahlen den Mythos Untertonreihe weiter nährt. Und die Analogie zwischen Untertonreihe und Nacht lässt ahnen, warum der Mythos Riemanns Experimente in den Mondschein verbannt:

---

der 4. Aufl. (1877), S. 74.
[58] Ebd., S. 79.
[59] Ebd., S. 84.
[60] Ebd., S. 79f.
[61] Im gleichen Jahr publizierte Schröder auch eine Schrift zu *Ton und Farbe* (1906b).

"Oettingen's geniale Deutung des Moll-Dreiklangs nach dem Prinzip der Phonicität hat mit der anderer Musik-Gelehrten immer noch das Veraltete überein, daß Moll, wie Dur, aus den klingenden (Dur-) Obertönen abgeleitet wird, - gleichsam, als wollte man ein Sternbild am sonnenhellen Tageshimmel auffinden, - die nichtmitklingenden (Moll-) Untertöne aber – das Reich der Nacht, worin jenes Sternbild leuchtet – bleiben auch bei ihm unbeachtet. Es ist hier nicht der Ort, näher und kritisierend darauf einzugehen, nur so viel: daß die symmetrische Umkehrung der Obertonreihe, die Untertonreihe, durch ihre mit jener gemeinschaftlichen Aliquote und Verhältniszahlen ohne Umwege, schneller zu gleichen Resultaten führt. Die Wissenschaft will aber bis jetzt von Untertönen nichts wissen, sie hält sich nur an das Faktum der Ober-Partialtöne, gleichsam wie ehedem nur an das des Oberlichts, bis das Unterlicht (X-Strahlen nach Röntgen) entdeckt wurde."[62]

Ausblick

Riemann gelang der endgültige Nachweis von Untertönen in der Schallwelle genauso wenig wie Schröder; von seinen Versuchen blieb nur der eingangs zitierte Gründungsmythos über den jungen Musiktheoretiker im Mondschein. Er selbst distanzierte sich schließlich nicht nur von ihnen, sondern lehnte schon die Erklärung der musiktheoretischen Konzepte Dur-Dreiklang und Konsonanz aus der Obertonreihe als willkürlich ab.[63] Der junge Riemann kritisierte an Oettingens Molltheorie, dass dieser den Molldreiklang zu umständlich aus der Obertonreihe herleitete und nicht die einfachere Untertonreihe postulierte. Der späte Riemann erklärte zum Einfluss Oettingens: „Ich gestehe offen, dass die Pseudologik dieser aus Obertonreihen heraus konstruierten Untertonreihe mich selbst längere Zeit getäuscht hat".[64] Stattdessen kehrte Riemann schließlich wieder zur antiken Proportionslehre zurück, wenn er Dur nun aus der relativen Schwingungszahl (einer Saitenverkürzung), Moll aus der relativen Saitenlänge (einer Saitenverlängerung) erklärte.[65]

So entstand der Mythos Untertonreihe aus dem Geist der Proportionslehre, die selbst mit ihrer Gründergestalt Pythagoras mythologi-

---

[62] Schröder (1902), S. 34.
[63] Riemann (1905), S. 4f.
[64] Ebd., S. 24.
[65] Vgl. ebd., S. 43f.

sche Züge hatte. Zudem galten die entdeckten Proportionen nicht nur in der Musik, sondern auch in den anderen Fächern des Quadriviums, der Arithmetik, der Geometrie und vor allem auch in der Astronomie, wo sie als Sphärenmusik noch bis Johannes Kepler intensiv diskutiert wurde.

Die zweite Voraussetzung für die Untertontheorie war das Aufkommen der mathematischen Physik. So versetzte zwar Vincenzo Galilei der Proportionslehre einen Dämpfer, als er die Schmiedelegende falsifizierte. Dagegen schienen später Sauveurs akustische Forschungen Rameaus Konstruktion des Dur-Dreiklangs naturwissenschaftlich zu untermauern. Wegen des neuen Paradigmas, dass Musiktheorie und physikalische Phänomene übereinstimmen sollten, suchte Rameau genauso wie später Riemann nach physikalischen Phänomenen, die nun genauso den Moll-Dreiklang (also ein musiktheoretisches Konstrukt) erklären konnten. Dies führte beide Musiker freilich in die Irre und sie hörten Phänomene, die objektiv nicht vorhanden waren: tiefe in Vollschwingung zu höheren mitschwingende Saiten.

Der Mythos Untertonreihe lebt indessen fort. So lehnt die erwähnte Harmonikale Forschung heute eine physikalische Begründung zwar ab, argumentiert aber weiterhin mit einer neupythagoräisch-mathematischen Gegenüberstellung von Ober- und Untertonreihe. Und in Schröders Hinweis, dass die Wissenschaft die Röntgenstrahlen erst anerkannte, als sie sichtbar gemacht wurden, steckt die Forderung, nach Mitteln zu suchen, die Untertöne hörbar zu machen. Tatsächlich verspricht der Autor einer für mich leider nicht lesbaren japanischen Untersuchung über „the Qualitative Relationship between Partial-Tone Structure and Sensory Consonance" im englischen Abstract: „The acoustical phenomenon corresponding to 'Untertonreihe', which is the core concept of harmonic dualism, is also confirmed."[66]

---

[66] Kobata (2001).

Bacons Atlantis-Mythos und das Selbstverständnis der modernen Wissenschaft

Josef Bordat

In dem folgenden Aufsatz möchte ich das Verständnis wissenschaftlicher Forschung in Francis Bacons naturwissenschaftlich-technischer Utopie *Nova Atlantis* (1627) beschreiben, das aus zwei Gründen wissenschaftshistorisch relevant ist. Zum einen stellt Bacon mit der Entwicklung der Induktionsmethode einen neuen erkenntnistheoretischen Zugang zur Natur und damit ein neues Paradigma der Wissensproduktion vor. Zum andern entwickelt er einen hochaktuellen anthropogenen Schöpfungsmythos, indem er die Forschung von der ehrfürchtigen aristotelisch-scholastischen Deduktion emanzipiert, die nahe legt, Erkenntnis werde durch Ableitung aus gott- oder naturgegebenen Regeln gewonnen. Damit überführt er die epistemologische Transzendenz in die Immanenz des zum unmittelbaren Erkennen befähigten Einzelnen.

Insoweit soll das Selbstverständnis der modernen Wissenschaft vor der These, dass der „Naturbeherrscher" Bacons heute zwischen den Extrema Schöpfung und Zerstörung steht, unter zwei Aspekten kritisch reflektiert werden: Zum einen ist Bacons optimistischer Fortschrittsglaube zu hinterfragen und zu prüfen, ob die Wissenschaftlichkeit der Neuzeit zu echtem Erkenntnisfortschritt geführt hat oder ob im sokratischen Sinne angenommen werden muss, dass wir umso weniger wissen, je mehr wir herausgefunden haben, weil sich aus neuer Erkenntnis neue Fragen ergeben. Dies soll am Beispiel der Physik anhand von Stellungnahmen Max Plancks, Albert Einsteins, Werner Heisenbergs und Stephen W. Hawkings gezeigt werden. Dabei soll auch die Rolle von Mystik und Religiosität im Zusammenhang mit moderner Wissenschaft thematisiert und daraufhin eine Überführung des engen Konzepts von Wissen in einen weiter gefassten Begriff von Weisheit angeregt werden. Zum anderen ist Bacons Mythos des goldenen Zeitalters zu betrachten und zu fragen, ob Wissenschaft automatisch zu einer moralisch „besseren" Gesellschaft führt, weil Problemursachen des menschlichen Gegeneinanders (z.B. Knappheit) sich angesichts des Fortschritts auflösen oder ob es vielmehr so ist, dass ethische Tabubrüche erst durch den induktiv arbeitenden Naturwissenschaftler der Neuzeit ermöglicht wurden bzw. werden und wissenschaftlicher Fortschritt somit auch gesellschaftliche Problemursachen schafft.

Francis Bacon und die Erneuerung der Wissenschaft

Der englische Philosoph und Jurist Francis Bacon machte zunächst als Politiker Karriere. 1579 noch als Anwalt tätig, erhielt er 1584 einen Sitz im Unterhaus, stellte sich bedingungslos in den Dienst der Krone und brachte es schließlich unter Jakob I. zum Obersten Kronanwalt und Lordsiegelbewahrer, ehe er auf dem Höhepunkt seiner Karriere 1618 Lordkanzler wurde. Drei Jahre später wurde er der Korruption bezichtigt. Bacon sah, dass „his practice of accepting gifts [...] was wrong", verwehrte sich jedoch gegen den Vorwurf, „that they had corrupted his judgments".[1] Während des Prozesses erfolgte jedoch das Geständnis aus Einsicht in „the essential justice of the complaint against him".[2] Der Verurteilung folgte die Entlassung und dieser wiederum der Rückzug ins private, kontemplative Leben. So konnten in den fünf Jahren bis zu seinem Tod (1626) wichtige philosophische Schriften entstehen.

Philosophiehistorische Bedeutung erlangte Bacon v.a. als Wegbereiter des britischen *Empirismus*, der von der angelsächsischen Philosophie des 17. Jahrhunderts mit so bedeutenden Denkern wie John Locke, George Berkeley und David Hume geprägt wurde. Bacons Erkenntnistheorie ist gegen die ausschließlich deduktive Methodik der Scholastik gerichtet. Mit der Induktionsmethode entsteht bei Bacon ein neuer erkenntnistheoretischer Zugang zur Natur. Die unverfälschte, unverdorbene Erkenntnis – für das „Verderben" macht er die in der scholastischen Epistemologie maßgebliche Metaphysik Platons und Aristoteles' verantwortlich – führt dabei nicht nur zur graduellen Verbesserung der Naturwissenschaft, sondern zu deren prinzipieller Neuorientierung, die den Menschen als Diener, Deuter, Beherrscher und schließlich Schöpfer der Natur bzw. ihrer perfektionierten Substitution betrachtet.

Seine induktiv-experimentelle Methode beschreibt Bacon zunächst in seinem Werk *Novum Organum*. Der Titel ist eine Anspielung auf Aristoteles *Organon*, das durch Bacons neuen Entwurf als wissenschaftstheoretische Folie abgelöst werden soll. Im *Novum Organum* werden die Prinzipien einer Wissenschaftsorganisation modelliert, bei der es um Naturerkenntnis und dadurch um Naturbeherrschung geht. Schließlich erwächst daraus – und hier zeigt sich dann der Staatsmann Bacon – eine Erhöhung der eigenen Macht, also der Macht des Men-

---

[1] Urbach (1987), S. 4.
[2] Urbach (1987), S. 5.

schen einerseits und der Macht Englands andererseits. England war zu Beginn des 17. Jahrhunderts auf dem besten Weg, die Renaissancemächte Spanien und Portugal zu verdrängen. Bacon erlebt dies als Abgeordneter. Ihm geht es darum, diese neue Position Englands durch eine effiziente, moderne Wissenschaftsorganisation zu untermauern und auszubauen.

Die gesellschaftstheoretische Umsetzung des Programms von *Novum Organum* geschieht dann in der Utopie *Nova Atlantis*, in der er beschreibt, wie erstens die erkenntnistheoretischen Prinzipien institutionell und personell implementiert werden und wie zweitens aus der Forschungsarbeit nicht bloß rein epistemische, sondern auch ethische Fortschritte erzielt werden, die ein friedliches Zusammenleben aller Menschen ermöglichen sollen, da ökonomisches Konfliktpotential wissenschaftlich überwunden und menschliche Bedürfnisse infolgedessen künftig kollisionsfrei befriedigt werden können. Hier tritt neben den Machtanspruch der Gedanke einer aus der wissenschaftlichen Perfektibilität erreichbaren Optimalwelt, die an paradiesische Umstände erinnert. Dies macht das utopische Moment des naturwissenschaftlich-technischen Entwurfs *Nova Atlantis* aus, denn es trifft sich der reale Anspruch einer machtstabilisierenden Wissenschaftsorganisation mit dem Mythos des Goldenen Zeitalters. Ohne zu viel vorweg zu nehmen, kann man jetzt schon sagen, dass der erste Gedanke – „Wissen ist Macht." – seine Berechtigung hat, v.a. für Europa, die Schlussfolgerung – „Wissen schafft Frieden." – allerdings weniger.

Bevor ich auf *Nova Atlantis* näher eingehe, zunächst noch einmal die Feststellung des methodologischen Aspekts und des daraus erwachsenen Gedankens, die Schöpfung in der Sphäre des Individuums zu verorten.

Es geht in Bacons Wissenschaftsbild nicht um das ehrfürchtige Nachvollziehen eines natürlich-göttlichen Regelwerks, sondern um die schöpferische Entwicklung eigener Regeln aus der empirischen Forschungsarbeit. Bacon versucht damit, „die Enge des aristotelisch-scholastischen Dogmatismus zu sprengen",[3] die er so verabscheut: „Diese Art degeneriertes Lernen herrscht hauptsächlich unter den Scholastikern [...]. Ihre Gehirne sind in den Zellen einiger Autoren, hauptsächlich des Aristoteles, ihres Diktators, eingeschlossen so wie ihre Leiber in den Zellen der Klöster und Kollegien."[4] Bacon wendet sich gegen voreilige Thesenbildung ohne genaue Beobachtung der

---

[3] Ahrbeck (1977), S. 111.
[4] Bacon, zit. nach Kuczynski (1970), S. 99.

Sachverhalte und entwickelt als „neues Werkzeug" (*novum organum*) die Induktion, als das Bündnis der „experimentellen [...] und der rationalen", der „beobachtenden und der denkenden Fähigkeit".[5] Er beabsichtigt, „zu einer vollständigen Erneuerung der Wissenschaften und Künste, überhaupt der ganzen menschlichen Gelehrsamkeit, auf gesicherten Grundlagen zu kommen".[6]

Damit, dass diese Erneuerungsarbeit *von allen* getragen werden soll, richtet sich Bacon aber nicht nur gegen Aristoteles' Deduktionsbegriff, sondern auch gegen die platonische Vorstellung einer Ideenwelt, die nur *von wenigen* „geschaut" und „gefunden" werden kann. Obgleich nicht hierarchiefrei, ist die Organisation in *Nova Atlantis* nicht an den elitären Ansichten Platons orientiert. Ferner ruht sie nicht auf einem abgeschlossenen Kanon an Erkenntnissen. Alles wird mit Hilfe aller grundsätzlich und ergebnisoffen unter die Lupe genommen, oder wie Bacon es ausdrückte, „mit einem Verstand, der von Meinungen rein gewaschen ist".[7] Auch hier zeigt sich die Opposition zum antiken Entwurf schon im Titel der Schrift: Auf Platons *Atlantis* wird Bezug genommen.

Demzufolge ist das Erfahrene bei Bacon weder Verkörperung des Allgemeinen im Einzelnen (aristotelische Deduktion) noch von der Elite geschauter Abschnitt einer Ideenwelt (platonisches Finden). Reinwald schreibt dazu: „Durch die vermeintliche Loslösung vom metaphysischen Allgemeinen in der Vorstellung einer Verkörperung des Allgemeinen im Einzelnen erfolgt die vollständige Verlagerung der Transzendenz in die Immanenz, in das Einzelne selbst."[8] und stellt fest: „Die bei Aristoteles bereits auf den unbewegten Beweger zusammengefallene Seinspyramide des Platon fällt damit durch eine nochmalige innerweltliche Transformation weiter in sich zusammen und wird auf das weltimmanente Individuum reduziert."[9] Das hat zur Folge, dass dieses Individuum selbst zum „unbewegten Beweger" wird, zum „Schöpfer". Der Mensch schaut also nicht nur sehr genau hin und erkennt dadurch das wahre Wesen der Natur, er wird auch befähigt, aus dem Anschauungsobjekt etwas Neues zu formen und *schöpferisch* mit der betrachteten Natur umzugehen.

---

[5] Bacon (1962), S. 106.
[6] Bacon (1962), S. 4.
[7] Bacon, zit. nach Reinwald (1991), S. 413.
[8] Reinwald (1991), S. 419.
[9] Ebd.

Nova Atlantis

Bacon nutzt die typische literarische Form des Reiseberichts für seine Utopie, welche auf einer imaginären Insel namens *Bensalem* („Söhne der Weisheit") spielt, auf der eine in Seenot geratene europäische Schiffsbesatzung strandet, die auf ihrem Weg von Peru nach China in der Südsee von einem Sturm überrascht wurde. Die Männer haben in der Tat Glück im Unglück, denn sie konnten nicht nur ihr Leben retten, sondern werden von hochrangigen Repräsentanten des Insel-Volkes freundlich empfangen und mit den Besonderheiten des Gemeinwesens vertraut gemacht.

Im Zentrum der Insel-Gesellschaft steht das *Haus Salomons*, eine Art wissenschaftliches Institut, das es sich zur Aufgabe gemacht hat, durch induktiv-experimentelle Verfahren und eine starke Interdisziplinarität der Forschung das Erkennen der Ursachen und verborgenen Ideen der Natur sowie die Erweiterung des geistigen Horizonts der Menschen zu fördern, um wissenschaftlich-technischen Fortschritt und damit wirtschaftliche Prosperität zu realisieren. Das *Haus Salomons* wird als „Leuchte Bensalems" und als „Auge des Reiches" bezeichnet. Dieser Mythos einer idealen Forschungsorganisation hatte großen Einfluss auf die Bildung realer europäischer Einrichtungen; das *Haus Salomons* kann daher als Prototyp einer wissenschaftlichen Akademie betrachtet werden.

Institutionell stehen Labors, Forschungstürme, Werkstätten und Versuchsanlagen zur Verfügung, in denen Daten aufgenommen und geordnet werden. Die enzyklopädischen Informationen über die Natur werden jedoch nicht nur gesammelt und kategorisiert, sondern auch im Blick auf die schöpferische Interpretation ausgewertet. Dabei wird Materialforschung betrieben, um künstliche Substanzen wie Dünger und Treibstoffe zu entwickeln. Meteorologische und astronomische Erkundungen finden ebenso statt wie Züchtungsforschung an Pflanzen und Tieren. Man versucht darauf hinzuwirken, dass „Bäume und Pflanzen vor oder nach der Zeit blühen, daß sie schneller wachsen und mehr Früchte tragen, als es ihrer Natur entspricht" und man entwickelt Methoden, „um verschiedene Tierarten zu kreuzen und zu paaren, die neue Arten erzeugen und nicht unfruchtbar sind, wie man gewöhnlich glaubt".[10] Hier geht es also um einen biotechnologischen Nutzen des manipulativen Eingriffs. Aus dem Dienst an der Natur erwächst die Dienstbarmachung der Natur.

---

[10] Bacon (1960), S. 53f.

An diesem Prozess sind verschiedene Personengruppen beteiligt, die entsprechend der Operationsschritte konkreter Forschung bestimmte Funktionen erfüllen: Es gibt die „Händler des Lichts", die aus fremden Ländern Bücher und Versuchsanordnungen beschaffen, die „Beutesammler", die alle in Büchern registrierten Versuche sammeln, die „Geheimnisjäger", deren Aufgabe in der Zusammenstellung aller selbst entwickelten Experimente besteht, die „Pioniere und Grubenarbeiter", die neue Experimente ausprobieren, die „Pfropfer", die über die Ausführung der Experimente berichten, die „Zusammenführer", die die Ergebnisse ordnen und die „Leuchter", die sie begutachten. Sammlung, Erprobung, Dokumentation und Begutachtung der Daten ermöglichen schließlich den „Interpreten der Natur", die experimentellen Entdeckungen in Axiome und Aphorismen zu bringen, also wissenschaftliche Gesetzmäßigkeiten festzustellen und daraus Regeln zu entwickeln. Aufgrund dieses Wissens über die natürlichen Zusammenhänge können schließlich mehr Möglichkeiten realisiert werden als eigentlich zur Verfügung stehen. Die „Interpreten der Natur" sind „Schöpfer" einer neuen Welt, in der, wie oben beschrieben wurde, Pflanzen mehr und öfter Frucht bringen und neue Tierarten zur Verfügung stehen. Das, was uns heute im Bewusstsein der problematischen Konsequenzen skeptisch macht, wird von Bacon kritiklos optimistisch als „Fortschritt" zum letzten Ziel, der Erhöhung der Macht, bezeichnet. Ob es diesen Fortschritt wirklich gibt und wie dieser zu bewerten ist, soll nun thematisiert werden.

Zur Möglichkeit wissenschaftlichen Forschritts

Die Frage der Möglichkeit eines Erkenntnisfortschritts bestimmt seit jeher den wissenschaftstheoretischen Diskurs. Bacons optimistischer Fortschrittsglaube steht gegen die Skepsis des Sokrates, dessen Pessimismus sich auf die berühmte Formel bringen lässt: „Ich weiß, dass ich nichts weiß". Unklar ist, ob die „neue Wissenschaftlichkeit" der Neuzeit, die bei Bacon ihren Ausgang nahm, zu echtem Erkenntnisfortschritt geführt hat oder ob im sokratischen Sinne angenommen werden muss, dass wir umso weniger wissen, je mehr wir herausgefunden haben, weil sich aus einer neuen Erkenntnis neue Fragen ergeben.

Schaut man sich etwa die Ansichten der modernen „Interpreten der Natur" an, kann man Zweifel bekommen. Der vielleicht bedeutendste Naturinterpret unserer Zeit, der Physiker Stephen Hawking, äußert sich mit dem Blick auf das Ganze verhalten optimistisch: „Wenn im Universum grundsätzlich alles von allem abhängig ist, könnte es unmöglich sein, einer Gesamtlösung dadurch näher zu kommen, dass man Teile des Problems isoliert untersucht", um dann zu resümieren: „Trotzdem haben wir in der Vergangenheit auf diesem Wege zweifellos Fortschritte erzielt."[11]

Die Notwendigkeit ganzheitlichen Zugriffs auf die Natur in dem Begriff des Wissens, der hier anklingt, öffnet die Perspektive auf die Religiosität, die bei bekannten Forschern des 20. Jahrhunderts fast schon typisch ist: Heisenbergs berühmter Ausspruch „Der erste Trunk aus dem Becher der Naturwissenschaft macht atheistisch, aber auf dem Grund des Bechers wartet Gott",[12] ist in diesem Zusammenhang nur ein Exponent erkannter Ratlosigkeit angesichts des „Geheimnisvollen" und „Undurchdringlichen", das nach Einsteins den Kern der wahren Religiosität ausmacht.[13] Max Planck etwa bekannte: „Ich bin fromm geworden, weil ich zu Ende gedacht habe und dann nicht mehr weiterdenken konnte"[14] und auch „andere Naturwissenschaftler wie Erwin Schrödinger, Wolfgang Pauli oder Albert Einstein haben sich im Laufe ihres Forschens der Religion – genauer: der Mystik – genähert."[15]

Die letzte Unzugänglichkeit, der nicht hintergehbare Rest, bietet jenen Spielraum für Gott, der die eigentümliche Symbiose von Physik und Metaphysik bei den angesprochenen Wissenschaftlern hervorbrachte, die damit gezwungen waren, hinter Bacons Ideal zurückzugehen, das auf der Trennung von Physik und Metaphysik basiert. Die „Entzauberung der Welt"[16] durch die Wissenschaft hat nicht funktioniert, dies zeigt sich in unserer Zeit besonders deutlich. Heute lässt sich eine Renaissance des Religiösen erkennen, die sich nicht allein in der „Rückkehr der Religionen" erschöpft (dort am eindrücklichsten sicherlich in der anti-westlichen Zivilisationskritik des fundamentalistischen Islam), sondern die sich auch in einer spirituell fundierten Skepsis gegenüber Wissenschaft und Technik zeigt, die – häufig außerhalb der institutionalisierten Religionen stehend – von subjektiver Religiosität geprägt ist.[17]

Es hängt insoweit sehr stark vom Verständnis bzw. von der Deutung des Begriffs „Wissen" ab, ob wir Fortschritte verzeichnen können.

---

[11] Hawking (1995), S. 26.
[12] Heisenberg, zit. nach Jäger (2002), S. 102.
[13] Einstein (2001), S. 12.
[14] Planck, zit. nach Jäger (2002), S. 102.
[15] Jäger (2002), S. 102.
[16] Weber (1984), S. 17.
[17] Vgl. etwa die mystische Argumentation in Shiva (2000), S. 5 und 74.

Mit dem baconschen Blick auf Teilprobleme können wir dies sicherlich, mit dem Blick auf „das Ganze" erscheint es fraglich. Für mich zeigt sich deutlich die Dialektik des Fortschritts: Neue Antworten werfen neue Fragen, neue Lösungen neue Probleme auf. Wissenschaftsgläubigkeit und Wissenschaftskritik, Gewissheit und Zweifel bilden die Pole einer perpetuierenden Entwicklung.

Ein Beispiel: Einerseits steigt der Umfang des Wissens geradezu unvorstellbar an, andererseits verlieren wir traditionelles Wissen im Bereich von Handwerk und Landwirtschaft, weil wir meinen, es zukünftig nicht mehr zu benötigen. Einerseits wird also z.b. mit Hilfe der Gentechnik versucht, das Welternährungsproblem in den Griff zu bekommen, indem Einheitspflanzen extremen klimatischen Bedingungen angepasst werden, andererseits werden damit gerade jene Pflanzen verdrängt, die über eine natürliche Resistenz gegen extreme klimatische Bedingungen verfügen.

Ein Beleg dafür ist der Kartoffelanbau in Peru. Hier wird deutlich, was passieren kann, wenn der so genannte Fortschritt okzidentaler Naturwissenschaft Jahrtausende altes Wissen der indigenen Bevölkerung unberücksichtigt lässt bzw. als nicht mehr brauchbar zurückweist. So führte die „grüne Revolution" in den 1970er Jahren, die Perus Landbevölkerung reiche Ernten und Wohlstand bringen sollte, zu Armut und Verschuldung.[18] Denn nach einigen reichen Ernten gingen die Erträge zurück. Zudem wurden die Felder, auf denen statt verschiedener Sorten im Zuge der „grünen Revolution" Monokulturen angebaut wurden, immer häufiger Opfer von Schädlingen. Viele Bauern konnten infolge der Ernteausfälle ihre „Entwicklungskredite" nicht mehr zurückzahlen. Die „grüne Revolution" der peruanischen Kartoffel verschärfte im Ergebnis die sozialen und wirtschaftlichen Probleme in den indigenen Kommunitäten.[19]

Durchgeführt wurde die „grüne Revolution" von westlichen Entwicklungsdiensten unter Federführung der *Consultative Group on International Agricultural Research* (CGIAR). Heute sind die gleichen Einrichtungen bemüht, die mit der „grünen Revolution" entstandenen Probleme, etwa die gestiegene Gefahr eines Totalverlust der Ernte

---

[18] Ähnliches gilt etwa für den Reisanbau in Indien, vgl. dazu auch Shiva (1991 und 2000).
[19] Vgl. dazu Gonzales [u.a.] (1998) und Grain (2000). Die Problematik der „grünen Revolution" in Peru wird zudem thematisiert im Dokumentarfilm KARTOFFELN AUF DER KIPPE von Christoph Corves und Delia Castiñeira, ausgestrahlt u.a. auf Arte am 19.08.2003 um 21.40 Uhr.

durch Schädlingsbefall, gentechnisch zu lösen,[20] was schon als „zweite grüne Revolution" bezeichnet wird. Mit der „grünen Gentechnik" wird am Paradigma der Problembewältigung durch wissenschaftlichen Fortschritt festgehalten, was angesichts der Erfahrungen kritikwürdig scheint.[21] Dabei sollte sich die Kritik im Sinne der Dialektik des Fortschritts jedoch nicht auf eine pauschale Ablehnung des Paradigmas und eine romantische Verklärung der indianischen Vergangenheit beschränken, sondern eine fruchtbare Verbindung von traditionellem Wissen und moderner Wissenschaft anstreben.[22]

Daran schließt sich die Frage an, wie der Begriff des „wissenschaftlichen Fortschritts" ethisch zu bewerten ist.

Die ethische Dimension wissenschaftlichen Fortschritts

Es ist unklar, wie das Verhältnis von epistemischer und ethischer Dimension des wissenschaftlichen Fortschritts zu beurteilen ist. Ist es so – wie Bacon unterstellt –, dass Wissenschaft automatisch zu einer „besseren" Gesellschaft auch im ethischen Sinne führt, weil Problemursachen des menschlichen Gegeneinanders sich angesichts des Fortschritts auflösen oder ist es vielmehr so, dass ethische Tabubrüche erst durch den induktiv arbeitenden Naturwissenschaftler der Neuzeit ermöglicht werden und wissenschaftlicher Fortschritt somit auch Ursachen gravierender ethischer Probleme schafft – von der Militärtechnik (Kampfstoffe, Massenvernichtungswaffen) über die zivile Nutzung strittiger Technologien (Atomenergie) bis hin zu aktuellen Entwicklungen in Medizin und Biotechnologie (therapeutisches Klonen)? Löst oder schafft Fortschritt Problemursachen menschlichen Mit- bzw. Gegeneinanders?

Die Antwort hängt davon ab, ob es dem Menschen gelingt, die ihm von Bacon zugedachte Rolle des „Naturbeherrschers" verantwortungsvoll auszufüllen. Der Mensch muss sich zunächst bewusst werden, dass er in der Forschung zwischen den Extrema Schöpfung und Zerstörung steht; erstere ist bei Bacon mitgedacht, letztere nicht. Aus dem Dilemma des Wissenschaftlers, zugleich schöpferisch und zerstörerisch tätig zu sein, folgt die Notwendigkeit, Fortschritt und Verantwortung zu

---

[20] Vgl. etwa Wydra (2004).
[21] Vgl. zur Kritik an der „grünen Gentechnik" z.B. Tappeser [u.a.] (1999), S. 34ff.
[22] Vgl. George (1985), S. 67.

verbinden. Das bedeutet, den baconschen Begriff des Fortschritts zu reformulieren, d.h. ihn aus der Bindung an das Machtstreben zu lösen, ihn vor übertriebenen Erwartungen zu schützen und ihn an nachhaltiger Entwicklung zu bemessen. Darin besteht die wichtigste Aufgabe der modernen Wissenschaft, wenn sie Lösung und nicht Ursache von Problemen sein will.

Kosmologische Spektakel – Universale Archive
Selbsthistorisierungsstrategien der esoterischen Moderne [*]

Christina Wessely

Nur wenige Jahre, nachdem Werner Siemens 1886 auf der *Versammlung Deutscher Naturforscher und Ärzte* den Aufbruch ins Naturwissenschaftliche Zeitalter ausgerufen hatte, sah sich die institutionalisierte Naturwissenschaft mit einer Fülle von Ideen konfrontiert, die sich kaum in die dort formulierten Fortschrittserzählungen auf der Basis wissenschaftlicher Rationalität und Objektivität einfügten. Das „Licht der Wissenschaft", das Siemens beschworen hatte, hatte „die Kinder der alten Finsternis", wie dieser den „Aberglaube[n] und das Vorurteil"[1] nannte, keinesfalls dazu gebracht, sich ins Dunkel des Unwissens zurückzuziehen. Vielmehr erlebten unter akademischen Gelehrten als pseudowissenschaftliche Irrlehren geltende Theorien eine unerwartete Popularität. Sie versammelten sich zu einem Diskurs, der im Folgenden als *esoterische Moderne* bezeichnet werden soll.

Die Mehrzahl der Weltbildreformer um 1900 beschäftigte sich mit der Entwicklung von Kosmologien, die nichts weniger umfassten als die Neuordnung des Universums. Die „erdähnliche Sonnentheorie", die „heliogenetische These", die „Frontentheorie", die „kosmische Wirbelmechanik", die „neue Geozentriklehre" oder die „Hohlwelttheorie", die davon ausging, dass die Erde eine Hohlkugel sei, in deren Inneren sich das gesamte Weltall befände, sind nur einige wenige Beispiele für die Fülle neuer Weltanschauungen, die sich die Synthese von romantischer Naturphilosophie und streng exakter Naturwissenschaft auf ihre Fahnen schrieben.

All diese Projekte stellten genuine, originelle Gegenpositionen zu den zeitgenössischen Naturwissenschaften dar, von denen sie sich gleichermaßen abgrenzten wie sie sich ihnen emphatisch verschrieben. Sie beanspruchten eine Position innerhalb des wissenschaftlichen Diskurses und sahen sich in ihrem Selbstverständnis an dessen Prinzipien gebunden. Allerdings promovierten sie parallel dazu Erkenntnismethoden, die die zeitgenössische Physik, Chemie oder Astronomie nicht

---

[*] Mein Dank gilt dem Max-Planck-Institut für Wissenschaftsgeschichte Berlin für die Finanzierung meiner Forschungsarbeiten.
[1] Siemens (1886), S. 170.

anerkannte: Fantasie, Einbildungskraft und „schöpferisches Denken" – unterschiedliche Techniken des Fingierens also – nahmen bei diesen Weltprojekten eine epistemologische Schlüsselposition ein. Es war vor allem die systematische Verknüpfung von Fakten und Fiktionen, die dazu führte, dass all diese Theorien an den Akademien und Universitäten als gefährliche, pseudowissenschaftliche Irrlehren galten. Ihre Autoren wurden geradezu als die Anti-Helden der Wissenschaftsgeschichte denunziert, die die Zeichen der Zeit nicht erkannt hätten und am Höhepunkt der naturwissenschaftlichen Ära auf lächerliche Weise versuchten, den Diskurs der „Exakten" unter Einbeziehung ihrer fantastischen Thesen zu imitieren.

Von den naturwissenschaftlichen Experten ins Außen der Wissenschaftsgeschichte verwiesen, inszenierten sich viele der „Weltbildreformer" als tragische Helden und verkannte Propheten. Dennoch bemühten sie sich nach Kräften, sich ihrer wissenschaftlichen (und damit wissenschaftshistorischen) Marginalisierung entgegenzusetzen und sich ihren Platz in den Annalen trotz aller Widerstände zu sichern. Der österreichische Kältetechniker und Maschineningenieur Hanns Hörbiger, Urheber der populärsten all dieser Ideen, der so genannten Welteislehre oder Glazialkosmogonie, entwickelte dazu die wohl avancierteste Strategie: Er nahm kurzerhand eine Vorschreibung der zukünftigen Geschichte der Wissenschaften vor und erklärte sich selbst und die spezifischen Umstände der Welteis-Entdeckung schon zu seinen Lebzeiten zum Mythos.

In Folge sollen anhand dieses Fallbeispiels die Praktiken, Methoden und Techniken der Selbsthistorisierung diskutiert werden, die geeignet schienen, fantastische Weltprojekte von enormem Ausmaß zu seriösen Wissenschafts-Geschichten zu promovieren. Gefragt wird dabei vor allem nach der Funktion des wissenschaftlichen Archivs als „Ort von Autorität",[2] nach darin auffindbaren Formen heroischer Selbstdarstellung und legendärer Inszenierung, sowie nach dessen Bedeutung und Wirksamkeit im Prozess wissenschaftlicher Mythenbildung.

Die Geschichte der Welteislehre beginnt – und schon folgt man ihrer eigenen Gründungslegende – in einer sternenklaren Nacht im September 1894. Der schlaflose Hanns Hörbiger hatte sein Teleskop hervorgeholt und beobachtete vom Fenster seines Wohnzimmers aus stundenlang den Himmel. Plötzlich – „wie ein Keulenschlag" – „blitzte [...] ein ungeheurer Gedanke auf." Eine Vision „überfiel" Hörbiger, die ihm das „Geheimnis des Kosmos" offenbarte:

---

[2] Derrida (1997), S. 2.

„Noch kann kein Sterblicher den eigentlichen Mond gesehen haben! Kein einziger! Wir blicken auf einen ungeheuer tiefen, also uferlosen Eisozean!"[3]
Für eine Theorie, die „im Einklang mit den Erfahrungstatsachen [...] nicht nur die Rätsel des Himmels" zu lösen, sondern auch „die Geheimnisse der Erde und des Lebens"[4] zu lüften versprach, konnten ihre zentralen Behauptungen überraschend knapp zusammengefasst werden: „Es ist", hieß es später in einer populären Welteis-Schrift, „auch nur ein einziger Gedanke, den Hörbiger neu in die Wissenschaft eingeführt hat. Er behauptet nämlich, daß neben der Glut der zahllosen Sonnen auch deren Gegensatz, das weltraumkalte Eis, eine bedeutsame Rolle im Weltgeschehen spielt. [...] Das ist die ganze neue Lehre in ihrem Grundgedanken."[5]

Der Kosmos, so Hörbiger, bestehe aus gefrorenem Wasser, das sich auf besonders eindrucksvolle Weise in Erdmond und Mars, der Eismilchstraße und dem eisigen Weltäther materialisiere. Eis in seinen unterschiedlichen Formen organisiere die gesamte kosmische Entwicklungsgeschichte, die von Zyklen regelmäßiger Katastrophen bestimmt sei, auf die Phasen der Erneuerung folgten. In Abständen von mehreren tausenden Jahren, so eine der zentralen Thesen der Welteislehre, würde etwa der Mond auf die Erde „stürzen." Ausgelöst würde dieses Ereignis von dem ätherischen Feineis, das dem Mond kontinuierlich Reibungswiderstand entgegensetze, woraufhin dieser im Laufe von Jahrtausenden kleiner – abgerieben – würde, in den Anziehungsbereich des nächst größeren Planeten, der Erde, gerate und schließlich mit dieser kollidiere. Auf gleiche Art und Weise würden regelmäßig überall im Weltall kleinere Himmelskörper in größere stürzen.

Auf die erste Vision folgten weitere, bis sich schließlich, folgt man Hörbigers biografischen Erinnerungen, innerhalb weniger Stunden das gesamte neue „Weltgebäude" aufgebaut hatte. Am Ende jener schicksalhaften Nacht besitzt Hörbiger die Gewissheit, eine „weltwendende"[6] Entdeckung gemacht zu haben. „Es dürfte", notierte er, „um Mitternacht gewesen sein, als ich zu meiner Frau hinüberschlich ihr zu klagen, soeben unsterblich geworden zu sein."[7]

---

[3] Behm (1930), S. 107.
[4] Hörbiger-Archiv am Technischen Museum Wien (in Folge HA abgekürzt), S/111/27.
[5] HA, S/133/43, Hanns Fischer: Auf den Spuren des Schicksals, Zeitungsausschnitt.
[6] Behm (1930), S. 112.
[7] Behm (1930), S. 107.

Die Ahnung um die eigene Unsterblichkeit als Folge der revolutionären Welteis-Erkenntnis führte dazu, dass Hörbiger noch in der Nacht ein Archiv begründete, das die Geschichte seiner Entdeckung dokumentieren sollte. Die Archivierung des Projekts erweist sich dabei, so die These, als das eigentliche Projekt. Zumindest ebenso, wie die glazialkosmogonische Lehre ihr eigenes Archiv begründet, wird sie von ihrem Archiv her entwickelt – es ist das Metaprojekt der Archivierung der Welteislehre, welches das wissenschaftliche Hauptprojekt überhaupt erst organisiert. Die Sicherung der Verfügungsmacht über – zumindest – die eigene Geschichte schien die Erinnerung der eigenen Großtaten am wirkungsvollsten zu gewährleisten.

Den Wunsch, dass „[d]ie Geschichte der Glacialkosmogonie" eines Tages „aus meinem Briefarchive [herausgezogen]"[8] werden möge, äußerte Hörbiger wiederholt und scheute keine Anstrengungen, diese Geschichte in seinem Sinn vorzuschreiben. Das Archiv hatte seinen zentralen Ort zwar in Hörbigers Arbeitsräumen, in denen es als „Original" vorhanden war, erfuhr jedoch eine strategische Verbreitung: „Ich sollte eigentlich alles, was ich den verschiedenen WEL[Welteislehre]-Freunden und Mitarbeitern schreibe", stellte Hörbiger 1927 fest, „in 10 Exemplaren durchschlagen können und es nach allen Seiten schicken."[9] Die Proliferation der (historischen) Akten schien für Hörbiger die Basis für seinen wissenschaftlichen Durchbruch darzustellen, und tatsächlich tritt die im Laufe der Zeit auf mehr als 80 000 Einzelarchivalien angewachsene Sammlung von Briefen, Zeichnungen, Fotografien, wissenschaftlichen Skizzen und Texten, Grundsatzerklärungen, Zeitungsausschnitten, aber auch vielen persönlichen Dokumenten als eine von ihren Protagonisten selbst konstruierte, stringente Wissenschafts-Geschichte in Erscheinung, die durch die Entwicklung spezifischer Methoden der Datenorganisation, -aufzeichnung und -speicherung den epochalen Charakter der Unternehmung bezeugen sollte. Die darin auffindbaren „Bezüge zwischen der Gedächtnisstütze, dem Anzeichen, dem Beweis und dem Zeugnis"[10] erweisen sich als kompliziert und unübersichtlich, Einsatz und Reichweite von Manipulationen und Interventionen als kaum ermittelbar, geht es doch in diesem Archiv nicht nur um die Verzeichnung des eigenen Paradigmas als Markierung einer wissenschaftlichen Revolution und damit eines historischen Ereignisses durch die strategische *Sammlung* und *Auswahl* von

---

[8] HA, S/30/16, H. Hörbiger an J. Hiebl, 2.2.1920.
[9] HA, S/130/91, H. Hörbiger an P. Fauth, 30.9.1927.
[10] Derrida (1997), S. 1.

Quellen, sondern auch und vor allem durch die *Anfertigung* derselben. Eine Unterscheidung in „echte" historische Dokumente und solche, die eigens für die noch zu schreibenden wissenschaftshistorischen Chroniken produziert wurden – und damit eine Rehabilitation der Trennung von Fakten und Fiktionen auf historiographischer Ebene – verkennt jedoch das Format der glazialkosmogonischen (Selbst)Historisierung, das im Spannungsfeld zwischen wissenschaftlichem Archiv und Abenteuernarration einen dramatischen Text entwickelt. Eine Hand voll Darsteller erlebt darin unter der Leitung des überragenden Protagonisten Hörbiger, der als Hauptfigur, Erzähler und Autor gleichzeitig vorstellig wird, wechselvolle Geschichten zwischen Märtyrer- und Heldentum, wissenschaftlicher Anerkennung und Ablehnung, Freundschaft und Feindschaft. „Es ist", beschrieben Kollegen nach Hörbigers Tod dementsprechend den Charakter des Archivs, „eine einzigartige Sammlung von Dokumenten aus dem wissenschaftlichen Kampfe des Amateurastronomen, die in geradezu erschütternder Weise die Leiden des Verkannten darlegt."[11] Sie wachse „über den sachlichen Rahmen hinaus zu einem Kulturdokument, zu einer menschlichen Angelegenheit von tiefster Tragik."[12]

Die von Hörbiger und seinen Mitarbeitern entwickelte Geschichte der Welteislehre weist, indem sie sich den Techniken und Logiken des Sammelns und Ordens, Sortierens und Klassifizierens, Ab-Schreibens und Vor-Schreibens, Erzählens und Prognostizierens gleichermaßen verschreibt, gleichzeitig auf Vergangenes und auf Zukünftiges und fungiert damit als Archiv ebenso wie als Drehbuch. Es war also von Beginn an nicht nur historische Quellensammlung, sondern gab vielmehr auch ein Versprechen auf die Zukunft – ein Versprechen, dessen Einlösung garantiert schien, wurde diese doch scheinbar exakt berechnet.

Im Mai 1919, als es darum ging, entgegen aller Kritik der noch überschaubaren Zahl von Mitarbeitern und Anhängern den Durchbruch der Glazialkosmogonie zu versichern, fertigte der älteste Sohn Hörbigers, Hans Robert, eine Grafik an, die unter dem Titel *Glauben und Wissen* den Zeitpunkt der Anerkennung der Welteislehre als berechenbare Größe verzeichnete, welcher durch die mit dem „Wirkungsgrad der Zeit" einhergehende „Erkenntniszunahme" vorgegeben sei. Hans Robert Hörbiger entwarf damit eine Struktur wissenschaftlicher Revolutionen, die mit Hilfe einer Kombination aus historiographischem und mathematischem Wissen vorausberechnet werden könne.

---

[11] HA, undatiert, schwarze Mappe.
[12] Ebd.

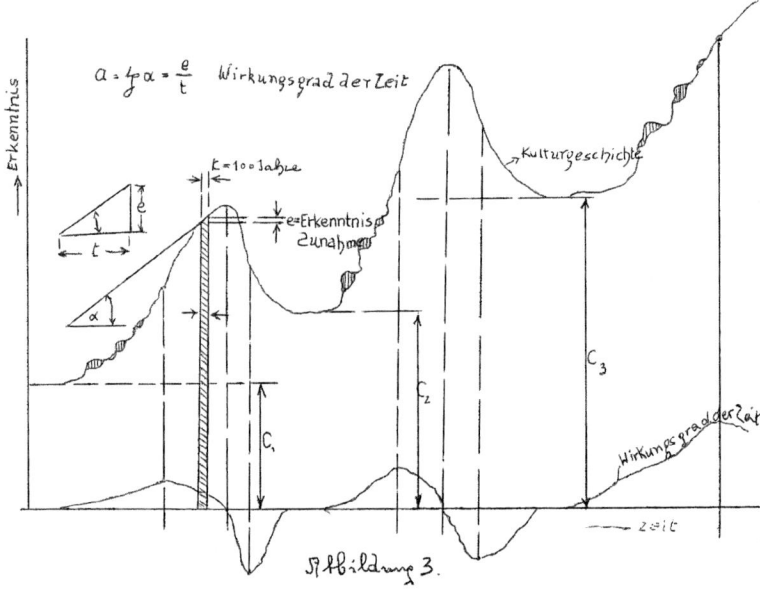

Abb. 1: Die Berechenbarkeit wissenschaftlicher Revolutionen: „Glauben und Wissen"

Man ging von einer „Umwälzung der ganzen Wissenschaft" durch die Welteislehre aus, welche diese als „wahrhaft revolutionäres Weltbild"[13] bestätigen würde. Davor stünde eine Periode, die durch das Festhalten an aktuellen „Forschungsmeinungen" charakterisiert sei, von denen sich die Wissenschaftler kaum oder nur sehr schwer lösen könnten, „weil sie dadurch ihr eigenes Gedankenwerk zerstören würden. Nicht einmal prüfen oder beurteilen können sie derartiges. Es ist wissenschaftlicher Selbstmord, den man ihnen damit zumutet. [...] Ein älterer Gelehrter kann auch nicht mehr umlernen oder neue Bücher schreiben. Nicht nur sein wissenschaftliches Ansehen, sondern auch seine materielle Existenz wäre vernichtet. Aber auch die jüngeren Gelehrten werden nicht gerne die eingeschlagenen, durch das Ansehen bewährter, älterer Forscher geebneten Bahnen verlassen. Deswegen

---

[13] HA, S/9/50, Voigt, Heinrich: Weltentwicklung und Welteislehre, undatiertes Manuskript [1925].

setzt sich alles Neue so schwer durch, auch wenn es noch so richtig und noch so bedeutend ist."[14]

Die Welteislehre verfügte demnach auch über eine Theorie der Wissenschaftsgeschichte, an deren entscheidenden Zäsuren und Umbrüchen sie selbst mitwirkte. Ungeachtet des sicheren Wissens um die Revolution, die den Gesetzen der glazialkosmogonischen Kultur- und Wissenschaftsgeschichte zufolge unweigerlich eintreten musste, begannen die „Welteis-Leute" mit der Popularisierung im großen Stil – denn an den naturwissenschaftlichen Fakultäten war der Widerstand groß. Bereits 1913 war *Hörbigers Glazial-Kosmogonie. Eine neue Entwicklungsgeschichte des Weltalls und des Sonnensystems* erschienen.[15] Naturwissenschaftler hatten bereits vor dem ersten Weltkrieg dieses „Hauptwerk" der Welteislehre, das dem Publikum als „Buch von erschütternder Gewalt, durchdrungen von der Prophetie des Genius"[16] vorgestellt wurde, scharf verurteilt. Von „Hirngespinsten", „Phantastereien" und „gefährlicher Charlatanerie" war die Rede gewesen, die Welteislehre würde allen „altbekannten physikalischen Gesetzen ins Gesicht schlagen."[17] Als sich der Ton kontinuierlich verschärfte und schließlich ein deutscher Physiker verlautbaren ließ, Hörbigers Theorie sei „das denkbar blödeste, was seit langer Zeit auf diesem Gebiete geleistet worden ist",[18] schien es an der Zeit, etwas zu unternehmen.

Hörbiger fand im Leipziger Voigtländer Verlag einen Verbündeten, mit dem er die Popularisierung vorantreiben wollte. Nicht die Gelehrten, sondern das interessierte Laienpublikum sollte nun von der neuen Lehre überzeugt werden. Unter dem Druck der breiten Öffentlichkeit sollte die Welteislehre gleichsam in den wissenschaftlichen Diskurs „gezwungen" werden.[19] Otto Voigtländer stilisierte die Diskussionen um Hörbigers Thesen medienwirksam zu einem „Kampf um die Welteislehre", mit eigenem Logo als Erkennungszeichen für alles, was sich auf diesem „Schlachtfeld" abspielte – in Hinkunft firmierten viele Welteis-Artikel, Kommentare, Gegendarstellungen, Flugblätter und Vortragsankündigungen unter dieser Marke.

---

[14] HA, S/63/1, A. Gallus an H. Hörbiger, 28.9.1921.
[15] Fauth (1913).
[16] s.n., „Das Hauptwerk der Welteislehre", in: *Das Weltbild von morgen. Die Welteislehre. Verlagsprospekt Voigtländer*, s.d. [um 1930], S. 8.
[17] HA, S/465/2, W. Meyer an H. Hörbiger, 4.5.1895; HA, S/58/63, L. Weineck an H. Hörbiger, 2.9.1896.
[18] HA, S/13/13, Bruno Bürgel in *Mutter Erde* 11/1899, zitiert nach H. Hörbiger an Hephaestos-Verlag, 2.5.1914.
[19] HA, S/63/1, A. Gallus an H. Hörbiger, 28.9.1921.

Die Organisation der Welteis-Anhänger in Interessensvereinen fand 1920 in Wien (*Kosmotechnische Gesellschaft in Österreich*) bzw. 1924 in Berlin (*Verein für kosmotechnische Forschung*) ihren Anfang. Die Vereine akquirierten Gelder für die weitere Verbreitung der Glazialkosmogonie, organisierten die Publikation von Welteis-Texten in Zeitungen und Zeitschriften, machten Reklame für die von Voigtländer publizierte Bücherserie, die so genannte Welteis-Bücherei – 21 Titel wie *Rhythmus des kosmischen Lebens*, *Weltwenden* oder *Wunder des Welteises* wurden alleine in den Jahren zwischen 1919 und 1928 veröffentlicht [20] – und veranstalteten Vorträge und Diskussionsabende. „Streng naturwissenschaftliche" Themen wie „Gespenster des Weltraumes: Meteore und Feuerkugeln, Sternschnuppen und Kometen" wechselten dabei mit Referaten über die „Welteislehre im Kulturbild der Gegenwart" [21] und zogen regelmäßig hunderte Besucher an – in großen Städten sollen mit steigendem Bekanntheitsgrad der Welteislehre bis zu 1200 Hörer einzelnen Vorträgen gefolgt sein.

Spätestens um die Mitte der 1920er Jahre hatten sich die Bestrebungen der Popularisierer bezahlt gemacht: Die Welteislehre, seitens der Universitäten und Akademien nicht zuletzt auf Grund deren „bedenkenlose[r] Geschäftsreklame" [22] zwar heftiger kritisiert denn je, war zum Kern einer populären *Bewegung* geraten, deren Mitglieder sich in emphatischen Bekenntnissen zu dem „erlösenden Weltbild" [23] überschlugen. Für viele Zeitgenossen Hörbigers erwies sich die Welteislehre vor allem aufgrund der teleologischen Sicherheit, die sie versprach, beeindruckend. Sie wurde keineswegs als die katastrophale Untergangslehre rezipiert, als die sie sich auf den ersten Blick darstellt: Mit der düsteren Vorschau über die Zukunft des Kosmos war immer ein Heilsversprechen verbunden, das sich an all diejenigen richtete, die an die neue Theorie „glaubten." Während die Gelehrten an den Akademien und Universitäten „plan-, ziel- und bewusstlos im Kosmos herumstochern" [24] würden, vermittelte die Welteislehre, wie Hanns Fischer, erfolgreicher Welteis-Popularisator, vermerkte, „nicht nur das Fehlende, sondern zeigt uns auch das Leben als einen Teil, einen vergänglichen, im ewigen Strome des Geschehens." [25] Die

---

[20] Fischer (1924), Fischer (1925), Fischer (1927).
[21] HA, S/147/87, Vortragsprogramm der Kosmotechnischen Gesellschaft im Anatomiesaal der Akademie der Bildenden Künste.
[22] Henseling (1925), S. 5.
[23] HA, S/9/13, H. Fischer: *Weltwenden*, Manuskript zur 2. Auflage, Vorwort.
[24] HA, S/410/49, H. Hörbiger: Unterlagen zum Tätigkeitsbericht am 12. März 1921.
[25] HA, S/133/43, H. Fischer: Auf den Spuren des Schicksals, Zeitungsausschnitt.

Welteis-Anhänger seien, so Fischer weiter, nichts weniger als „dem Schicksal auf der Spur."[26]

1924 brachte einer von ihnen das Movens des glazialkosmogonischen Enthusiasmus auf den Punkt: Das wahrhaft Große an der Welteislehre sei, „daß sie das Sternenall [...] als ein unserem Sein nicht drohend Fremdes, sondern unserem Leben innigst Verbundenes"[27] entstehen lasse. Hörbigers Kosmologie schien damit das Unmögliche gelungen: Den Kosmos als fernes wissenschaftliches Erkenntnisobjekt zu konstituieren und ihn gleichzeitig an die privatesten Lebensumstände anzubinden; das Universum als Inbegriff des Anderen zu beschreiben und es zur selben Zeit radikal einzugemeinden.

Gerahmt wurden all diese Popularisierungsbestrebungen von Unternehmungen zur öffentlichen (also nicht dem privaten Archiv vorbehaltenen) Selbsthistorisierung Hörbigers. Mitte der 1920er Jahre gab der glazialkosmogonische „Meister" Fotografien in Auftrag, die in Form von Autogrammkarten an Mitarbeiter, Freunde und Anhänger verschickt wurden (siehe Abb. 2). Diese Widmungsfotos, auf denen sich Hörbiger in unterschiedlichsten Posen zeigte, waren Teil einer performativen Kampagne, die seinen Körper gleichermaßen in provokativer Manier in den umfangreichen Attraktionsdiskurs der zeitgenössischen Naturwissenschaft einschrieb, wie sie als Versicherung der Hörbigerschen Größe fungieren sollten.

Das Foto mit Zirkel und Globus, das dieser um 1925 anfertigen ließ, kann in gewisser Weise als idealtypisch für diese öffentlichen Körper-Inszenierungen betrachtet werden: Es zeigt den knapp siebzigjährigen Hörbiger mit Brille und wallendem Bart, der mit scheinbar konzentriertem Gesichtsausdruck Messungen durchführt und dabei eine ganze Reihe von Klischees über akademische Arbeit erfüllt, auf unterschiedlichste Traditionen der Gelehrsamkeit referiert und dazu populäre Symbole und Erzählungen über wissenschaftliche Praxis und die Person des Wissenschaftlers zitiert, die in ihrer spezifischen Kombination zwar keinen historischen Referenzort haben und dennoch – oder möglicherweise gerade deshalb – für ein breites Publikum authentisch und überzeugend wirkten.

---

[26] Ebd.
[27] F. H. Hermann: „Hörbigers Welteislehre", in: *Hannoverscher Anzeiger*, 6.7.1931, S. 7.

Abb. 2: Hanns Hörbiger als moderner Universalgelehrter

Reporter von Zeitungen und populären Familienzeitschriften, die an Geschichten aus Hörbigers Lebens- und Arbeitsumfeld interessiert waren, wurden von diesem nur allzu gerne empfangen, und bekamen bereitwillig private Ansichten des wundersamen „Sehers"[28] aus Mauer bei Wien geliefert. Sorgsam inszeniert sollten auch diese Bilder und Texte den Mythos vom unverstandenen Genie stärken und der Öffentlichkeit die Figur des heroisch gegen die zeitgenössischen, hoch spezialisierten „Formellöwen" und „Grüntischmathematiker"[29] kämpfenden, universal gebildeten Privatgelehrten vorstellen. Die zeitgleich erfolgte Produktion von Büsten und Medaillen machte – ganz nach Wunsch – nicht nur die Gelehrten „auf die vornehmste Art rasend"[30], sondern markiert auch die Schlüsselstelle, an der sich Erinnerung und Vorschrift der Welteis-Revolution treffen. Die Hörbigersche Unsterblichkeit schien damit in Stein und Erz gemeißelt.

Die Narrationen des zeitgenössischen Wissenschaftsbetriebes lieferten dem Welteis-Autor die Ingredienzien für die Fabrikation seiner klischierten Figurationen, die sich gleichermaßen an den Heroen des naturwissenschaftlichen Diskurses orientierten wie sie von antiakademischen Revolutionsphantasien informiert waren.

Das Archiv nimmt dabei, wie gezeigt wurde, eine zentrale Rolle ein. Indem sich Hörbiger selbst die Schlüsselposition des Archonten seines eigenen Archivs zuschrieb, schuf er nicht nur Ordnung und bewahrte (auf), sondern war vor allem mit der Macht ausgestattet, das Archiv zu interpretieren. „Denn die solchen Archonten als Depositum anvertrauten Dokumente behaupten das Gesetz: sie erinnern (an) das Gesetz",[31] schreibt Jacques Derrida. Hörbiger erlässt mit Hilfe des Archivs seine eigenen Gesetze, die Geltung für das gesamte Feld der Wissenschaften beanspruchen. Er verzeichnet sich als mythischen Helden und bedient sich der Macht der Quellen – die er selbst fabriziert hatte – um diese Bilder zu authentifizieren und zu legitimieren. Um den „Kampf um die Welteislehre" für sich entscheiden zu können, musste zuvor der archivalische Papierkrieg gewonnen werden – um die ganze Welt von der eigenen Idee zu überzeugen, musste ihr der Erfolg erst zu Hause vorgeschrieben werden.

---

[28] Behm (1930), S. 7.
[29] HA, S/326/2, H. Hörbiger an O. Glöckel, 30.6.1919.
[30] HA, S/243/65, H. Hörbiger an G. Kemmann, H. Voigt, Voigtländer Verlag, H. Fischer, 19.8.1925.
[31] Derrida (1997), S. 11.

Abb. 1: Joseph Fraunhofer

Der Himmel als mathematische Gleichung und Labor

Jürgen Teichmann

Handwerk contra Erkenntnis

Als der Optiker Joseph Fraunhofer – so etwa nach 1812 – sein exaktes Theodolitenfernrohr mit Prisma auf die Sonne richtete und Hunderte von schwarzen Linien in deren bekanntem Farbspektrum entdeckte und exakt kartierte, regte das Wissenschaftler keineswegs besonders auf noch an. Im Gegenteil, seine Veröffentlichung dazu 1817 in den Abhandlungen der Bayerischen Akademie der Wissenschaften, die offenbar von seinen Freunden besonders forciert wurde, um dem berühmten Instrumentenbauer und Autodidakten endlich wissenschaftliche Anerkennung durch Aufnahme als Akademiemitglied zuteil werden zu lassen, stieß auf maximales Unverständnis. Selbst seine Freunde sahen die eventuelle astronomisch-physikalische Bedeutung der dunklen Linien, die wir heute als revolutionäre Entdeckung feiern, nicht als das wesentliche dieser Arbeit an – im Gegensatz zu ihrer Rolle als Messmarken. Sonst hätten sie ihm von der bescheidenen, gerade dieses optisch-technische seiner Arbeit betonenden Endbemerkung abgeraten:

„Bei allen meinen Versuchen durfte ich, aus Mangel der Zeit, hauptsächlich nur auf das Rücksicht nehmen, was auf praktische Optik Bezug zu haben schien, und das übrige entweder gar nicht berühren oder nicht weit verfolgen. Da der hier mit physisch-optischen Versuchen eingeschlagene Weg zu interessanten Resultaten führen zu können scheint, so wäre es sehr zu wünschen, dass ihm geübte Naturforscher Aufmerksamkeit schenken möchten."[1]

Seine zwei Hauptgegner aber, der Jurist und Physiker Julius Konrad von Yelin und vor allem der bekannte Ingenieur Joseph von Baader, eiferten sich über eine – fast kann man meinen – Kretinisierung der hehren Akademie: „Die Akademie darf keine Vereinigung von Künstlern, Fabrikanten und Handwerkern werden."[2]

---

[1] Fraunhofer (1814/15), S. 222; auch Fraunhofer (1905), S. 30. Das Unverständnis gegenüber dieser völlig unerklärlichen Entdeckung geht etwa aus dem Antrag des königlich bayerischen Astronomen und Freundes Fraunhofers Johann Georg von Soldner hervor, der Fraunhofer als Akademiemitglied vorschlug, aber auf diese Linien gar keinen Bezug nimmt.

[2] Baader, Joseph von, *Bayerische Akademie der Wissenschaften, Akten der Königlichen Akademie der Wissenschaften*, hier „Personalakten Joseph Fraunhofer

Außerdem fehle in der Arbeit jegliche Form einer wissenschaftlichen Entdeckung, die dunklen Linien seien nur etwas handwerklich-technisch nützliches.

Die „reinsten" Wissenschaftler dagegen, die Astronomen, wie zum Beispiel Johann Georg von Soldner, sahen die technische Leistung Fraunhofers als wesentliches nicht zu trennendes Attribut ihrer Grundlagenwissenschaft an![3]

Astronomie war schon seit ihren mythischen Anfängen, wie sie etwa in die Ruinen von Stonehenge interpretiert werden, immer auch high technology gewesen. Ihren besonderen sozialen Aufstieg mit der Wissenschaftlichen Revolution feierte sie nicht nur wegen des Newtonschen Denkgebäudes der exakten Himmelsmechanik, das singuläres Modell für die rationale Welteroberung im 18./19. Jahrhundert wurde, sondern auch wegen ihres Nutzens für die Staatsmacht, insbesondere bei der berühmten Lösung des Problems der geographischen Längenbestimmung auf See, aber auch bei einer immer genaueren Landesvermessung.

Astronomen wussten, dass Fabrikation von exzellentem optischen Glas, wie es für immer bessere Teleskope unabdinglich war, mehr bedeutete als einfaches Handwerk, wie Baader verächtlich meinte. Fraunhofer berichtet im Rückblick, dass genau dieses „mehr" sein Ziel war, als er in das optisch-mechanische Institut eintrat: aus dem handwerklichen Probieren und „Pröbeln" mit Rohstoffen zur Glasschmelze und dann mit handgeschliffenen Linsen, bis schließlich eine gut genug war, nun endlich eine Wissenschaft zu machen, die exakt das lieferte, was man vorher plante. Wurde er dabei durch die traditionelle Atmosphäre des (allerdings schon 1803 aufgelassenen) Klosters unterstützt,[4] die auch seinem eher isolierten Wesen eines unverheirateten Workaholic und den Idealen von exakter Pflichterfüllung und Überleistung entgegenkam?

Sonne und Sterne existierten für ihn jedenfalls nicht als emotionale Erlebnisse, wie wir sie etwa aus Gedichten der damaligen Zeit entneh-

---

1821–26, F° 8. Als korrespondierendes Mitglied, das aber Sitzungen nicht besuchen durfte, war Fraunhofer 1817 ohne größere Widerstände akzeptiert worden. 1820 ging es aber um seine Mitgliedschaft als ordentliches Mitglied. Schließlich wurde er in einem Kompromiss „außerordentliches besuchendes" Mitglied.

[3] Baader und Yelin waren – geadelte – Aufsteiger aus dem bürgerlichen Lager, vielleicht auch deshalb besonders empfindlich in Standesfragen. Soldner stammte andererseits sogar aus bäuerlichem Milieu. Fraunhofer wurde erst 1824 geadelt.

[4] So interpretiert Myles W. Jackson (Jackson 2000).

men können – etwa im folgenden Gedicht von Matthias Claudius, der oft Naturfrömmigkeit und antiaufklärerische Kritik zusammen band:

> Ich sehe oft um Mitternacht,
> Wenn ich mein Werk getan
> Und niemand mehr im Hause wacht,
> Die Stern am Himmel an.
> Sie gehn da, hin und her zerstreut
> Als Lämmer auf der Flur;
> In Rudeln auch, und aufgereiht
> Wie Perlen an der Schnur;
> Und funkeln alle weit und breit,
> Und funkeln rein und schön;
> Ich seh die große Herrlichkeit,
> Und kann mich satt nicht sehn [...]\[5]

Durch Fraunhofers dunkle Linien sollten andererseits Sterne mehr werden als bloße mathematische Lichtpunkte, deren Bewegungen möglichst exakt verfolgt, berechnet und mit der Newtonschen Himmelsmechanik erklärt wurden. Alle seine Freunde und seine Feinde waren noch in dieser Tradition verhaftet.

Zu dieser Tradition gehörten zwei der berühmtesten Entdeckungen der ersten Hälfte des 19. Jahrhunderts: die Auffindung der Jahrhunderte lang diskutierten Fixsternparallaxe von Friedrich Wilhelm Bessel 1838 und die Entdeckung des Planeten Neptun 1845 durch Johann Gottfried Galle. Letzere war durch die in Frankreich und England durchgeführten Vorausberechnungen seiner Bahn ermöglicht worden, welche aus den Störungsdaten des im 18. Jahrhundert entdeckten Uranus abgeleitet werden konnten. Beides geschah mit Teleskopen, die Fraunhofer selbst noch vor seinem frühen Tod 1826 entwickelt hatte. Vielleicht sind diese Entdeckungen, die das 19. Jahrhundert tief beeindruckten (im Gegensatz zu Fraunhofers dunklen Linien!) vergleichbar mit den spektakulären Entdeckungen von Supernovae, Neutronensternen, exotischen Doppelsternen und Schwarzen Löchern in der zweiten Hälfte des 20. Jahrhunderts, während die These einer dunklen Materie, die sich notwendig aus einigen Himmelsbeobachtungen ergab (schon ab den 1930er Jahren) zunächst ein ebenfalls unbeachtetes Dasein fristete.

---

[5] Claudius (1803).

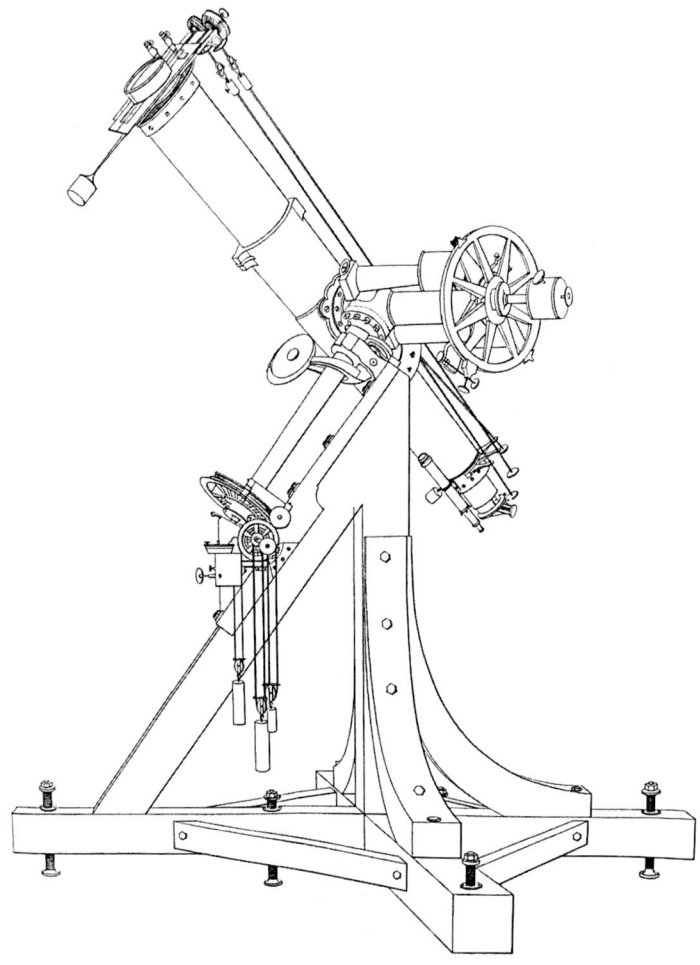

Abb. 2: Fraunhofers „Heliometer"-Fernrohr mit dem Friedrich Wilhelm Bessel 1838 die erste Fixsternparallaxe bestimmte

Astronomie als Modell und Metapher

Das Geschehen im All war durch die „Himmelsmechanik" von Pierre Simon Laplace, 1799 bis 1825,[6] scheinbar zu einer exakten mathematischen Gleichung geworden. Das Newtonsche Programm schien vollendet. Mithilfe der Störungsrechnung konnte Laplace nachweisen, dass alle Planeten stabil um die Sonne liefen und keines gelegentlichen göttlichen Eingreifens bedurften.

Die Anekdote ist gut erfunden, nach der Laplace, der unter Napoleon für kurze Zeit sogar zum Innenminister avancierte,[7] auf Napoleons Frage, wo denn in seinem Werk Gott vorkomme, geantwortet haben soll: Sire, diese Hypothese habe ich nicht nötig. Der Mythos exakte Astronomie rekurrierte auf seinen Gründer Isaac Newton und dessen (von ihm nicht einlösbare) Programmatik: *hypotheses non fingo*. Sichere Grundlage dieser Anekdote ist der Laplacesche Dämon, der den Determinismus der gesamten Welt, nicht nur der Himmelsbewegungen, beschreibt: ein Geist, der alle Teilchen dieser Welt und ihre gegenwärtigen Bewegungen kennt, kann jeden vergangenen und zukünftigen Zeitpunkt exakt vorher berechnen:

„Eine Intelligenz, welche für einen gegebenen Augenblick alle in der Natur wirkenden Kräfte sowie die gegenseitige Lage der sie zusammensetzenden Elemente kennte, und überdies umfassend genug wäre, um diese gegebenen Größen der Analysis zu unterwerfen, würde in derselben Formel die Bewegungen der größten Weltkörper wie des leichtesten Atoms umschließen; nichts würde ihr ungewiss sein und Zukunft wie Vergangenheit würden ihr offen vor Augen liegen. Der menschliche Geist bietet in der Vollendung, die er der Astronomie zu geben verstand, ein schwaches Abbild dieser Intelligenz dar."[8]

Die philosophische These des Dämons baut auf den Lagrangeschen Bewegungsgleichungen von 1788 auf, die noch heute in der Physik als Vollendung der klassischen Mechanik gelten. Allerdings, die mechanistische Astronomie bot nur ein „schwaches Abbild" dieses Ideals, aber sie gab doch ein eindrucksvolles Modell für eine ebenso mechanistische Forschungsplanung zum gesamten Kosmos ab, für die Vermessung der Welt, von den globalen Detailforschungen Alexander von Humboldts bis zu den großen Himmelsdurchmusterungen des 19. Jahrhunderts,

---

[6] Siehe Laplace (1799–1825).
[7] Die nur sechs Wochen dauernde Periode war ein Misserfolg der Condorcetschen Forderung aus der Revolutionszeit: Wissenschaftler sollten auch den Staat leiten.
[8] Laplace (1932), S. 2.

um möglichst den ganzen Sternenhimmel tabellarisch zu erfassen. Nur diese sogenannte Positionsastronomie war vorstellbar. Friedrich Wilhelm Bessel etwa äußerte sich verächtlich über Kollegen, die über die Struktur der Milchstraße nachdenken wollten.[9] Eine größere Diskrepanz zwischen dieser akribischen Natursortierung und der Sterndichtungshymnik der Vorromantik und Romantik scheint nicht denkbar und doch kann man beide analog sehen: die Frage, was das alles bedeutet, wird nicht gestellt. Es ist beliebig vieles, was es erforschbar einzuordnen oder unerforschlich zu bewundern gilt.[10] In der Tat war die Form der Milchstraße damals kaum zu erschließen und die Natur der Sterne vor Aufstellung des Energieerhaltungssatzes ab 1842 pure Spekulation. Friedrich Wilhelm Herschel etwa, der aus Deutschland emigrierte Militärmusiker, der durch seine Fernrohre und Entdeckungen damit, wie den Planeten Uranus, den ersten neu entdeckten Planeten in der Menschheitsgeschichte überhaupt, zum bewundertsten Astronomen des 18. Jahrhunderts aufstieg, glaubte noch daran, dass Sonnenflecken Löcher in einer heißen strahlenden Sonnenatmosphäre seien, durch die wir auf eine darunter befindliche kühle und eventuell bewohnbare Sonnenkugel schauen konnten.[11]

Dass nichtastronomische Zeitgenossen diese akribische Astronomie kritisch sahen (aber durchaus von ihr beeindruckt waren), wird in folgendem ironischen Kommentar deutlich:

„Ich halte die Entdeckung eines neuen Gerichts, das unseren Appetit anregt und unseren Genuss verlängert, für ein weitaus interessanteres Ereignis als die Entdeckung eines neuen Sterns; man sieht derer ja sowieso genügend. Ich werde die Wissenschaften weder als ausreichend geehrt, noch als angemessen vertreten betrachten... solange ich nicht einen Koch in den ersten Reihen des Instituts sehe [das Institut war die Nachfolgeinstitution der Pariser Académie des Sciences]."[12]

---

[9] In seinen *Populäre Vorlesungen über wissenschaftliche Gegenstände...*; siehe dazu Roth (1976), S. 77.
[10] Man kann auch Bezüge zur Kunst der Biedermeierzeit finden, deren Schwerpunkt zwischen 1815 und 1820 gelegt wird, in der ebenfalls das Detail vor größerer Zusammenschau und die einfachere geometrische Form vor komplexer Ornamentik mehr Bedeutung erhielt. Im Rückblick der vierziger Jahre erhielt diese Epoche, als Parodie gemeint, gerade erst den Namen Biedermeier als eine Idylle naiver Einfachheit. Siehe Ottomeyer (2007), besonders S. 39–54.
[11] Herschel (1801), S. 265–318. Von Herschel haben wir allerdings auch erste exzellente stellarstatistische Betrachtungen über die Form unserer Milchstraße.
[12] Brillat-Savarin & Anthelme (1976), S. 331.

Hier könnte die Entdeckung der Planetoiden ironisch reflektiert worden sein, die ja ab Auffindung der Ceres 1801 begann, die Himmelskörper unseres Sonnensystems zu vervielfachen.[13]

Der Philosoph Auguste Comte, der auch als Begründer positivistischer Erkenntnismethodologie gilt, sah den Fortschritt durch drei Stadien der Geschichte eilen: das theologische, das metaphysische und schließlich das wissenschaftlich positive. In seinem System der Wissenschaften war die Astronomie die positivste aller Naturwissenschaften. Aber sie beruhte nur auf Beobachtung, im Gegensatz zur positivsten Wissenschaft überhaupt, der Mathematik, die insbesondere Logik zur Grundlage hatte. Die der Astronomie nachgeordnete Wissenschaft der Physik konnte dagegen zusätzlich das Experiment bemühen.

Wegen dieses Ausschließlichkeitsprinzips der Beobachtung in der Astronomie würde man nie etwas über die chemische Zusammensetzung oder den physikalischen Aufbau der Himmelskörper erfahren. Man könnte mit ihnen nicht experimentieren, sie nicht ins Labor holen.[14]

Er ahnte so wenig, wie alle Astronomen und Physiker dieser Zeit, was die Fraunhoferschen Linien versprachen, obwohl es schon einzelne Versuche zu ihrer Erklärung gab. Comte registrierte diese Linien so wenig, wie die meisten seiner fachastronomischen Zeitgenossen, so wenig auch, wie es die wissenschaftliche Welt des 20. Jahrhunderts mit der These der dunklen Materie durch den Astronomen Fritz Zwicky 1933 tat.[15]

Joseph Fraunhofers Weg zur Astronomie ist, wie schon erwähnt, eher ein Missverständnis, um den großen Mythos dieser positivsten aller Naturwissenschaften für einen genialen optischen Ingenieur dienstbar zu machen. Zu diesem Mythos passen im historischen Rückblick bemerkenswert viele Ereignisse aus dem kurzen Leben Fraunhofers, die vor allem, unterhalb der Hauptmetapher des Himmels als mathematischer Gleichung, die zweite Ebene der diffizilen Instrumententechnik betreffen.

---

[13] Bis 1807 waren vier entdeckt. Die Vervielfachung dieser Anzahl und die Auffindung ähnlich großer Kleinkörper außerhalb der Plutobahn führte 2006 zur Degradierung des erst im 20. Jahrhundert entdeckten Planeten Pluto zum Planetoiden durch die Internationale Astronomische Union.

[14] Comte (1830–1842), Bd.2 (1835), 19. leçon. Er hat sich durch eine lange Reihe von Jahren, von 1831 bis 1849, auch unbezahlte Vorlesungen über Astronomie aufgeladen. 1844 schrieb er sogar über populäre Astronomie.

[15] Das gilt allerdings nachfolgend auch für Fritz Zwicky selbst. Siehe dazu Zwicky (1933), S. 125.

Das Fernrohr und das Mikroskop sind schon im 18. Jahrhundert Metaphern für Erkenntniserweiterung überhaupt geworden, im Zusammenhang mit barocken Makrokosmos/Mikrokosmosreflexionen. Literarisch bekannt wurden diese Reflexionen im Gewand des Romans *Gullivers Reisen* von Jonathan Swift,[16] in dem der Held Welten der Vergrößerung (Riesen) und der Verkleinerung (Zwerge) erlebt, alles auch ein ironisches Abbild der zeitgenössischen Gesellschaft. Die Geschichte „Laputa" liefert eine direkte Satire auf die Royal Society in London – neben der Pariser Académie des Sciences das Mekka und Medina der damaligen Wissenschaft – in der die Praxisferne der Wissenschaft karikiert wird: so werden mit astronomischen Instrumenten Kleider angemessen.

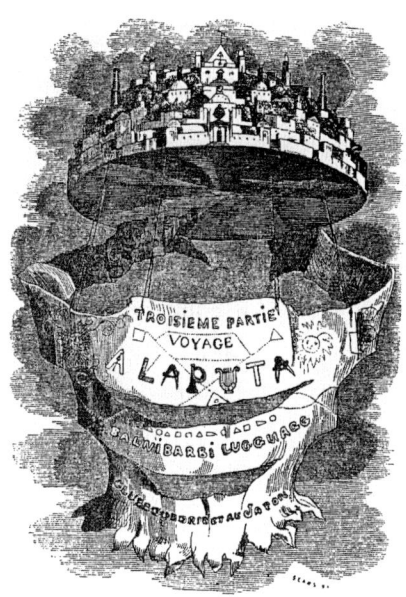

Abb. 3: Laputa, die fliegende Insel der Gelehrten als Karikatur der Londoner Royal Society

---

[16] Swift (1726).

Ein Wallfahrtsort der Wissenschaft wurde ab 1789 das damals größte Fernrohr der Welt mit einem Spiegeldurchmesser von 1,2 m, erbaut vom schon erwähnten Friedrich Wilhelm Herschel. Aus den Memoiren seiner Schwester Caroline, die ebenfalls angesehene Astronomin wurde, kennen wir die Anekdote, dass der englische König den Erzbischof von Canterbury mit folgenden Worten einlud, einen Blick durch das riesige Spiegelfernrohr zu werfen: Kommen Sie, Lord Bischof, ich werde Ihnen den Weg zum Himmel zeigen.[17]

Schon vorher hatte es einen weltberühmten Triumph der Astronomie gegeben, der die Metaphern „Himmel als mathematische Gleichung" und „Instrument als uneingeschränktes Erkenntnismittel" vereinte:[18] die erste Beobachtung der Rückkehr des von Edmund Halley noch im 17. Jahrhundert berechneten Kometen (des „Halleysche Kometen") zu Ende des Jahres 1758, die aufgrund verbesserter astronomischer Kalkulationen genau zu diesem Datum prognostiziert worden war. Den jahrtausendelang als Unglücksbringer geltenden Himmelsereignissen war damit jegliche metaphysische Präsenz genommen. Sie waren, augenfällig für jeden, in die Regelmäßigkeit der anderen planetaren Ereignisse gezwungen worden.

Fernrohrherstellung war im Laufe des 18. Jahrhunderts auch politisch wichtig geworden.[19] Für die Vermessung brauchte man immer genauere Theodoliten, optisch und mechanisch möglichst präzise, da die Aufaddierung der vielen Winkelmessungen, bei der üblichen Triangulationsmethode, geringste Fehler verlangte. Standard war am Ende des 18. Jahrhunderts das 2-Linsen-Objektiv im Theodolitenfernrohr, das die unvermeidliche Farbaufspaltung bei der kalkulieren Brechung der Lichtstrahlen in den Glaskörpern möglichst reduzierte.[20] Die gesamte Glasherstellung, von der Suche nach entsprechendem Sandmaterial, über Schmelzung, Kühlung, Bearbeitung, war stark von fast hexenhaftem Geschick abhängig. Hier versuchte Fraunhofer als erster, einen wissenschaftlich kontrollierbaren Prozess durchzuführen.

---

[17] Zitiert nach King (1979), S. 133.
[18] Die image and logic Konstruktion, die Peter Galison für die Mikrophysik des 20. Jahrhunderts erfand, könnte auch hier weiter reflektiert werden. Siehe Galison (1997).
[19] Neben der Randbedeutung für die Navigation mit Sextanten auf hoher See, auf die hier nicht eingegangen werden soll. Für Navigationszwecke war die Entwicklung von exakten Chronometern die größere Innovation, die freilich, in der Genauigkeitssteigerung von Präzisionsuhren für wissenschaftliche Zwecke, auch umgekehrt der Astronomie nützte.
[20] Das gelang für zwei Farben, meist wurden blau und rot in einem Bildpunkt zusammengeführt; entscheidendere Verbesserungen gab es erst ab dem letzten Drittel des 19. Jahrhunderts.

Der Aufstieg Fraunhofers

Symbol für den Aufstieg Fraunhofers im beginnenden 19. Jahrhundert ist auch das persönliche Glück geworden, das dem vierzehnjährigen Joseph überhaupt erst ermöglichte, den Weg in die Geschichte zu beginnen. Das Haus des Glasermeisters in München, bei dem er zur Lehre arbeitete und wohnte, stürzte 1801 zusammen und begrub zwei Insassen vollständig unter seinen Trümmern, die Meistersfrau und Joseph. Nur der Junge konnte gerettet werden. Dieses außergewöhnliche Ereignis hielt damals München in Atem. Sogar der bayerische Kurfürst erschien und „ließ retten". Ohne dieses Unglück und die Rettung hätte die Welt eventuell nie etwas von Fraunhofer erfahren. Zugespitzt kann man formulieren: Wenn ein begabtes Kind aus armer Familie (mit 10 Geschwistern) bei damaliger Bildungspolitik eine Chance haben wollte, musste es in ein ungewöhnliches Unglück verwickelt werden (das allerhöchstes Interesse erregte) und es musste überleben. Nur dann erhielt es Gelegenheit, sich weiterzubilden.

Abb. 4: Die Rettung des Lehrjungen Joseph Fraunhofer allegorisch populär überhöht

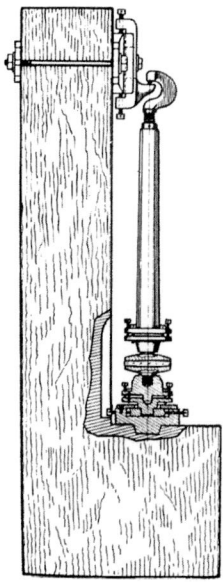

Abb. 5: Die von Fraunhofer verbesserte Pendelschleifmaschine von G.F. Reichenbach zur teilweisen Automatisierung des Linsenschleifens

Der Lehrling Joseph Fraunhofer hatte von Montag bis Samstag, Sonnenaufgang bis Sonnenuntergang, zu arbeiten. Sein Meister hatte sogar verboten, die im Zuge der Aufklärung eingerichtete Sonntagsschule zu besuchen, und sogar: in seiner Kammer mit Licht zu lesen. Das änderte sich nach dem Hauszusammenbruch wesentlich. Er bekam ein fürstliches Geldgeschenk des Kurfürsten, Kontakt zum einflussreichen Unternehmer und Hofberater Joseph von Utzschneider und durfte die Schule besuchen.

Binnen acht Jahren stieg Fraunhofer vom Lehrbuben zum Mitinhaber der Firma Utzschneider, Reichenbach und Fraunhofer auf (1809). Die optisch-mechanische Präzision seiner Fernrohre wurde bald beispiellos. Große astronomische Fernrohre waren dabei Reputationsbringer, die nicht viel Geld einbrachten, wie vielfach auch noch heute. Am Ort des ehemaligen Klosters Benediktbeuern kamen physikalisch-chemisches Wissen (etwa bei der Kombination der Ausgangsmaterialien Sand, Soda, Kalk und, bei Flintglas, Bleioxyd), handwerklich-technisches Gespür, Organisationstalent (etwa bei der Verbesserung von Schmelz- und Kühlprozess in Bereichen der Glasbearbeitung und Linsenpolitur), sowie technisch-wissenschaftliches Geschick zusammen. Zellen der Mönche wurden zu Labors und Wohnungen, Waschräume zu Schmelzbereichen. Der erste Fachmann der Glashütte, der noch vor Fraunhofer berufene und hoch erfahrene Schweizer Pierre Louis Guinand wurde nun immer mehr in den Hintergrund gedrängt. Er verließ Benediktbeuern schon 1813, gedemütigt durch die Bevorzugung des jungen Aufsteigers. Auch die Geschichte hat Guinands Leistung wohl sehr ungerecht beurteilt. Das gilt ebenso für die anderen geschichtlichen Faktoren, die den Aufstieg der Fraunhoferschen Instrumentenkunst erst ermöglichten,[21] insbe-

---

[21] Auch Georg Friedrich Reichenbachs und Joseph Liebherrs Bedeutung bei der Entwicklung der optischen Technik gerät meist stark in den Hintergrund.

sondere das Interesse des bayerischen Staates an Landesvermessung aufgrund seiner Verstrickung in die napoleonischen Kriege. So musste der bayerische Kurfürst 1801 die Durchführung eines Messprogramms in Zusammenarbeit mit dem französischen Bureau Topographique und französischen Offizieren (bis 1808) befehlen. Bayern verband diesen militärischen Zwang mit dem Nützlichen und führte ab 1807 eine neue Steuer auf das vermessene Land ein, die Grundsteuer. Dazu kam, dass die Kontinentalsperre ab 1806 die Einfuhr damals noch überlegener englischer Optik unterband und somit den Aufbau einer eigenen Industrie begünstigte. Umgekehrt behinderte die unsinnige Glasverbrauchssteuer in Großbritannien die Weiterentwicklung und den Ausbau der Industrie für optisches Glas. [22]

In den Vordergrund der Geschichtsschreibung des nationalistischen 19. Jahrhunderts geriet der *Held* Joseph Fraunhofer, der, als begnadeter Instrumentenbauer und Forscher aus kleinsten Verhältnissen unbeirrbar aufgestiegen, durch seine einzigartigen Teleskope der Welt „die Sterne näher gebracht" hatte und – so urteilte zusätzlich das 20. Jahrhundert – einer völlig neuen Wissenschaft, der Astrophysik, ans Licht der Welt geholfen hatte.

Der Himmel als materialisierte Form exakter Gleichungen der Mechanik wurde in der Berechnung und Konstruktion Fraunhoferscher Fernrohre anschauliches nationales Gut. Fraunhofers Ruhm wuchs nicht als Ingenieur oder begabter Handwerker (wie er umgekehrt noch 1821 von Baader kritisiert worden war), vielmehr als Schöpfer exakt wissenschaftlicher Eroberung des Weltalls. Fernrohre waren Symbole diese Eroberung. [23] In der Ausstellung 1819 des Polytechnischen Vereins in München über bayerische „Kunst" (also Handwerk und Technik) wurde das damals weltgrößte achromatische Objektiv Fraunhofers von 25 cm Durchmesser bewundert. Auch der bayerische König Maximilian I. besuchte diese Ausstellung. Fraunhofer wurde mit einer silbernen Medaille [24] geehrt und schließlich zum Titularprofessor der Akademie der Wissenschaften ernannt. Der 1824 fertig gestellte Refraktor für Dorpat wurde als Meisterwerk sogar in der damals griechisch-orthodoxen Salvatorkirche ausgestellt, bevor er nach

---

[22] Siehe Jackson (2000), S. 104. Die Steuer wurde nach dem Gewicht des produzierten Glases berechnet.

[23] Auf Fraunhofers erstem Grabstein 1826 standen die oben im Text erwähnten Worte: „Approximavit Sidera" (und 1824 bzw. 1825 lobte Baader – der Fraunhofers Arbeit von 1817 so unwissenschaftlich gefunden hatte – Fraunhofer sogar für seine beugungsoptischen Versuche).

[24] Wie andere allerdings auch, darunter z.B. der Leiter des mechanischen Instituts Joseph Liebherr.

Russland ging. Fraunhofer erhielt das Ritterkreuz des Civilverdienstordens, der mit persönlichem Adel verbunden war.

Unmittelbar nach seinem frühen Tod im Juni 1826 wurden von König Ludwig I., der Fraunhofer schon als Kronprinz beschäftigt hatte, zwei Glasstücke aus seiner Produktion in den Grundstein der gerade begonnenen neuen Teile der Münchener Residenz eingelassen (und eine Büste Fraunhofers erhielt ihren Platz in der Ruhmeshalle). Die Münchener Residenz, nun auch Weihestätte für bayerische Glastechnik, das war nur möglich geworden über den Mythos des Himmels als Eroberungsfeld exakter Wissenschaft und die Schöpfer-„Kunst" des Fernrohrbaus als irdische Verbindung dazu. Das Fraunhofersche Fernrohr, mit dem im Jahre 1845 Galle den 8. Planeten Neptun wirklich entdeckte, ist noch heute im Deutschen Museum Modell und Metapher dieser Leistung.

Der Mythos Fraunhofer wurde im Lauf des 19. Jahrhunderts verstärkt durch die Tatsache, dass nach seinem Tod die Vorherrschaft bayerischen optischen Glases in der Welt verschwand, da seine eigenen Nachfolgewerkstätten keine wissenschaftliche Innovationskraft mehr aufbrachten.

Exkurs: Objekt, Experiment und Mythos

Gibt es überhaupt Mythen in der exakten Naturwissenschaft? Auch in der Wirkungsgeschichte der Entdeckungen und gerade der besonders wichtigen, sollte man doch, landläufiger Weise, Rationalität erwarten?! Es empfiehlt sich also, die Begriffe Mythos und Rationalität etwas allgemeiner zu betrachten.

In der neueren einschlägigen Literatur in Deutschland, die sich mit der Bedeutung von Mythos in der Gegenwartskultur beschäftigt,[25] können Mythen neben und gleichzeitig mit technisch-wissenschaftlichen Welterklärungen existieren. Man soll sie nicht als wesentlich irrational abklassifizieren. Auch sie sind ein Versuch der *ratio*, unsere Welt zu „bewältigen". Als Kennzeichen des Mythos werden mindestens zwei sehr unterschiedliche Wesensebenen genannt: die der Zeichen und die der Bedeutung. Die Zeichen stellen „konkrete Universalien" dar (z.B. Sternbilder, mechanische Planetarien, Fernrohre) mit denen versucht wird – als Bedeutung – etwas Komplexes, Umfassendes sofort zu verstehen (zum Beispiel die Bewegung von Himmelskörpern). Wissenschaftliches Vorgehen mit Analyse und Synthese braucht im

---

[25] Jamme (1991); Horstmann (1979); Hübner (1985).

Gegensatz zu „konkreten Universalien" abstrakte Begriffe (wie Koordinatensysteme, Geschwindigkeiten) und miteinander verflochtene theoretische und empirische Methodik, das heißt auch sehr viel mehr Zeit, um dieses Komplexe doch nur in bestimmten Teilaspekten zu verstehen. Mythen dagegen „verstehen" unmittelbar alles, sie werden erzählt, nicht erklärt, oft existieren sie in personifizierter Form. Die Zeichen fordern zu Ritualen auf oder erinnern an sie. Geschichte wird zu Natur, das heißt Mythen beschwören den nicht historischen Urgrund des Menschen, sie formulieren „Archetypen" der Seele, wie es Carl Gustav Jung interpretiert hat.

Der Mensch braucht neben dem rationalen Bereich ein Reservoir mythischer Bilder und Anschauungen, gerade um human bleiben zu können.[26] Im naturwissenschaftlich-technischen Bereich würde das heißen: eine total vorhersagbare Welt verhindert aktive Teilnahme, sie lässt uns gleichgültig. Naturwissenschaftlich-technische Erkenntnisse erscheinen meist als „Beute" des Verstandes, nicht als Frucht freundschaftlicher Begegnung. Spontaneität, persönliche Antwort, Liebe sind nicht gefragt. So empfinden das vor allem Laien. „Der kühle Pfefferminzatem der Naturwissenschaft" hält auf Abstand.[27]

Wenn man den Begriff Mythos herunter transformiert, z.B. zu „Alltagsmythen",[28] kommt man über „Aura" zur „Zeichenhaftigkeit" der Semiotik.

Wie zeichenhaft können naturwissenschaftlich-technische Objekte wirken? Solche Objekte leben nicht von sich aus, so sehr ihre Dreidimensionalität sie auch von sonstiger Information abhebt. Betrachtet man sie isoliert, werden sie aus ihren früheren Forschungsbindungen oder sonstigen Verwendungskontexten gerissen und wirken als Zeichen für etwas. Je eindringlicher diese Zeichenhaftigkeit ist, je mehr Sinne sie anspricht, desto lebendiger werden diese Objekte dem Betrachter, etwa in einem Museum.

Es gibt verschiedene Kategorisierungen diese Zeichenhaftigkeit. Dinge können Indizien, Exempel, Modelle und Metaphern sein.[29] Sie können aber auch, wenn man die Theorie der Semiotik verlässt, Partner einer offenen Begegnung werden, in der der Betrachter an und für sich „tote" Objekte zu einem ihm passenden Leben erweckt.

Als Indizien wirken Objekte, wenn sie auf etwas Ähnliches verweisen, mit dem sie selbst keine Ähnlichkeit haben, z.B. die Magde-

---

[26] So vertritt es der polnische Philosoph Leszek Kolakowski (Kolakowski 1972).
[27] Grass (1961), S. 63.
[28] Barthes (1964).
[29] Parmentier (2001), S. 39–50.

burger Halbkugeln von Otto von Guericke aus dem 17. Jahrhundert, die auf den berühmten Versuch zum leeren Raum hinweisen und darüber hinaus auf das Vorhaben, den leeren Weltraum auf die Erde zu holen, als Teil einer Erweiterungs- und Verteidigungsstrategie des damals noch revolutionären Copernicanischen Weltbildes. Als Exempel wirken Objekte, wenn sie eine Klasse von Objekten vertreten, z.B. Fraunhofers Dorpater Refraktor für alle diese für die Astronomie des sichtbaren Lichts wesentlichen Instrumente. Modelle sind ähnliche Abbildungen von Originalobjekten, etwa das Modell eines Observatoriums. Dinge als Metaphern weisen über die dreidimensionale Realität hinaus. Das gilt auch für die Magdeburger Halbkugeln als Symbol für die scheinbare Allgewalt des Experimentierens – selbst zum „Nichts" gab es nun Versuche. Das gilt auch, wie beschrieben, für die Fraunhoferschen Fernrohre, die auf die Eroberung des Weltalls durch den Menschen verweisen. Im Deutschen Museum haben wir in der neuen Ausstellung 1992 bewusst ein großes Fernrohr des 19. Jahrhunderts zusammen mit einem Teil eines Radiospiegels der 1980er Jahre inszeniert. Das historische Fernrohr spiegelt sich, vergrößert, im Sub-Millimeter-Radioteleskop des 20. Jahrhunderts und weist damit optisch sichtbar in seine eigene Zukunft.

Abb. 6: Fernrohr aus dem 19. Jh. und Sub-Millimeter-Radioteleskop (Segment) aus den 1980er Jahren im Deutschen Museum

Meist besitzen Objekte verschiedene Wirkungsebenen gleichzeitig. Das kann man z.B. an der ursprünglich so genannten Radarantenne Würzburg-Riese (im Isarhof des Deutschen Museums) erkennen. Sie weist als Indiz sowohl auf die Radartechnik des Zweiten Weltkriegs, für die sie in Holland bis Kriegsende benutzt wurde, als auch auf die danach beginnende Radioastronomie, für die sie die holländische Astronomie nach Kriegsende einsetzte – mit großem Erfolg bei der Sonnenuntersuchung (ein Schwesterinstrument wies anhand der Emissionslinien des molekularen Wasserstoffs die Spiralstruktur unserer Milchstraße nach). Der Würzburg-Riese ist aber auch Exempel für die Klasse der Radioteleskope, wie sie bis heute in verschiedenen Größen weiterentwickelt wurden. Schließlich ist er auch Metapher, etwa gemäß dem Slogan „Schwerter zu Pflugscharen" oder als Fossil der deutschen Dezimeter-Radartechnik, die im Zweiten Weltkrieg die Entwicklung zu Mikrowellen (= Zentimeterwellen) zunächst verschlief. Ähnlich vertritt Fraunhofers Original-Prismentheodolit mehrere Wirkungsebenen.

Im großen Hof des Deutschen Museums erhebt sich über mehrere Stockwerke eine zentrale Kuppel (seit dem letzten Krieg enthält sie ein Planetarium, ursprünglich Zentralobservatorium), links und rechts von kleineren Kuppeln flankiert, die ein Spiegelteleskop beziehungsweise ein Linsenteleskop enthalten. Hier ist das Prinzip der Flachsternwarte, wie es sich in der Architektur ab Anfang des 19. Jahrhunderts durchsetzte, auf einen hohen Unterbau gesetzt worden. Vorbild war die berühmte Sternwarte in Pulkowa (heute Litauen), die auch ein Fraunhofersches Fernrohr enthielt. [30]

Noch in der ersten Hälfte des 20. Jahrhunderts also wurde das astronomische Observatorium als Metapher für naturwissenschaftlich-technische Erkenntnis überhaupt gesehen. Ähnliche Unternehmungen in vielen Teilen der Welt deuten auf tiefer liegendes: den Archetyp des Tempels, der Weihestätte.

Diese Religionsmetapher kann man an vielen Stellen der historisch Fortschrittsdiskussionen beschwören. So wehrte sich der Biologe Ernst Haeckel 1903 gegen Wilhelm II., der die christliche Offenbarung gegen die These Haeckels, das Christentum sei nur ein orientalischer Bilderreigen, verteidigte, mit einem Glaubensbekenntnis der reinen Vernunft. [31]

---

[30] Hartl (1987), S. 397–404, insbesondere S. 404.
[31] Zitiert nach W. Frühwald, „Festvortrag zur Eröffnung des Deutschen Museums Bonn", 3.11.1995 (unveröffentlicht).

Ein extremes Beispiel für diese Religionsmetapher stellt der Bauplan für einen gigantischen Newton-Grabmal-Tempel in Weltallkugelform des französischen Revolutionsarchitekten Étienne-Louis Boullée von 1784 dar. Hier sind Pathos und Mythos idealtypisch vereint.[32]

Abb. 7: Geplanter Newton-Kenotaph von Étienne-Louis Boullée (1784). Die Kugel sollte mehr als 200 m Durchmesser haben

Dass sich hinter Pathos oft naturwissenschaftlich-technische Zeichen verbergen, können extreme Beispiele am besten zeigen, bei denen auch die Rituale, die durch Zeichen erzeugt werden, besonders augenfällig sind. Ein solches Beispiel fand ich 1985 im National Air and Space Museum in Washington, der Weihestätte insbesondere amerikanischer Raumfahrt-Großmacht. Der Eintritt war kostenlos. Direkt hinter dem Eingang war ein Stück Mondgestein in einer Art offenem Schrein zur Berührung ausgestellt und in einer langen Schlange warteten Besucher, um die Hand auf diesen Mondstein legen zu können und dann weiter in das Innere des Museums zu „dürfen". Der Eindruck drängte sich auf: der Garten der Wissenschaften war nicht mehr verschlossen, wie noch beim Ingenieur Niccolò Tartaglia im 16. Jahrhundert dargestellt. Er war nicht mehr für eine Elite vorgesehen, kein

---

[32] Die Kugel sollte mehr als 200 m Durchmesser haben; siehe dazu Wagner (1974).

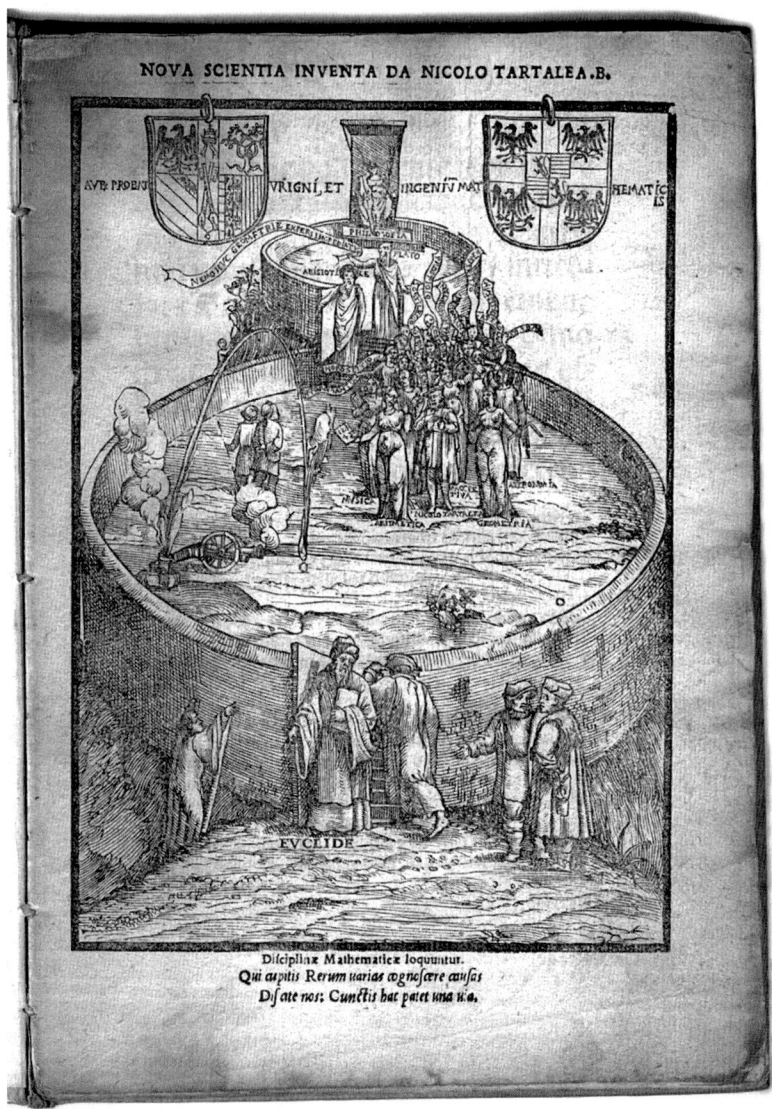

Abb. 8: Der verschlossene Garten der Wissenschaft: Titelblatt der *Nova Scientia*; Tartaglia (1537)

anstrengendes Studium des Euklids wurde verlangt, um Wissenschaft genießen zu können. Der Mondstein, als konkrete Universalie, symbolisierte Macht der modernen Wissenschaft und Technik über den gesamten Kosmos und das Museum erzählte diese Macht. Handauflegen genügte zur Weihe – wie beim Gralsstein des Mittelalters. Diese Weihe war übrigens nur in den USA möglich! Andere Museen, wie auch das Deutsche Museum, müssen aufgrund amerikanischer Vorschriften ihr kleines Stück Mondgestein unter strengsten Sicherheitsauflagen, wie Panzerglas, verschlossen halten.

Vielleicht war die Museumsabsicht in Washington „nur" didaktisch: begreifen ist wirksamer als betrachten. In der Tat war das Stück Mondgestein sogar ein interaktives Objekt – mehr als die Kuratoren wohl beabsichtigt hatten. Im Betasten begegnete die Aura des Originals persönlich. Der Kosmos, die Weltraumfahrt, Sciencefiction, der Fortschritt, nun als beruhigendes Gegenüber, wurden auf einmal lebendig und heilten wie der Gralsstein, zumindest von Gleichgültigkeit. So ähnlich muss der damals riesige Dorpater Refraktor in der Salvatorkirche in München 1824 gewirkt haben!

Wissenschaftlich-technische Objekte, deren Abstraktheit, Komplexität, oder technische Kühle eigentlich einen analytisch aufwändigen Zugang notwendig machen würde, können als konkrete Universalien unmittelbares Verständnis großer Entwicklungsbögen, bei astronomischen Instrumenten: einen direkten Weg zum Himmel suggerieren, wie das auch die Anekdote zum größten Fernrohr Friedrich Wilhelm Herschels nahelegt.

In den sechziger Jahren des 20. Jahrhunderts reflektierte der französischen Literaturwissenschaftler und strukturalistische Denker Roland Barthes den Mythos von Einsteins Gehirn:

„Das Universum ist ein Stahltresor, zu dem die Menschheit die Chiffre sucht. Einstein hat sie fast gefunden. Darin besteht der Einsteinmythos. Man erkennt in ihm alle gnostischen Themen wie: die Einheit der Natur, die ideale Möglichkeit einer grundlegenden Zurückführung der Welt, die Öffnungskraft des Wortes, den uralten Kampf eines Geheimnisses und eines Wortes, die Idee, daß das totale Wissen nur mit einem Schlag erobert werden kann, wie ein Schloß, das nach 1000 tastenden Versuchen plötzlich aufspringt. Die historische Gleichung $E = mc^2$ erfüllt durch ihre unerwartete Einfachheit fast die reine Idee des Schlüssels, nackt, handlich, aus einem einzigen Metall, mit einer ganz und gar magischen Leichtigkeit eine Tür öffnend, an der man sich seit Jahrhunderten stieß."[33]

---

[33] Barthes (1964), S. 25.

Das können wir auf unser Thema Fraunhofer transferieren. Statt $E = mc^2$ müssen wir hier das Teleskop des 19. Jahrhunderts einsetzen, statt Wort würde mythisches Objekt passen. Statt Einfachheit wirkten aber beim Teleskop gerade Komplexität und Größe, verdichtet allerdings in eine unmittelbar beeindruckende konkrete Universalie. Und in Einstein erkennen wir Fraunhofers Genialität wieder.

Der Himmel als Labor

Um 1830 konnte man mit englischen Glasprismen keine Fraunhoferschen Linien sehen. Prismen galten als gut, wenn sie ein brauchbares Newtonspektrum erzeugten. Nach dieser Zeit erst mussten exzellente Prismen die dunklen Linien deutlich zeigen.[34] Erst in der Mitte der 1820er Jahre waren Fraunhofers Linien in England als wesentlich neues technologisches Mittel zur Kenntnis genommen worden. So hatte 1824 John Frederick Herschel, der Sohn des berühmten Friedrich Wilhelm Herschel, und selbst bald Englands bekanntester Astronom, Fraunhofers Wirkungsstätte in Benediktbeuern besucht. Er durfte aber, wie alle Besucher, die Glashütte selbst nicht betreten. Die Herstellung des weltbesten Glases, dass physikalisch und chemisch homogen war, frei von Färbung, total transparent (wie Wasser, stellte man erstaunt in England fest) und chemisch/physikalisch stabil, sollte ein Geheimnis bleiben und vieles davon nahm Fraunhofer auch in sein Grab mit. Fraunhofer demonstrierte den interessierten Besuchern allerdings seine dunklen Linien im Sonnenspektrum, als Kalibrierungssystem, nicht als astrophysikalisches Geheimnis. Und als Kalibrierungssystem hatte er sie auch entdeckt und verwertet. Er benutzte diese völlig unverstandene wissenschaftliche Entdeckung, um *high technology* zu entwickeln. Nur soweit ging sein Interesse.

Als er nach 1812 diese dunklen Linien im Sonnenspektrum entdeckt hatte, war er schon einige Zeit auf der Suche nach einem Messverfahren, dass es erlaubte, die Brechzahlen für die einzelnen Farben des Newtonspektrums wesentlich genauer als bisher zu bestimmen. Da im Sonnenspektrum alle Farbübergänge kontinuierlich erfolgen, war das ein schwieriges Problem. Welchen Teil jeder Farbe sollte man als Markierung verwenden? Und wie konnte man diesen Teil definiert wiederfinden? Zwar hatte schon der Engländer William Hyde Wollaston

---

[34] Jackson (2000),S. 143. Siehe auch Jackson (1992/93), S. 138. Der Begriff „Fraunhofer lines" in der angelsächsischen Welt verdankt also sein Entstehen eindeutig der technologischen Bedeutung als wichtige Messmarken.

1802 bei seinen Versuchen mit Flüssigkeitsprismen ein paar dunkle Linien im Sonnenspektrum gefunden.³⁵ Er hatte sie aber nur als Grenzen der Farben interpretiert und die nicht zu dieser Interpretation passenden völlig unbeachtet gelassen. Sein Interesse war gerade nicht optische Technik, er wollte als Physiker klären, wie viele Forscher damals im 18. Jahrhundert, welche Anzahl Grundfarben man für eine umfassende Farbtheorie annehmen müsse.

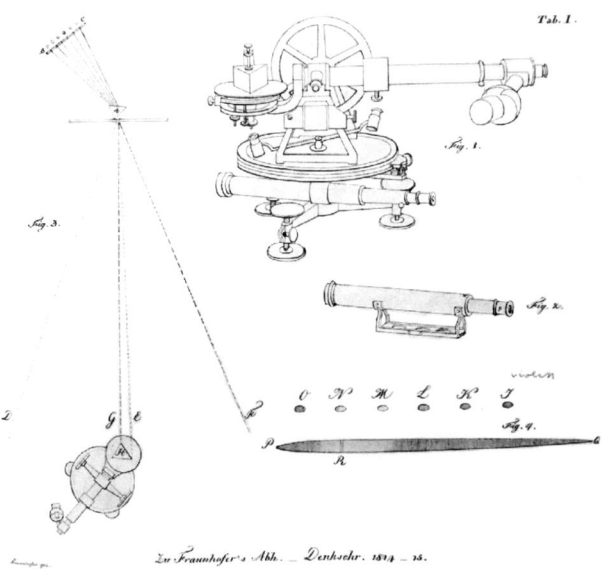

Abb. 9: Fraunhofers „Lampenapparat" und Spektrometer (nach 1812) zur Bestimmung von Brechung und Farbaufspaltung verschiedener Glassorten

Fraunhofer kannte diese Veröffentlichung wohl nicht.³⁶ Er mühte sich jedenfalls eine Zeit lang in Benediktbeuern, mit einem Lampenapparat verschiedene Farben zu erzeugen, sie durch ein Prisma aufzufächern und bei totaler nächtlicher Dunkelheit schmale Farbbereiche

---

[35] Wollaston (1802).
[36] Bis zu seiner Mitgliedschaft in der Akademie 1817 hat er wahrscheinlich nicht regelmäßig wissenschaftliche Zeitschriften gelesen. In Benediktbeuern hatte er auch kaum Zugang dazu.

daraus (O,N,M,L,K,I) in 225 Metern Entfernung[37] als Kalibrierungspunkte für das Maß der Farbaufspaltung zu nehmen. Wie er in seiner Veröffentlichung 1817 beschrieb, stellte er dabei einen hellen Streifen im gelben Teil des Spektrums fest (R) und suchte diesen dann auch im Sonnenlicht. Dabei hoffte er gleichzeitig, dass diese hellste Lichtquelle alle Mühsal seiner nächtlichen Raffinessen irgendwie unnötig machen würde. Zu seiner allergrößten Überraschung fand er keinerlei helle Streifen im Sonnenlicht, sondern über 500 dunkle Linien.[38]

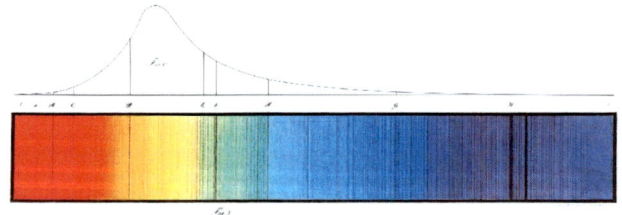

Abb. 10: Spektrometer und Fraunhofers selbst gezeichnetes und koloriertes Sonnenspektrum mit den von ihm entdeckten dunklen Linien (nach 1812)

---

[37] Fraunhofer (1905), S. 7–11.
[38] Heute kennt man Zehntausende.

Allein diese Vielzahl zeugte, gegen Wollastons frühere Entdeckung gehalten, von der überragenden Qualität seiner Glasprismen. Die Linien boten sich als exzel-lente Kalibrierungsstreifen an, falls sie wirklich unveränderlich als Eigenschaften des Sonnenlichts existierten. Er untersuchte sie genau nach diesem technologischen Kriterium. Sie entstanden in der Tat nicht in der Apparatur selbst (etwa als Beugungseffekte). Er fand auch im zerlegten Licht des hellsten Fixsterns Sirius (mehr war ihm noch nicht möglich) ein paar Linien an eindeutig anderen Stellen, während das Licht der Venus exakt dem Sonnenlicht entsprach. Er konnte sie also als exakte offensichtlich unveränderlichen Marken für seine Brechzahlbestimmung benutzen. Sie brachten ihm noch einmal zehnfach größere Genauigkeit im Vergleich zu seinen mühseligen Lampenapparat-Messungen.[39] Schon diese Methode war allerdings hundertmal besser gewesen als alle Messungen zuvor. Ein neues Kapitel in der wissenschaftlichen Konstruktion achromatischer Objektive war aufgeschlagen. Das musste auch, mit vieljähriger Verzögerung, das führende Großbritannien zugeben.

Weitergehende Untersuchungen zur Natur dieser Linien gibt es von Fraunhofer nicht. Allerdings hat er noch ein paar Fixsterne im spektralen Licht beobachtet und dunkle Linien an anderen Stellen oder auch ähnlich zur Sonne gefunden. Kein Forscher bis 1859 ist ihm in diesen Untersuchungen gefolgt. Er hat auch an anderer Stelle sehr originelle Wissenschaft betrieben: über die Beugungsfiguren des Lichtes an von ihm selbst hergestellten sehr feinen Beugungsgittern, über die Lichthöfe um Sonne und Mond. All dieses lag allerdings nicht weit weg von seinen technischen Interessen. Wollte er, kurz vor seinem Tod, müde auch der Intrigen um seinen Glasbetrieb, wirklich stärker wissenschaftlich tätig werden? Dazu gibt es unterschiedliche historische Interpretationen.[40]

Auf jeden Fall dauerte es noch 42 Jahre, von seiner ersten Veröffentlichung 1817 an gerechnet, bis die physikalische Natur der dunklen Linien geklärt werden konnte und schließlich der „Himmel als Labor" die Vorhersagen von Auguste Comte Lügen strafte.

Probleme bei der Interpretation bot nicht nur der theoretische Hintergrund der Atomphysik. Hier war der Zusammenhang zwischen Atomen und deren Lichtemission noch völlig ungeklärt. Der fehlende Energieerhaltungssatz war hauptsächlich verantwortlich dafür, dass Strahlungsphänomene im Kosmos bis 1842 nicht sehr spannend

---

[39] Wittig (1987), S. 129–131.
[40] Sang (1987), S. 121.

erschienen. Die Zähne biss man sich ferner an der ungeheuren Empfindlichkeit dieses spektralen Codes der chemischen Elemente aus. Das fand schließlich Gustav Robert Kirchhoff 1859 heraus, als er, zusammen mit Robert Bunsen, den gordischen Knoten dieses Problems perfekt durchschlug.[41] In einem seiner Experimente verdampfte er in einer Flamme eine äußerst geringe Stoffmenge, ließ das Gas auch noch im ganzen Raum gleichmäßig verteilen und wies spektroskopisch trotzdem die dafür charakteristischen hellen Linien nach. An dieser unglaublichen Empfindlichkeit waren alle Forscher gescheitert, die sich schon vorher mit der naheliegenden Idee beschäftigt hatten, dass die dunklen Linien im Sonnenspektrum und die hellen Linien in irdischen Flammen ein und dieselben Markierungen von chemischen Elementen waren.[42] Die helle gelbe Linie in jeder Kochsalzflamme zum Beispiel, die Fraunhofer bei seinen Lampen mit R bezeichnete, und die genau an der Stelle seiner dunklen Fraunhoferlinie D lag, war unverständlicherweise fast in jeder anderen Substanz zu finden gewesen. Ab 1859 wusste man: Natrium musste es als sehr geringe Verunreinigung fast überall geben. Dazu wies Kirchhoff eingehend experimentell und theoretisch nach, dass Lichtemission exakt der Absorption entsprach und simulierte dabei in seinem Labor die Vorgänge in der oberen – etwas kühleren – Sonnenatmosphäre, in der spezifisches Licht der heißeren Schichten darunter genau entsprechend den dunklen Stellen des Spektrums absorbiert wurde. Er wiederholte Experimente von Vorgängern, etwa den Umschlag von hellen Linien in dunkle, konnte sie aber jetzt in einen quantitativ widerspruchsfreien Erklärungszusammenhang einordnen – noch ohne etwas über Lichtemission und Atomzustände zu kennen. Damit begann die labormäßige Erforschung der Sternzusammensetzung (und bald auch Sternentwicklung), das heißt die moderne Astrophysik.

Mit einiger Verzögerung bekam die Spektralanalyse auch größere Bedeutung als neue Experimentalmethode der Chemie.

Joseph Fraunhofer hatte mit seiner Entdeckung noch keinerlei Anteil an dieser Entwicklung gehabt. Sie hat ihn nicht einmal als eigenes Forschungsphänomen interessiert, wie die letzten Zeilen seiner Veröffentlichung 1817 beweisen. Seine spektroskopischen

---

[41] Die erste Arbeit war Kirchhoff (1859), S. 662–665. Siehe ferner u.a.: Kirchhoff & Bunsen (1860), S. 161–189.

[42] Diese Vorgeschichte zeigt allerdings, dass auch die scheinbar singuläre Stellung von Kirchhoff und Bunsen zu hinterfragen ist; siehe dazu kurz Hearnshaw (1986), S. 30–49.

Untersuchungen an Fixsternen noch in den 1820er Jahren lassen aber vermuten, dass er, bei längerem Leben, doch diesem Problem hartnäckiger auch wissenschaftlich gefolgt wäre.

Unabhängig davon gilt, dass seine neue Technologie auf origineller Forschungsbasis (hier zählen auch seine eben erwähnten Ansätze, wissenschaftlich atmosphärische Erscheinungen wie Sonnenhöfe in Zusammenhang mit Experimenten an seinen technisch raffinierten Beugungsgittern zu bringen) schon den Anfang einer tiefen evolutiven Änderung der Wissenschaft Astronomie markiert. Die Bewegungen der Himmelskörper waren bald nicht mehr wesentlichster Forschungsgegenstand. Der physikalisch-chemische Aufbau des Kosmos interessierte immer stärker und damit einhergehend: experimentell-instrumentelles Arbeiten (unterstützt bald durch die neuen Hilfsmittel Fotometrie und Fotografie) veränderte den Arbeitsplatz Observatorium wesentlich, vom Beobachtungsplatz zum Labor,[43] von der Einzelleistung bis zur Großforschung.[44]

Das galt endgültig für das 20. Jahrhundert, in dem die Astronomiebereiche im nicht sichtbaren Licht sowie die Teilchenastronomie fast jeglichen Kontakt zur Tradition verloren gehen ließen. Ab den letzten Jahrzehnten des 20. Jahrhunderts erlaubte der Computer, sowohl Untersuchungsobjekte immer perfekter zu simulieren, als auch – weit entfernt von großen Observatorien – durch digitale Datenübermittlung aus diesen aktuell zu beobachten. Metaphorisch gesprochen: der Himmel blieb keine exakte Gleichung der Himmelsmechanik mehr, keine einfache mathematische Vielfalt ungeheuer vieler Lichtpunkte, er wurde ein Universum unbekannter Kontinente, die es mit neuer Methodik experimentell und theoretisch zu untersuchen galt.

Zwar brachten die Fraunhoferlinien (im sichtbaren Licht) auch eine neue Visualisierung dieses Universums, allerdings in einem Code,

---

[43] So z.B. Huggins (1899), S. 8 – 9: „Damals (1862 – Anm. d.Verf.) begann ein astronomisches Observatorium zum ersten Mal wie ein Laboratorium auszusehen. Batterien, die schädliche Gase ausströmten, standen draußen vor dem Fenster; eine große Induktionsspule war auf einem Wagen so montiert, dass sie der Bewegung des Okulars folgen konnte; daneben stand eine Reihe Leidener Flaschen; Regale mit Bunsenbrennern, Vakuumröhren und Flaschen mit Chemikalien [...] füllten die Wände.", [Übersetzung Gudrun Wolfschmidt]. Vgl. auch mit Bauschinger (1930), S. 6, zitiert nach Wolfschmidt (1997), S. 503: „Man hat den Himmel mit seinen Sternen, Gaskugeln, Nebelgebilden ein großes Laboratorium genannt, in dem Physik und Astronomie in gemeinsamer Arbeit den Rätseln der Natur, insbesondere den Eigenschaften des Lichts und der Materie, näher zu kommen versuchen."

[44] Siehe z.B. Jüngling (2007).

der für Laien nicht mehr unmittelbar einsichtig war und den Himmel schließlich in die abstrakte Welt der Physik des 20. Jahrhunderts entrückte.

Umso exotischer, fast mythisch aufregender muten wiederum alle Ergebnisse, oder muss man sagen: Interpretationen, dieses 20. Jahrhunderts an: vom Lebensweg der Sterne, über Galaxienflucht, Pulsare, Schwarze Löcher, bis zu dunkler Materie und dunkler Energie. Ihre dominante Rolle als positivstes Modell für Wissenschaft hat die Astronomie allerdings verloren.

In diesem Sinn ist Fraunhofers zweiter Mythos im 20. Jahrhundert entstanden als Wegbereiter einer ganz neuen Physik im Forschungslabor Weltraum.[45]

---

[45] So tritt er uns heute in Schulbüchern und astronomischen Fachaufsätzen entgegen. Die Fraunhofer-Gesellschaft für angewandte Forschung wählte bei ihrer Gründung 1949 allerdings Fraunhofer als Namenspatron, weil er „als erster in Deutschen Landen wissenschaftliche Grundlagen zur industriellen Produktion wählte"(Roth 1976, S. 5).

„Neurotheologie" – Zur Konjunktur eines aktuellen mythologischen Phänomens im Zeitalter medizintechnologischer Bildgebung

Frank Stahnisch

> „Es gibt nur das Gehirn
> und nichts anderes als das Gehirn."
> *Charles Bell, 1802* [1]

Mit der Frage nach der neuronalen Natur von Theologie und Religion wurde kürzlich ein weiteres Kapitel auf der schier endlosen Suche nach der Entwicklung und den Pathologien des *Social Brain* geöffnet. [2] Dies ist kaum verwunderlich, wenn man der durch Max Weber aufgestellten Diagnose einer „Entzauberung der Welt" durch den wissenschaftlichen Fortschritt zustimmt. [3] Tatsächlich lässt Webers Diktum den Momenten des Religiösen in der säkularen Moderne wenig Platz, da was nicht unter Laborbedingungen beobachtet oder vermessen werden kann, nicht existiert. Es liegt auf der Hand, dass auch die Hirnforschung diesem Trend einer Entmythologisierung seit dem 19. Jahrhundert gefolgt ist, wie sich unschwer aus vielen Verlautbarungen in Festreden, universitären Vorlesungen und politischen Legitimationsansprachen erkennen lässt. [4] Paradigmatisch für diese Entwicklung kann das *Ignorabimus*-Postulat des Berliner Experimentalphysiologen Emil Du Bois-Reymond stehen, mit dem dieser seinen berühmten Vortrag „Über die Grenzen des Naturerkennens" vor der 45. „Versammlung Deutscher Naturforscher und Ärzte" beendet hat:

„Gegenüber den Rätseln der Körperwelt ist der Naturforscher längst gewöhnt mit männlicher Entsagung sein ‚Ignoramus' auszusprechen. [...] Gegenüber dem Rätsel aber, was Materie und Kraft seien, und wie sie zu denken vermögen, muß er ein für allemal zu dem viel schwerer abzugebenden Wahrspruch sich entschließen: ‚Ignorabimus'." [5]

Demgegenüber scheint sich das Blatt heute gewendet zu haben: Im Fahrwasser der durch George W. Bush ausgerufenen *Decade of the Brain* (1990–1999) sind das Gehirn ebenso wie das Bewusstsein und

---

[1] Bell (1802), Bd. 3 [Übersetzung F.S.].
[2] Brüne & Ribbert & Schiefenhövel (2003).
[3] Weber (1988), S. 119.
[4] Vgl. Peiffer (2004).
[5] Du Bois-Reymond (1912), Bd. 1, S. 441–473, hier S. 473 (Hervorhebung im Original).

die Seele des Menschen in den Mittelpunkt unterschiedlicher wissenschaftlicher Forschungsdisziplinen gerückt. Und besonders in einigen *Cutting Edge*-Ansätzen der Neurowissenschaften ist das starke Verlangen nach einer Wiederverzauberung der Welt aus dem Experimentallabor heraus zu erkennen – wie sich etwa in den reduktionistischen Beispielen aus der kognitiven Erforschung von Emotionen, der Tiefen Gehirnstimulation und ihrer Beeinflussung von Bewusstseinszuständen oder eben den bildgebenden Verfahren aktueller Neuromythologie zeigt –, worin mit erheblicher Vehemenz Erklärungsansprüche der Hirnforschung gerade für Bereiche des kulturellen und sozialen Lebens geltend gemacht worden sind.[6] Parallel wurde hierdurch auch ein Weg gebahnt, auf dem individuelle wie kollektive Mythenbildungen eine Annäherung an die objektiven Wahrheiten der Neurowissenschaften erfahren haben. Ich möchte im Folgenden einen Überblick über die neuromythologischen Ursprünge entsprechender Forschungsansätze geben, die sich dadurch ausgezeichnet haben wie in zunehmendem Maße auch weiterhin auszeichnen, selbst die hochkomplexen geistigen Phänomene des Menschen wie Willensentscheidungen, Wünsche oder Träume allein auf die Leistung von Gehirnprozessen zurückzuführen beziehungsweise den höheren psychischen Fähigkeiten gar einen umschriebenen anatomischen Sitz im Zerebralorgan anzuweisen. Dieser Beitrag soll mithin das *Terrain* einzelner Debatten um die aktuellen „Neuromythologien" und deren besondere Ausprägung als „Neurotheologie" nachzeichnen, wobei hier unter dem Aspekt neurotheologischer Forschungsbemühungen ein untergeordnetes Forschungsprogramm verstanden wird, das die menschliche Religiosität als letztes *Residuum non destructum* mit vermeintlich wissenschaftlichen Mitteln aushöhlen und als psychische Verkennungsakte beziehungsweise als alleinige Resultate (fehlgesteuerter) Gehirnprozesse brandmarken will.[7] Verschiedene metaphysische und philosophische Voraussetzungen neurotheologischer Forschungsbemühungen sollen hier deshalb aus historischer Perspektive rekonstruiert sowie ein größerer wissenschaftshistorischer Bogen gespannt werden, der einzelne wiederkehrende Dispositive moderner Hirnforschung erkennen lässt.

---

[6] Für diese Richtung siehe Roth (2001).
[7] Der Versuch, unterschiedliche „mythische Vorstellungen" zu klassifizieren, welche sich an den Funktionen der Gehirnzentren orientieren, ist bereits an anderer Stelle von der Organisation for Economic Co-operation and Development (OECD) durchgeführt worden. Ihre Untersuchungsbemühungen reflektieren ein zentrales politisches Verlangen, die neuen Kenntnisse der Neurowissenschaften in einem umfassenden Sinn anzuwenden: OECD (2002).

„Neurotheologie" als „Neuromythologie"
Eine erste Rückschau

Neuerliche mediale und über die Hirnforschung hinausgehende Aufmerksamkeit wuchs dem Gebiet der „Neuromythologien" durch die Entwicklung der experimentellen „Neurotheologie"[8] zu. So wurde das Thema mit Blick auf „Gottes Gegenwart in unserem Kopf" in einer Titelgeschichte des Nachrichtenmagazins NEWSWEEK am 7. Mai 2001 öffentlichkeitswirksam aufgegriffen und seither breit rezipiert.[9] Dieser Aufmerksamkeitswelle sind aber schon seit geraumer Zeit intensive wissenschaftliche Debatten vorangegangen, die ihren Ausdruck in einschlägigen Publikationen in den Fachzeitschriften *Nature*[10] und *Zygon: Journal for Science and Religion*[11] fanden. Auch hierdurch erhielt das Thema eine wachsende Konjunktur in den Neurowissenschaften, die sich aufgeschwungen haben, diejenigen physischen Realitäten von Synapsen und Hirnströmen näher zu bestimmen, die verschiedene „Glaubenszustände" oder Vorstellungen von „Gott" hervorrufen können.[12]

Der aktuell verwendete Begriff einer „Neurotheologie" geht insbesondere auf den amerikanischen Religionsphilosophen James B. Ashbrook vom Garrett-Evangelical Theological Seminar in Evanston, Ill., zurück. Ashbrook charakterisierte in seinem Werk über „Das theologische Versprechen der Gehirnforschung" einen neuen Forschungsansatz, mit dem Neurowissenschaftler aus unterschiedlichen Feldern seither versucht haben, „höhere" menschliche Wahrnehmungsformen auf neurobiologische Grundlagen zurückzuführen. Richtungsbestimmend nehmen sich hier die seit den 1970er Jahren verfügbaren Bildgebungsmöglichkeiten – etwa durch Fortschritte in der psychiatrischen Magnet-/Elektroenzephalographie oder der durch Sir Godfrey Houndsfield (*1919) entwickelten Computertomographie – aus.[13] Doch auch wenn die aktuelle Diskussion durch die neurowissenschaftlichen Visualisierungsverfahren einen nachhaltigen Auftrieb bekommen hat, sind solche „neurotheologischen" Bestrebungen keinesfalls neu: Stattdessen lassen sie sich wissenschaftshistorisch auf wiederkehrende materialistische Diskurslagen zurückverfolgen, wie der vorliegende Beitrag zeigt.

---

[8] McKinney (1994).
[9] Begley (2001), S. 50–57.
[10] Comfort (1971), S. 282; Tomasch (1971), S. 60.
[11] Albright (1996), S. 711–727; Ashbrook & Albright (1999), S. 399–418.
[12] Singer (2002), S. 189–199.
[13] Vgl. Ashbrook (1984); Grom (2003), S. 505f.

Eine wichtige historiographische Leitfunktion kann dabei der von Hans Blumenberg ausgearbeiteten Terminologie einer *wissenschaftlichen Mythenbildung* zugemessen werden, nach der die „Verbindung des Platonismus mit der Mythologie [als] Archetyp für die Lesbarmachung der Natur als auch der Quellen" anzusehen ist.[14] Entsprechende universalistische Annahmen liegen letztlich auch der Interpretation der technologisch erzeugten Repräsentationen des Gehirns zu Grunde, wie das Wechselverhältnis aus Mythos, Wissenschaft und Ideologie auf diesem Gebiet deutlich zeigt.[15]

Zwar werfen die rezenten neurowissenschaftlichen Forschungen insgesamt eine ganze Reihe philosophischer Probleme auf, doch ist die Frage, ob es für religiöse Erfahrungen ein materiales Substrat gibt,[16] in der Geschichte der Wissenschaften immer wieder aktuell gewesen. Schon Johann Gottfried Herder hatte in der deutschen Aufklärung mit ihrem tief greifenden Wandel an kulturellen Selbstverständlichkeiten,[17] eine besondere Relation zwischen der natürlichen Entfaltung des Gehirns und göttlichen Einflussmöglichkeiten auf den Menschen postuliert. Seine Position war dabei eng am aktuellen Kenntnisstand der naturhistorischen Forschung – etwa bei Albrecht von Haller und Charles Bonnet – formuliert und die Frage nach der Komplexität des Gehirns in den Kontext allgemeiner biologischer Entwicklungstheorien überführt worden.[18] Außerdem setzte sich Herder in seinen philosophischen Erörterungen mit dem führenden Mainzer Neuroanatomen Samuel Thomas Soemmerring auseinander,[19] den er auf Grund seiner ausgefeilten morphologischen Detailarbeit bewunderte, aber wegen eines fehlenden theoretischen Ansatzes kritisierte. Es kann somit kaum überraschen, dass Herders Ideen zur Organisation des Gehirns als eines komplexen Systems physiologischer „Kräfte" einen nachhaltigen Einfluss auf das Denken in Naturgeschichte und Philosophie entfaltet haben.[20]

Und es sind gerade die Aspekte der Religions-, Bewusstseins- und Kulturphilosophie, die beispielsweise Georg Wilhelm Friedrich Hegel oder Friedrich Wilhelm Nietzsche für Herders Ideen zur Beziehung von

---

[14] Blumenberg (2000), S. 173.
[15] Vgl. Đurić (1979).
[16] Eibach (2006).
[17] Lepenies (1978).
[18] Siehe etwa Steinke (2005), S. 211f.
[19] Vgl. Wenzel (1990), S. 137–167.
[20] Nisbet (1972).

Geist und Gehirn einnehmen ließen.[21] Seine Vorstellungen zur historischen Analyse des Sprachverständnisses und der Ausbildung von Religiosität als eines kulturellen „Gemeingeistes" haben nicht nur die Entwicklung der philosophischen Psychologie befördert, sondern auch dazu beigetragen, Herder als kritischen Vertreter einer auf der Gehirn-Geist-Beziehung gründenden Theologie zu begreifen:

„Niemand hat in unserem Gehirn ein geistliches Gehirn, den Keim zu einem neuen Dasein entdeckt; auch das kleinste Analogon dazu ist im Bau desselben nicht sichtbar. Das Gehirn des Toten bleibt uns und wenn die Knospe unserer Unsterblichkeit nicht andre Kräfte hätte: so läge sie verdorret im Staube. Ja, diese Philosophie ist, wie mich dünkt, auch hieher ganz ungehörig, da wir hier nicht von Absprossung eines Geschöpfs in junge Geschöpfe seiner Art: sondern von Aufsprossung des absterbenden Geschöpfs in ein neues Dasein reden."[22]

Herders Position soll hier als Folie für die weitere Diskussion moderner neuromythologischer Ansätze dienen,[23] da er unabdingbar *naturalistisch* und *anti-dualistisch* argumentiert und damit eine theoretische Ausrichtung vieler Ansätze der rezenten Neurowissenschaften vorwegnimmt.[24] So postulierte Herder bereits 1778 in *Vom Erkennen und Empfinden der menschlichen Seele*[25] eine Trennung des Geistigen und des Physischen auf Grund zweier unterschiedlicher, aber kompatibler „Kräfte", die sowohl bei den physiologischen Körpereigenschaften als auch bei der Veränderung geistiger Zustände zum Ausdruck kommen.

Herder nimmt damit eine Vermittlungsposition zu dualistischen Ansätzen und Identitätstheorien der Geist-Gehirn-Beziehung ein, was ihm die theologische Position offen gehalten hat, eine Einwirkung Gottes in den menschlichen Handlungsradius zu vertreten.[26] Zugleich kann aus Herders Position aber auch eine säkulare Sichtweise abgeleitet werden, die sich gegen den Lokalisationsanspruch höherer geistiger Funktionen wendet:[27]

„Die mindeste genauere Überlegung zeigt, daß diese Fähigkeiten nicht örtlich von einander getrennt sein können, als ob in dieser

---

[21] Kaufmann (1980).
[22] Proß (2002), Bd. III/1, S. 152f.
[23] Schulte (2000).
[24] Godfrey-Smith(1996).
[25] Proß (1987), Bd. II, S. 664–723.
[26] Proß (1995), S. 255–261.
[27] Forster (2001).

Gegend des Gehirns der Verstand, in jener das Gedächtnis und die Einbildungskraft, in einer anderen die Leidenschaften und sinnlichen Kräfte wohnen: denn der Gedanke unserer Seele ist ungeteilt und jede dieser Wirkungen, ist eine Frucht der Gedanken. Es wird daher beinah ungereimt, abstrahierte Verhältnisse als einen Körper zergliedern zu wollen und wie Medea die Glieder ihres Bruders hinwarf, die Seele auseinander zu werfen. "[28]

Auch Herders philosophischer Streit mit Immanuel Kant ging von diesem Punkt aus, da der menschliche Geist für Kant als transzendentale Entität zur Funktion der „animalischen Physiologie" des Körpers hinzutrat, während Herder von der komplementären Natur beider überzeugt war.[29] Diese Konfliktlinie verlief auch durch den anatomietheoretischen Disput mit Soemmerring, der in seiner Schrift „Über das Organ der Seele" von 1796 erneut die Galensche Hypothese von den Ventrikeln als eines „Wohnsitzes der Seele" vertreten hatte. Die Vorstellung des anerkannten Hirnanatomen rief neben Kants auch Herders Kritik auf den Plan, wonach die Lokalisierung des Seelenorgans aus dem Spiel gelassen werden müsse. Denn die Seele könne sich nicht im Raum „anschaulich machen", und der Geist wirke, ohne „in einem gewissen Orte zu existieren"[30] – eine Position, die sich grundlegend kritisch gegenüber den Lesarten aktueller Neuromythologie zeigt.

Wie sich Götter und Fabelwesen im Gehirn spiegeln

Ein Artikel des englischen Geriatrieprofessors Raymond Tallis, der 1999 im *Journal of the Royal College of Physicians of London* erschien, hat überblickshaft verschiedene Wirklichkeitsbilder der aktuellen Neuromythologie zusammengefasst.[31] Unter dem Titel *Brains and Minds: a brief history of neuromythology* zeichnet Tallis die rezenten neurologischen Theorien zum so genannten „Bindungsproblem" von Gehirn und Geist nach und kommt zu dem Schluss, dass mit dem festzustellenden konzeptionellen Fehlannahmen kein wissenschaftliches Weiterkommen in der neurologischen Bewusstseinserklärung zu erzielen sei:

---

[28] Herder zitiert nach Proß (2002), S. 115.
[29] Proß (1997), S. 62–119.
[30] McLaughlin (1985), S. 191–201.
[31] Tallis (1999), S. 563–567.

"Im Grunde besteht die Überzeugung der Neuromythologie darin, dass das Gehirn der Sitz der Seele ist; um genauer zu sein, dass neuronale Aktivität das Bewusstsein erklären kann. Ich denke aber, dass dies falsch ist, und zwar nicht nur in Hinsicht auf die Stellung des menschlichen Bewusstseins, sondern vielmehr des gesamten Platzes des Menschen in der belebten Natur. [...] Es ist in Übereinstimmung mit dieser Perspektive, dass die Neurowissenschaftler und diejenigen Bewusstseinsphilosophen, die sich näher mit den Neurowissenschaften auseinandersetzen, immer geneigt sind, zu glauben, dass wenn wir nur mehr darüber wüssten, was genau im Gehirn passiert, wir dann auch begreifen, wie das Bewusstsein entsteht; [...] Aber jener Schritt überspannt den Erklärungshorizont und die Grenzen der Naturwissenschaften, und es ist ein solcher ‚Szientismus', der die Naturwissenschaft letztlich in Verruf bringt."[32]

Es liegt auf der Hand, dass Tallis mit seinem Urteil für einige Entrüstung in der *Medical Community* gesorgt hat. Und mit seiner argumentativen Stoßrichtung ist er zugleich einer Konzeption von „Neuromythologie" gefolgt, die sich bereits in der früheren *Nature*-Publikation des englischen Gerontologen Alex Comfort findet, in welcher die Gleichsetzung höherer geistiger Fähigkeiten mit Computer-Eigenschaften ins Visier genommen und eine Erklärung komplexer psychischer Phänomene aus neurophysiologischen Einzelfunktionen zurückgewiesen wird.[33] Inzwischen ist der Begriff einer ‚Neuromythologie' in der angelsächsischen Forschungsliteratur jedoch in vielen Deutungsvarianten heimisch geworden und weist neben seinen allgemeinen soziokulturellen Implikationen vor allem auf ein umgrenztes klinisch-methodologisches Programm (engl. *Clinical Neuromythology*), in dem die Erklärungsansprüche verschiedener neurowissenschaftlicher Methoden mit der empirischen Datenlage verglichen werden.[34] Dabei gilt als bloße Spekulation – als Neuromythos –, was nicht die Standards der evidenzbasierten Neurologie erfüllt.

Doch neben dieser rezenten Geschichte der ‚Neuromythologie', mit ihren engen methodologischen Implikationen als Exekutivorgan evidenzbasierter Medizin, sind sich historisch interessierte Mediziner seit langem des problematischen Verhältnisses von Geist, Metaphysik und Hirnforschung bewusst.[35] In den Debatten zwischen Neuro-

---

[32] Tallis (1999), S. 563–567 [Übersetzung F.S.].
[33] Comfort (1971).
[34] Landau (1994), S. 1570–1576; Landau (1998).
[35] Siehe etwa: Penn & Wilson (2003), S. 18–31.

wissenschaftlern, Psychiatern und Philosophen lassen sich entsprechend auch Momente ausmachen,[36] in denen die Geltungsansprüche der medizintechnologisch gestützten Hirnforschung von mythologischen Problemstellungen konterkariert worden sind. Und im Sinn einer *Cyber-Phrenology* gingen diese oft genug aus den Forschungslaboren selbst hervor.[37] Die soziokulturelle Dimension der Hirnforschung und das Verlangen nach einer „Wiederverzauberung" des wissenschaftlichen Gegenstands treten hier offen zu Tage.

Zugleich spiegelt sich diese Entwicklung auch in der terminologischen Bezeichnung zahlreicher Hirnabschnitte und den ausdrucksstarken literarischen Eponymen wider, in denen der kulturgeschichtliche Hintergrund der Medizin allgegenwärtig ist. Das gilt auch und gerade für neuromythologische Darstellungen von Göttern und Fabelwesen, wie sie seit der Antike in anthropomorpher Weise in die Anatomie des Gehirns eingeschrieben worden sind. Hieran konnten etwa die Ansichten der modernen neurophysiologischen Forschung leicht anknüpfen, als sie die Repräsentationen menschlicher Wahrnehmungsqualitäten als eines klassisch-griechisch *Homunculus* für die Interpretation des innewohnenden Körperschemas in der sensomotorischen Gehirnrinde reanimiert haben (siehe Abb. 1).[38]

Auf den kulturgeschichtlichen Hintergrund der anthropomorphen Bezeichnung einzelner Hirnabschnitte wird prägnant in einem Zitat des französischen Neuroendokrinologen Jean-Didier Vincent – Mitglied des Institut de France und der Académie des sciences – eingegangen. Vincent äußert sich darin zur neuromythologischen Aufladung der emotionsbestimmenden Zwischenhirnareale als „gottartigem Gehirnteil"[39] und stellt das christliche Rindenhirn „niederen" heidnischen Abschnitten gegenüber:

> „So wie der ‚Limbus' in der christlichen Mythologie, ist das Limbische System das verbindende Glied zwischen dem neokortikalen Himmel und der reptilischen Hölle [unseres Nervensystems]."[40]

Entsprechend hat die provokante These von einer „Cerebral mythology: a skull stuffed with gods" nicht lange auf sich warten lassen.[41] Denn die hirnanatomischen Beschreibungen zerebraler Rindenareale

---

[36] Vgl. auch: Spitzer (2006).
[37] Hagner (2002), S. 185.
[38] Vgl. Karenberg (2004).
[39] Siehe auch Alper (1999).
[40] Vincent (1986).
[41] Olry & Haines (1998), S. 82f.

Abb. 1: Abstrakte Darstellung des repräsentierenden „*Homunculus*" auf der sensomotorischen Hirnrinde nach Wilder Penfield

führen seit der Antike ein Dasein als mythologische Platzhalter für die kognitive Aneignung anatomischer Strukturen und deren Identifizierung in der Leichenpräparation. Gehirnanatomische Forschungsbemühungen und die Traditionspflege medizinischer Terminologie sind seitdem Hand in Hand gegangen, und der Strauß mythischer Begriffe und ärztlicher Eponyme ist immer größer geworden, wie etwa in den Begriffen des Seepferdchens *Hippocampus*, im Zwischenhirn, den Brustkörpern, *Corpora mammillaria*, im Mittelhirn oder dem *Bochdalekschen Blumenkörbchen* der Ventrikelanhangsgebilde deutlich wird. Vergleichbar dieser kulturhistorischen Aufladung von Gehirnabschnitten lassen sich aber auch weite Bereiche neurotheologischer Forschungsbemühungen als rezente Aneignungsprozess des Gehirns im Sinn eines *materialen Akteurs* verstehen, wenn etwa in der Forschung neurotheologische Wirklichkeitsbilder lokalisiert ins menschliche Gehirn eingeschrieben werden (siehe Abb. 1).[42]

---

[42] Siehe Eibach (2006).

Wirklichkeitsbilder der aktuellen Neuromythologie

Wie bereits beschrieben haben sich Neuromythologien – und dies nicht erst in den letzen Dekaden – häufig aus Kontexten naturwissenschaftlicher Forschung entwickelt, und experimentelle Studienobjekte sind mit kulturellen Bedeutungsmustern aufgeladen worden. In umgekehrter Richtung ist es aber auch immer wieder zu einer Instrumentalisierung von Tatsachen der Gehirnforschung für außerwissenschaftliche Zwecke in Pädagogik, Politik und anderen gesellschaftsrelevanten Bereichen gekommen,[43] wie dies kaum drastischer als im Kulturkampf um den Vulgärmaterialismus des 19. Jahrhundert seinen Ausdruck gefunden hat. So vertrat der Jenenser Anatom Carl Vogt bereits 1847 die These,

„dass alle jene Fähigkeiten, die wir unter dem Namen der Seelentätigkeiten begreifen, nur Funktionen der Gehirnsubstanz sind; oder [...] dass die Gedanken in demselben Verhältnis etwa zu dem Gehirne stehen, wie die Galle zu der Leber oder der Urin zu den Nieren."[44]

Zusammen mit Ernst Haeckel zählte Vogt zu jenen Vertretern einer materialistischen Kulturphilosophie, die sich zur wissenschaftlichen Ersatzreligion des wilhelminischen Bürgertums entwickelt hat.[45]

Und retrospektiv betrachtet ist es nicht besonders erstaunlich, dass die Ergebnisse der Naturwissenschaften zu einer philosophischen Haltung erhoben wurden, die den menschlichen Geist als physikalisches Phänomen und die Religion – wie Nietzsche etwa – als eine „kulturelle Illusion" betrachtete. Demgegenüber agiert der *Naturalismus* unserer Tage subtiler, aber doch in ähnlicher Weise weltanschaulich motiviert, wenn nun neurowissenschaftliche Forschungsergebnisse und philosophische Überzeugungen zur Relation von ‚Leib und Seele' oder ‚Gehirn und Gott' miteinander verquickt werden. Wie empirisch-psychologische Untersuchungen belegen, sind viele Neuromythen inzwischen so weit ins öffentliche Bewusstsein gedrungen, dass sie bereits den Status anerkannter wissenschaftlicher Fakten erhalten haben.[46] So wird mit immer versierteren Lokalisationstechniken der neuronalen Bildgebung – funktioneller Magnetresonanztomographie (fMRT), Positronenemissionstomographie (PET) oder *Single Photon Emission Computed Tomography* (SPECT) – den Phänomenen der Religiosität naturwissenschaftlich auf den Grund gegangen (siehe etwa Abb. 2).

---

[43] Vgl. Schulte (2000).
[44] Vogt (1971), Bd. 1, S. 1–24, hier S. 17f.
[45] Schiera (1992), S. 15–69.
[46] Rimmele (2006), S. 72.

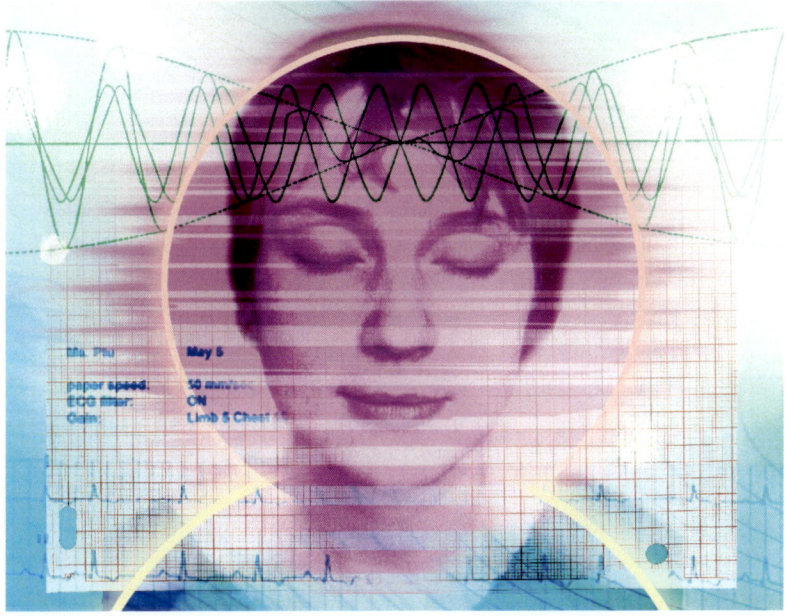

Abb. 2: Meditation: „Woman meditating showing brain waves and ECG trace"

Dabei ist auffallend, dass einige der tonangebenden Neurowissenschaftler des 20. Jahrhundert selbst spirituell veranlagt gewesen sind: Paul D. MacLean,[47] auf den die Unterscheidung der Erinnerungsmodalitäten des Gehirns und die entwicklungsanatomische Vorstellung des „dreieinigen Gehirns" zurückgeht, ist von dem Gedanken fasziniert gewesen, wie aus der Evolution des Zentralen Nervensystems (ZNS) auf primitiver Ebene Bewusstseinszustände entstehen. Und die Nobelpreisträger für Physiologie oder Medizin von 1972 und 1981 – der Direktor des Neurosciences Institute in San Diego, Gerald M. Edelman (*1929), sowie Roger Sperry, Professor für Psychobiologie am CalTech in Pasadena, – waren in ihren Forschungsarbeiten stark von christlichen Geistesvorstellungen inspiriert. Der Blick auf das Phänomen von *Downward Causation* der menschlichen Hirnrinde wäre wohl in seiner Tragweite bei Edelman ohne dessen christliche Überzeugungen kaum

---

[47] MacLean (1990).

vorstellbar gewesen.[48] Und Sperry zeigte sich geradezu verfolgt von dem theologischen Problem, bei *Split Brain*-Patienten nicht mehr genau erkennen zu können, in welcher Hemisphäre Gott „residiert" und was in der kallosotomierten Gehirnhälfte vorgeht, wenn diese ihre Faserkommunikation einbüßt.[49]

In vielen aktuellen Forschungsansätzen der Neurotheologie sind ebenfalls religionsbiographische Motivlagen feststellbar, wenn etwa Detailbeschreibungen von spirituellen Praktiken – wie Meditation, Ritual oder Gebet – in bildgebenden Paradigmen analysiert werden: Von dem kanadischen Neuropsychologen Michael A. Persinger an der Sudbury University, On. konnten etwa bei religiös eingestellten Probanden mit Hilfe transkranieller Magnetstimulationen die subjektive Erfahrung hervorgerufen werden, „von Gott berührt" worden zu sein. Hierbei schien zwischen den Berichten und visuellen Erscheinungen sowie anderen sensorischen Phänomenen bei Patienten mit Temporallappenepilepsien kein signifikanter Unterschied zu bestehen, ein Experimental-*Setting*, in dem spirituelle Phänome somit in die Nähe medizinischer Pathologien gerückt worden sind.[50] Persinger erklärte seine Beobachtungen damit, dass die fraglichen Probanden selbst-induzierte Mikroanfälle hervorrufen könnten, und aus neurologischer Sicht hat Vilayanur S. Ramachandran – Direktor des Center for Brain and Cognition der UCSD – mittels funktionaler Bildgebung gezeigt, dass klinische Patienten mit Temporallappenläsionen eine weitaus stärkere Empfänglichkeit für visuelle Reizungsversuche mit Abbildungen religiösen Inhalts als solchen mit sexuellen oder Gewaltdarstellungen aufweisen.

Das experimentelle *Sujet* ist jedoch nicht nur als spezifisches Forschungsinteresse einiger klinisches Neurologen oder Neuropsychologen an ihren Patienten zu verstehen, sondern medizintechnologische Bildgebungsverfahren sind auch häufig im Rahmen von Selbstexperimenten eingesetzt worden: James H. Austin – Emeritus-Professor für Neurologie am University of Missouri Health Science Center – hat langjährige Erfahrungen mit Zen-buddhistischen Praktiken gesammelt und das Phänomen der „Ich-Abgrenzung" unter Meditationsbedingungen auf die Unterdrückung subkortikaler physiologischer Erregungen bezogen.[51]

---

[48] Ashbrook & Albright (1999), S. 407f.; siehe auch: Gazzaniga (1972), S. 311–317.
[49] Sperry (1992), S. 237–248.
[50] Vgl. etwa Roll (2002), S. 197–224.
[51] Siehe Austin (1998).

Schließlich sind Reihenuntersuchungen zu verschiedenen Meditationspraktiken durchgeführt worden, wobei man die Probanden „in die Röhre gelegt" und mit den modernen Methoden der kognitiven Neurowissenschaften „durchleuchtet" hat: Andrew Newberg – ein Nuklearmediziner an der Universität von Pennsylvania und wichtiger Proponent der Neurotheologie – konnte beispielsweise mit seiner Forschergruppe zeigen, dass bei acht meditierenden Buddhisten und drei Franziskanerinnen die Durchblutung des oberen Scheitellappenbereichs bei Anwendung der SPECT-Tomographie reduziert war,[52] ein Rindenareal, das nach der Auffassung der Neurobiologie für Raumorientierung und synästhetische Wahrnehmung verantwortlich ist. In Newbergs Forschungsansatz wird die neurowissenschaftlich diagnostizierte Welt damit religiösen Erfahrungen gleichgesetzt,[53] ausgehend von der Hypothese, dass „mystische Erfahrung biologisch real" ist und auf physiologische Prozesse reduziert werden kann.[54]

Solchen Funktionslokalisten steht unter den Neurotheologen jedoch bereits eine abweichende Gruppe junger Holisten gegenüber: Denn wie die kanadischen Neurowissenschaftler Mario Beauregard und Vincent Paquette von der Université de Montréal, PQ bei fünfzehn im fMRT untersuchten Karmeliterinnen feststellen konnten, ist nicht nur ein Gehirnzentrum bei konzentrierter Meditation aktiv, sondern eine ganze Reihe von Hirnarealen leuchtet im Untersuchungsgang auf, wenn Gott im Sinn der *unio mystica* „ganz nah" erscheint:

1. Das Limbische System

2. Der Temporallappen

3. Der rechte orbitofrontale Kortex.

Im Licht der *Neuro-Scanner* erscheint das „homogene Bild" aktueller Neurotheologie somit reichlich dissoziiert, so dass es seither einige Kritik aus dem Lager der *Cognitive Neuroscientists* erfahren musste, insbesondere da jene die kulturellen Kodierungspraktiken als wesentlich bedeutungsvoller erachten als die Analyse einzelner Bildgebungsergebnisse.[55] Ferner sind rezente neurotheologische Erklärungsansätze auch von klinischen Neurologen, Psychiatern und Religions-

---

[52] Newberg (2002), S. 113–122.
[53] Newberg & Aquili & Rause (2003), ähnlich auch Boyer (1993).
[54] Vgl. hierzu auch: Ashbrook & Albright (1999); Ashbrook & Albright (1997).
[55] Für diese Richtung siehe bereits früher Lakoff (1987).

philosophen mit einiger Skepsis beurteilt und als neue „Neuromythologie" zurückgewiesen worden.[56] Zwar besteht außerhalb des Spezialgebiets der Neurophilosophie kaum Zweifel daran,[57] dass religiöse Wahrnehmungsphänomene unter Meditationsbedingungen mit physiologischen Aktivitäten des Gehirns korrelieren, doch lässt sich die Vielzahl solcher Erfahrungen wohl nicht mit mystischen Einheitserfahrungen gleichsetzen. Und somit haben sich auch deutlich kritische Stimmen bemerkbar gemacht, die eine Interpretation der untersuchten Phänomene als eines „Einssein" mit dem Gott des Christentums, Judentums oder Islams zurückgewiesen haben und bestreiten, dass sich die neuroradiologischen Tomographieergebnisse in keinem Fall mit dem Absoluten östlicher Religionen vergleichen lassen.[58]

Anatomische Lokalisation und „Naturtheologie"
Eine zweite Rückschau

Die naturwissenschaftliche Suche nach den Ursprüngen von Religiosität und die häufigen Anstrengungen, natürliche Phänomene in theologischen Interpretationsrahmen zu fassen, haben der natur- und neurowissenschaftlichen Forschung – historisch betrachtet – aber nicht nur Nachteile gebracht:[59] Schließlich beruht sogar eines der Prinzipien der Neurophysiologie, welches die theoretischen Auffassungen der Naturtheologie nachhaltig beeinflusst hat, auf der grundlegenden Überzeugung, dass die Funktionen des lebendigen Körpers an die sie unterstützenden Strukturen gebunden sind – so die kognitiven Leistungen an das Gehirn.[60] Die Analogiebeziehung von Struktur und Funktion wurde sowohl als Beweis für Gott als natürlichen *Designer* als auch als dessen Resultat aufgefasst. Der teleologische Grundgedanke hat letztlich viele nachfolgende Anatomen und Physiologen davon ausgehen lassen, dass jede organische Körperstruktur eigene Funktionen besitzt. Demgegenüber war es etwa für die Naturforscher und Natur-

---

[56] Hirschmüller (2003), S. 34; „Gott im Gehirn" (2005); Bulkeley (2005).
[57] Siehe einführend: Carruthers & Smith (1996).
[58] Vgl. Grom (2003).
[59] Zu einer umfassenden wissenschaftshistoriographischen Einschätzung des Verhältnisses von Wissenschaft und Religion siehe die thematischen Hefte 2 und 3 der Fachzeitschrift *Berichte zur Wissenschaftsgeschichte* 18 (1995).
[60] Diese Vorstellung ist in der Geschichte der Neurologie von dem französischen Ideologen Pierre Jean Georges Cabanis deutlich zum Ausdruck gebracht worden, als er das Gehirn als ein „Gedanken produzierendes Organ" beschrieb: Cabanis (1956), S. 196.

theologen – von dem Nestor der neuen empirischen Tradition Francis Bacon bis hin zum Kronzeugen der Physikotheologie und Antipoden der Aufklärungsphilosophie, William Paley, undenkbar gewesen, auch nur von funktionslosen organischen Strukturen zu reden.[61] Tatsächlich betrachteten viele Naturforscher die anatomische Strukturanalyse bis weit ins 19. Jahrhundert Hinein als besonders herausgehoben, oder wie der amerikanische Medizinhistoriker Lloyd Grenfell Stevenson konstatierte, ihnen erschien „der Schluss von den anatomischen Tatsachen als *via regia* zu [den physiologischen] Entdeckungen."[62] Es ist diese herausgehobene Bedeutung der morphologischen Lokalisationsbemühungen und komparativen Methoden, die auch Haller und Herder in ihrer Einschätzung der Gehirnanatomie geteilt und die das morphologische Programm der Seelenanalyse bei dem Londoner Anatomieprofessor Thomas Willis geleitet haben:

„*Mit Gewissheit lassen sich aus einer solchen vergleichenden Anatomie [durch häufige Sektion unterschiedlichster Arten lebendiger Kreaturen] nicht nur die Tätigkeiten und der Gebrauch eines jeden Organs, sondern auch die Eindrücke, Einflüsse und die geheimen Abläufe in der wahrnehmenden Seele selbst erforschen.*"[63]

Willis, der seine Forschungen neben seiner intensiven ärztlichen Praxis vorantrieb, verdankte die Berufung als Professor für Naturphilosophie ans Christ Church College Oxford persönlichen Beziehungen zu Gilbert Sheldon, des Erzbischofs von Canterbury. Diese enge Verquickung religiöser Überzeugungen, klerikaler Patronage und anatomischer Neugier bestechen in Willis' Forschungsansatz, der sich als *Mélange* aus Gehirnanatomie, -physiologie, Theologie und Metaphysik präsentiert. Und aus diesem Forschungsprogramm sind zwei miteinander konfligierende Forschungslinien hervorgegangen, die auf dem Gebiet der „Neurotheologie" nachhaltig wirksam geblieben sind. So erwies sich der morphologische Bau des menschlichen Gehirns als viel komplizierter als der sämtlicher Tiere, was Willis als Beweis dafür erachtete, dass Gott den Menschen als *animale rationale et spirituale* ausgewiesen hat. Außerdem stellte sich das Zentrale Nervensystem des Menschen und anderer Quadrupeden als sehr ähnlich gebaut dar, so dass Willis ein immateriales Prinzip annahm, um Unterschiede des Bewusstseins und Sprachgebrauchs des Menschen erklären zu können.[64]

---

[61] Vgl. insbesondere Bynum (1973), S. 444–468.
[62] Stevenson (1959), S. 27–38.
[63] Willis, Thomas, „Cerebri anatome (1664)", zitiert nach Feindel (1965), S. 61 [Übersetzung F.S.]
[64] Rousseau (1973), S. 141–150.

Das Verhältnis aus Wissenschaft, Gehirn und Religion ist seither kaum so eng geknüpft gewesen, wie in der „Zeit des langen 18. Jahrhundert" und seinem besonderen Bezug auf die Morphologie des Gehirns, die Sensibilität des Nervensystems und die Bedeutung von Spiritualität. Willis' besonders ausgeprägte analytische und konzeptionelle Fähigkeiten werden in der Hirnforschung selbst in den ebenfalls herausragenden Werken der Edinburgher Medizinprofessoren William Cullen und Robert Whytt kaum erreicht, die besonders für die schottische Frühaufklärung und deren Bezug zur protestantischen Theologie einstehen.[65] Das entscheidende Moment ist jedoch Willis' Annahme einer besonderen Seele des Menschen, die diesen gegenüber den *Souls of Brutes* auszeichnete, der anthropomorphe Erklärungsansatz bei Willis sowie seine grundlegende Überzeugung, dass die Neurophysiologie aus der Morphologie des Gehirns herauszulesen ist. Willis' Ansatz drang weit in die Geisteskultur des 18. Jahrhundert ein, wofür nicht zuletzt die Bewusstseins- und Religionsphilosophie seines berühmten Schülers John Locke ein beredtes Zeugnis abgibt. Willis' Beitrag zur nervalen Konstitution des Körpers hat entscheidend dazu beigetragen, dass das Gehirn in der Frühaufklärung zum Schauplatz fortschreitender Internalisierungsprozesse werden konnte,[66] durch die sich das Wissen über die Welt gewissermaßen zu einem Wissen über die Binnendifferenzierung des Gehirns entwickelte. Die Verhaltensausprägungen und psychischen Eigenschaften der Menschen – ihre Trauer, Sehnsucht, Melancholie etc. – in spezifischen gesellschaftlichen Kontexten wurden nun zu Ausprägungen bestimmter anatomischer Strukturen – wie der Dicke der peripheren Nerven, der Lage des die Hemisphären verbindenden Hirnbalkens oder des schieren Massenwachstums des Kleinhirns im Vergleich zum Großhirn – umgedeutet und kurzgeschlossen.[67]

Diese geistesgeschichtlich wie neurowissenschaftlich bedeutsame Transformation lässt sich bis in die organologische Lehre der Wiener Mediziner Franz Joseph Gall und Johann Caspar Spurzheim hinein verfolgen. So ließen Gall und Spurzheim keinen Zweifel daran, dass sie das „elitäre Königsorgan" des Menschen gleichfalls als Bestandteil der Stufenleiter der lebendigen Wesen sahen, da das Gehirn letztlich alle Kräfte des lebendigen Organismus organisiere und auch beim Menschen integrierende Instanz für die unterschiedlichen Seelentätigkeiten sei:

---

[65] Vgl. Rousseau (1990).
[66] Sauder (2003).
[67] Siehe auch Desmond (1989).

„O daß ein zweiter Galen in unseren Tagen [...] in fortgehender Vergleichung mit den uns nächsten Tieren den Menschen vom ersten Anfange seiner Sichtbarkeit in seinen tierischen und geistigen Verrichtungen, in der feinern Proportion aller Teile zueinander, zuletzt den ganzen sprossenden Baum bis zu seiner Krone, dem Gehirn, *verfolgte und durch Vergleichungen zeigte, wie eine solche hier nur sprossen konnte."*[68]

Durch diese komparative Anatomie und die mir ihr verbundene Reduktion von Religion und Religiosität auf das Substrat des Gehirns wurde jedoch gleichzeitig auch eine besondere Bedrohung fühlbar, welche in Europa schnell zu einem Sturm der Entrüstung und Galls Vorlesungsverbot durch Kaiser Franz II. führte.[69] Die wütende Reaktion auf Galls Schädellehre erklärt sich dabei nicht zuletzt aus der kollektiven Furcht vor einer vollständigen Beschreibung des menschlichen Geisteslebens, da „über diese neue Kopflehre [...] vielleicht manche ihren eigenen [Kopf] verlieren dürften, [und] diese Lehre auch auf den Materialismus zu führen, mithin gegen die ersten Grundsätze der Religion und der Moral zu streiten scheint".[70] Und in der um sich greifenden Angst vor den Auswirkungen der französischen Revolution dauerte es auch nicht lange, dass die Phrenologie als „Gehirnmythologie" eine Aburteilung fand. So machte man sich landläufig einen Scherz über die Praxis des Abtastens der Schädel, und die Phrenologie geriet bald unter dem geflügelten Wort einer „Beulenlehre" in der Öffentlichkeit in Verruf. Deutlich wird das Problem nicht zuletzt darin, dass hier die Materialität des Gehirns als Erklärungsinstanz in dem Maß zurückwich, in dem phrenologische Gesellschaften Galls Lehre vervielfältigten, bis nicht mehr klar war, welche Lehrsätze man überhaupt noch glauben durfte. Zu unpräzise und zu fluide stellten sich auch die umschriebenen Bereiche der Gehirnkarten dar (siehe Abb. 3), als die Phrenologie mit fortschreitendem 19. Jahrhundert in der Bedeutungslosigkeit versank.[71]

Demgegenüber hielt sich die Bestrebung, die Funktionskarten der Gehirnoberfläche weiterzuzeichnen und mit den neuen Labormethoden zu verbinden, welche von den elektrophysiologischen Reizkartierungen des späten 19. Jahrhundert bis in die funktionelle Bildgebung unserer Tage eine kaum geahnte Konjunktur genommen haben. Zwar ist der

---

[68] Aus Galls Verteidigungsschrift; abgedruckt bei Walther (1804), S. 41f. (Hervorhebung im Original).
[69] Lesky (1979).
[70] Aus dem kaiserlichen Vorlesungsverbot, zitiert nach Lesky (1981), S. 301.
[71] Hagner (2006), S. 173f.

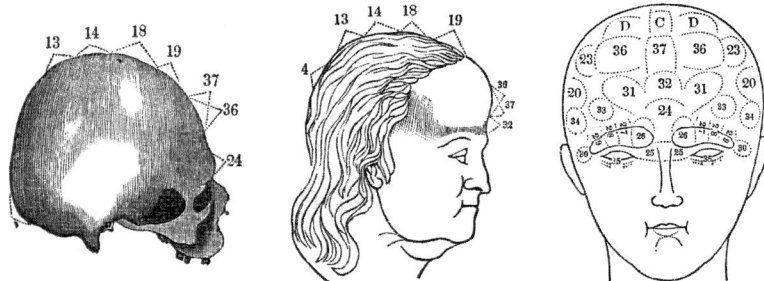

Abb. 3: Neophrenologische Relationen zwischen Schädel, Kopfproportionen und hirnmythologischen Einschreibungen der Rindenorgane

Erklärungshorizont heutiger Neurowissenschaften ungleich größer als derjenige der klassischen Phrenologie, doch setzt noch die funktionelle Bildgebung von Subzentren des menschlichen Gehirns die historischen Lokalisationsvorstellungen in ihren Forschungsprogrammen als Prinzip voraus. Und im Rekurs auf die Phrenologie – ohne den auch die Neurotheologie nicht auskommt –, ist der hirnkartographische Aspekt zentrales *Tool* der Neurowissenschaften geworden.[72]

Bei enger Rekonstruktion dieser historischen Entwicklung lässt sich die Hirnforschung sowohl als eine eigenständige Objektwissenschaft selbst wie auch als ein zutiefst kultureller Diskurs erkennen.[73] Kaum zufällig ist das Problem der Neuromyhtologie letztlich deshalb im Kontext eines wissenschaftlichen Modernismus prekär geworden,[74] und die Konjunktur dieser Forschungsrichtung scheint der „Entzauberung der Welt" durch die Neurowissenschaft weitgehend zu trotzen. In dieser kulturellen Spannung, welche durch die Suche nach den Restbeständen von autonomer Hirnaktivität wie der modernen Erfahrung des menschlichen Körpers „als niedriges Gefängnis der Seele, Leib als seelenlose Maschine "[75] entstanden ist, kommt der Transformationsprozess einer historischen Gehirntheologie bis zu den Neuromythologien unseres Alltags mehr als deutlich zur Geltung.[76]

---

[72] Vgl. etwa: Flach & Wübben (2005), S. 14f.
[73] Siehe hierzu: Harrington (1996).
[74] Brain (2007), S. 129–152.
[75] Die schweizerische Schriftstellerin Maria Waser in ihrem literarischen Nachruf auf den Neuroanatomen Constantin von Monakow, zitiert nach Harrington (1996).
[76] Vgl. auch Barthes (1964).

Ausschau – Zum Anthropomorphismus der Mensch-Gott-Beziehung

Mit dem Blick auf die Prozesse von Mythenbildung in der Geschichte der Wissenschaften sollen hier abschließend noch einmal einige allgemeine Perspektiven aus dem historischen Beispiel der „Neurotheologie" herauspräpariert werden, wobei die Beziehung zwischen wissenschaftlichen Erklärungsversuchen und den Quellen von Re-Mythologisierung besonders interessiert. Bereits der „Vater der Psychoanalyse" – Sigmund Freud – hatte seine Ausbildung zunächst in den zeitgenössischen Labormethoden bei Theodor Meynert im Zentrum der Hirnforschung in Wien genommen. Aber nicht durch die zunehmenden Möglichkeiten neurophysiologischer Forschung, sondern im Zug seiner begleitenden Auseinandersetzung mit der psychischen Tiefenstruktur menschlicher Mythenbildung hat Freud den Nerv anatomischer Lokalisationstheorien am *Fin de Siècle* philosophisch bloß und seinen Finger in die aufgetretene Wunde modernen Seelenlebens hinein legen können:

„Die Herrschaft des Gehirns über den Organismus wird zwar nachdrücklich betont, aber alles, was eine Unabhängigkeit des Seelenlebens von nachweisbaren organischen Veränderungen oder eine Spontaneität in dessen Äußerungen erweisen könnte, schreckt den Psychiater heute so, als ob dessen Anerkennung die Zeiten der Naturphilosophie und des metaphysischen Seelenwesens wiederbringen müßte. Das Mißtrauen des Psychiaters hat die Psyche gleichsam unter Kuratel gesetzt und fordert nun, daß keine ihrer Regungen ein ihr eigenes Vermögen verrate."[77]

In dieser Einschätzung tritt die Konfliktlage der Neurowissenschaften deutlich zu Tage, und Freud diagnostiziert die Probleme der Neurophysiologen der damaligen Zeit äußerst treffend, welche zwischen dualistischen und materialistischen Theorien hin- und her gerissen waren. Wie es Emil Du Bois-Reymond vor der „Versammlung Deutscher Naturforscher und Ärzte" an prominenter Stelle formuliert hatte, wollten die Neurophysiologen alle höheren geistigen Funktionen auf eine physikalische Basis zurückführen, ohne die Sonderstellung des menschlichen Geistes dadurch in Frage zu stellen.

Der grundsätzlichen Ambivalenz zeitgenössischer Hirnforschung stellte Freud seine eigene Auffassung von einer unabhängigen Wirk-

---

[77] Freud (1989), Bd. II, S. 66f.

mächtigkeit der Seele gegenüber, obwohl er sich dadurch des gravierenden Metaphysikvorwurfs gewiss sein musste. Freuds Beispiel zeigt dabei aber instruktiv, wie die Narrative der Neuromythologie genau diejenigen Geschichten neu erfanden, welche die Tätigkeiten der menschlichen Seele eigentlich klären sollten. Und auch er griff zur Entkräftung seiner entlarvenden Kritik – etwa in seiner Energielehre der Hirnfunktion – auf die Grundvoraussetzung materialistischer Physiologie zurück, nach der sich alles Psychische auf Physisches zurückführen lassen würde, wenn die neurowissenschaftliche Forschung nur weit genug fortgeschritten sei. Doch Freud zog es nach 1891 vor, sich selbst nicht mehr an der „knochentrockenen Arbeit" des Forschungslabors zu beteiligen. Stattdessen überließ er es anderen, die neurophysiologische Beziehung von Gehirn und Geist zu analysieren und nach neuen Erklärungen zu suchen:

„gibt es diesen Scheitelpunkt, der eine Wiedervereinigung zwischen den poetisch-mythischen Phantasiewelten der alten Religionen und den knochentrockenen Erklärungsansätzen über Nervenzellausläufer etc. zulässt?"[78]

Wie der einflussreiche amerikanische Psychiater Thomas Steven Szasz das Problem der modernen laborwissenschaftlichen „Neurotheologie" hier im Kern umreißt, liegen die Hypothesen über die Existenz oder Nichtexistenz eines „tätigen Gottes" und ähnlich transzendenter Phänomene klar außerhalb des Bereichs der Hirnforschung. In den Narrativen der Neuromythologie sind vielmehr klassische Strukturen von Mythenbildung zu beobachten,[79] welche zu einer wiederkehrenden kulturellen Aufladung des Gehirns geführt haben. So verleiht der Wortteil „Neuro-" inzwischen einer Vielzahl von Disziplinen neuen Glanz, die wie die Neuropädagogik, Neuroethik oder Neurotheologie aber traditionellen metaphysischen Basisvoraussetzungen verhaftet sind, auch wenn sie die Momente des Theologischen und Religiösen aktuell unter dem Aspekt der „symbolischen Nachbildlichkeit" erforschen.[80]

Trotz aufwändiger und teurer *High-Tech*-Apparaturen gelangt jedoch die Neurotheologie keinen Millimeter über die ursprünglich von Kant gezogene Grenze an einem *naturalistischen* Gottesbeweis hinaus. Selbst Gott als naturalistisches Objekt des Denkens angenommen werden muss – wie dies von einzelnen Forschungsansätzen der

---

[78] Szasz (1996).
[79] Zu Strukturen von Mythenbildung, siehe auch Lévi-Strauss (1967), S. 226–254.
[80] Blumenberg (2000), S. 47f.

Neurotheologie vorgetragen wird –, so geht hieraus kein Gottesbeweis hervor.[81] Und dem Paradoxon der Hirnforschung zufolge ist das Gehirn, das von den Neurowissenschaftlern objektiv untersucht wird, das Ergebnis ihrer eigenen Vorstellungen und der durch ihr Denkorgan hervorgerufenen Wirklichkeit. Gleichwohl kann die neurotheologische Wesensschau als ein letzter Versuch verstanden werden, Religion und Gott im Zeitalter medizintechnologischer Bildgebung noch einen Platz anzuweisen,[82] der der Weberschen „Entzauberung der Welt" Stand halten kann. Und wenn man so will, dann manifestiert sich hier die konzeptionelle Weiterentwicklung der Neuromythologien auf der Ebene von Medizintechnologie selbst, während die Analyse der visuellen Repräsentationen seit der Frühaufklärung diesbezügliche Programme der Hirnforschung nicht gerade als einen Fortschritt erkennen lässt.

---

[81] Siehe Proß (1997).
[82] Vgl. auch Siler (1985), S. 1–10; Borck (2005), S. 89–110.

Mythos Automobil
oder ein Fall von Mytheninflation?

Malte Krüger

Versteht man den Begriff des „Mythos" als eine besondere Form des historischen Bewusstseins, das versucht Vorhandenes aus seinem Gewordensein zu verstehen, ohne nach einem Ursache-Wirkungs-Zusammenhang im heutigen Sinn zu suchen, so fällt auf, dass dem Automobil als originär industriellem Gegenstand besonders oft eine Klassifizierung als Mythos zugesprochen wird. Es stellt sich somit die Frage, warum der Begriff des Mythos im Zusammenhang mit dem Automobil geradezu inflationär gebraucht wird.

Aus heutiger Perspektive ist festzustellen, dass in den großen Tageszeitungen kein Feuilletonteil mehr ohne eine ordentliche Dosis „Mythos" auszukommen scheint und das Automobil als Kulturträger und Projektionsfläche gerne und oft in diesen Kanon der Mythen der Moderne aufgenommen wird. Manchmal steht dabei ein Automobil als technisches Artefakt im Mittelpunkt, öfter jedoch dient es als Vehikel um verschiedene Erzählstränge miteinander zu verbinden und ist in gewisser Weise Accessoire des Artikels. Um nachvollziehen zu können, wie das Automobil den Weg ins Feuilleton gefunden hat und warum es heute so oft mystische Weihen erhält, werden beispielhaft ausgewählte Elemente, die für die Entstehung eines solchen „Mythos" ursächlich waren, beschrieben. Zielstellung des Beitrages ist es, das Verhältnis von Automobil und Mythos einer differenzierten Analyse zu unterziehen und die wechselseitigen Beziehungszusammenhänge eingehend zu untersuchen.

Die Anfänge des Automobils und frühe Automobilreisen

Kaiser Wilhelm II wird die Aussage zugeschrieben: „Ich glaube an das Pferd, das Automobil ist eine vorübergehende Erscheinung." Angesichts der heutigen Zahlen von rund 750 zugelassenen Millionen Pkws weltweit und schätzungsweise jährlich 1,2 Millionen Verkehrstoten ist die Dimension der Veränderung, die mit dem Automobil verbunden ist, offensichtlich. Während das Automobil heute vordringlich, trotz aller damit verbundenen Leidenschaften, im Wesentlichen auch unstreitig als Umweltproblem an sich wahrgenommen wird, war das Automobil Anfang des 20. Jahrhunderts in seiner Durchsetzungsphase anderen

Anfeindungen ausgesetzt.[1] Anschaulich beschrieben wurde dies von Otto Julius Bierbaum, der vor allem durch sein 1903 erschienenes Buch *Eine empfindsame Reise im Automobil*, das eine von der Frankfurter Automobilfirma Adler unterstützte Fahrt von Berlin über Prag, Wien, München nach Italien beschreibt, bekannt geworden ist und heute als Klassiker der Automobilreiseliteratur gilt, in einem Kurzessay mit dem Titel *Philister contra Automobil*:

„Nie in meinem Leben bin ich so viel verflucht worden, wie während meiner Automobilreise im Jahre 1902. Alle deutschen Dialekte von Berlin an über Dresden, Wien, München bis Bozen waren daran beteiligt und alle Mundarten des Italienischen von Trient bis nach Sorrent, – gar nicht zu rechnen die stummen Flüche, als da sind: Fausteschütteln, Zungeherausstrecken, die Hinterfront zeigen und anderes mehr. Und alles dies, obwohl ich niemand an seiner Person oder seinem Eigentum geschädigt habe, ja nicht einmal Ärgernis erregte durch schnelles Fahren.

Woher also der Zorn? Warum waren die Leute böse auf den harmlosen Wagen?

War es der Staub, den er aufwirbelte? Aber sie zankten auch, wenn es keinen Staub gab.

War es der Geruch, den er hinter sich ließ? – Aber ihre Zungen waren schon in zorniger Bewegung, ehe ihre Nasen ihn erreichen konnten.

War es der Neid, den das schöne Gefährt vielleicht erregte? – Aber es zeigten sich nicht bloß Leute von ähnlichem Aussehen empört, sondern auch solche, von denen ich fest überzeugt sein kann, dass sie einer höheren Steuerklasse zur Zierde gereichen als ich.

Was also war es, das die Galle affizierte?

Nichts anderes als der Umstand, dass das Automobil ein Symbol des Fortschritts ist."[2]

---

[1] Verzichtet wird in diesem Zusammenhang auf eine ausführliche Darstellung des Red Flag Acts, sowie auf eine Beschreibung von Anfang des 20. Jahrhunderts verbreiteten Autofallen, über die Straße gespannten Stahlseilen, die den Autoverkehr in Dörfern unmöglich machen sollten.

[2] Bierbaum (1906), S. 325. Über die Durchsetzungsprobleme des Automobils in Deutschland für die Jahre vor 1907 siehe auch Engler (1907, S. 16f.): „Wenn das Automobil bei uns in Deutschland sich so langsam eingebürgert hat und so schwer die Sympathie der grossen Masse erringen konnte, so lag dies hauptsächlich an den „oberen Zehntausend", welche durch ihr Interesse an dem Pferdesport dieses neue Verkehrsmittel, das jenen zum Teil zu verdrängen drohte, nicht anerkennen wollten und ihrer Antipathie laut Ausdruck verliehen, wodurch dem Automobil bis in die höchsten Kreise hinauf so viele Feinde und Gegner entstanden. Nach-

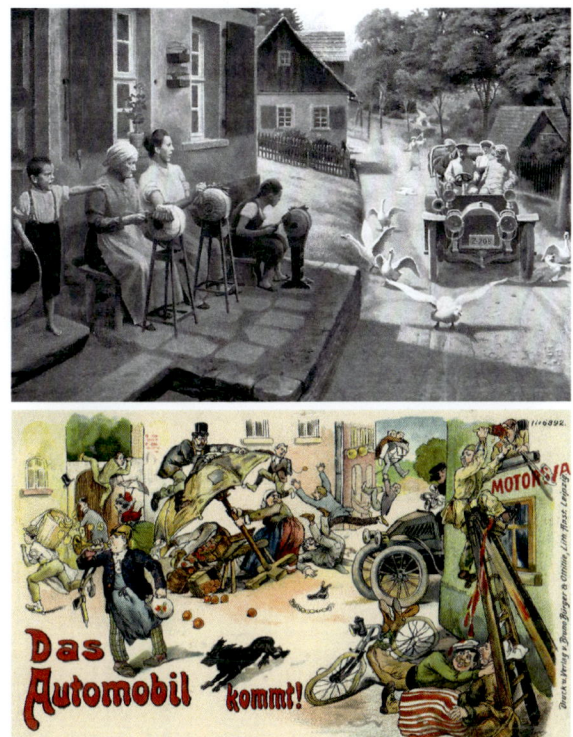

Abb. 1: (o.) Das Automobil als Zerstörer ländlicher Idylle im Erzgebirge
Abb. 2: (u.) Das Automobil als chaotischer Eindringling in das städtische Leben

> dem aber das Eis gebrochen war und einige angesehene Persönlichkeiten mit der Betätigung des Automobilsports den Anfang gemacht hatten, da kamen denn auch die anderen und empfanden nun ihrerseits die Unannehmlichkeiten, die ihnen bei der Ausübung ihres neuen Sportes von allen Seiten in den Weg gelegt wurden und welche sie selber, bis noch vor ganz kurzer Zeit, als völlig am Platze gehalten hatten. Was aber in den ersten fünf Jahren in dieser Beziehung gesündigt wurde, das lässt sich nun nicht im Handumdrehen wieder beseitigen und es werden wohl noch Jahre ins Land gehen, bis das Automobil ebenso unbehelligt seinen Kurs verfolgen darf, wie die Radfahrer es seit geraumer Zeit dürfen."

Schon in dieser frühen Beschreibung sind viele Elemente, die auch heute noch gegen das Auto vorgebracht werden, angelegt, ebenso wie die Argumentation eines Autoliebhabers, der diesen Feindseligkeiten nur in geringem Maße offen gegenübersteht.

Durch das Automobil wurde abseits der vorgegebenen Eisenbahnstrecken mit ihren festgelegten Fahrtzeiten ein neuer Entdeckergeist geweckt, der die selbstbestimmte Reiselust deutlich stimulierte. Hinsichtlich technischer Unsicherheiten sicherte man die Reise mit einem kundigen Chauffeur ab [3] oder vertraute je nach Erfahrungsgrad auf werksseitige Einweisungen bzw. behalf sich mit dem Studium von Ratgeberliteratur. [4] Pioniergeist, der Reiz mit Mensch und Maschine an die Grenzen der Belastbarkeit zu gehen, war auch die Hauptmotivation der Fahrt von Fürst Scipione Borghese von Peking nach Paris im Jahr 1907. [5] Die Idee zu dieser Reise ging auf einen Aufruf der Pariser Zeitung *Le Matin* vom 31. Januar 1907 zurück:

„Was heute noch bewiesen werden muss, ist, dass ein Mann, solange er im Besitz eines Autos ist, alles tun und sich überall hinbegeben kann. Gibt es jemanden, der diesen Sommer eine Fahrt per Automobil von Peking nach Paris unternehmen wird?"

Von ursprünglich vierzig gemeldeten Teilnehmern, bewältigten nur fünf Teams den Schiffstransfer ihrer Fahrzeuge nach Peking. Obwohl daraufhin das Rennen abgesagt wurde, starteten am 10. Juni 1908 die fünf Mannschaften in der chinesischen Hauptstadt die Fahrt nach Paris. Ohne verlässliches Kartenmaterial führte das Rennen durch für die Fahrer völlig unbekannte Länder, in denen kein Straßennetz zur Verfügung stand. Um sich überhaupt mit Treibstoff versorgen zu können, wurden Benzinfässer auf Kamelen aus Peking zu an der

---

[3] Diese Verantwortungslast war für Chauffeure augenscheinlich nicht immer leicht zu tragen, vgl. Braunbeck (1910, S. 204): „Am 30. April endigte in Swakopmund die Durchquerung Afrikas mit dem Gaggenauautomobil des Oberleutnants Graetz. Am 10. August 1907 hatte Graetz die Fahrt vom Hotel ‚Kaiserhof' in Daressalam angetreten. Graetz musste die Reiseroute einige Male ändern infolge starker Regenfälle, die das zu durchquerende Gebiet teilweise unpassierbar machten. Mitte Dezember traf er in Tabora ein, von wo er mit Leutnant a. D. Th. Roeder aus Hamburg die Reise fortsetzte. Als nächstes Ziel wurden Udjiji und Abercron gewählt. Auf dieser Teilstrecke erlitten die Fahrer die erste größere Panne. Bei Ueberfahrten eines Flusses gerieten die Zylinder des Motors unter Wasser und explodierten infolge des krassen Temperaturgegensatzes. Dieser Zwischenfall war so entmutigend, dass sich der Chauffeur erschiessen wollte. Graetz schickte ihn aber nach Deutschland, um Ersatz zu beschaffen."

[4] Z.B. Vogel (1914).

[5] Vgl. hierzu Barzini (1908).

Strecke eingerichteten Stationen gebracht. Diese „Tankstellen" wurden auch mit Fernschreibern ausgestattet, so dass der jeweils im Automobil mitfahrende Journalist per Telegraph regelmäßig an heimische Zeitungen über den Fahrtverlauf berichten konnte. Als Erster erreichte die Mannschaft von Fürst Scipione Borghese, der von dem Journalisten Luigi Barzini begleitet wurde, mit seinem roten Itala 35/45 PS nach zweimonatiger Fahrt Paris.[6]

Für die Automobilbegeisterung in Deutschland war die Weltumrundung von New York nach Paris von Hans Koeppen im Jahr 1908 bedeutend.[7]

Legendär geworden ist auch die erste Autofahrt einer Frau um die Welt, der Rennfahrerin und Industriellentochter Clärenore Stinnes, die mit einem serienmäßigen Frankfurter Adler Standard 6 im Zeitraum vom 25. Mai 1927 bis zum 19. Juli 1929 unter abenteuerlichsten Bedingungen 49 244 Kilometer fuhr.[8]

---

[6] Das Vertrauen auf das benutzte technische Material illustriert auch der Umstand, dass Borghese während des Rennens sogar einen Abstecher von Moskau nach Sankt Petersburg unternahm, um an einem zu Ehren des Teams abgehaltenen Diner teilzunehmen, sich anschließend zurück nach Moskau begab und das Rennen wieder aufnahm. Gleichzeitig ist diese Fahrt auch Ausgangspunkt für den sogenannten „Reifenkrieg" zwischen Pirelli und Michelin. Einer der Pirelli-Reifen an Borgheses Itala überstand die Fahrt ohne Beschädigungen. Dunlop wurde mit dem gesponserten De-Dion-Team Dritter. Der Sieg des roten Itala bildete zudem die Grundlage dafür, dass alle späteren italienischen Rennwagen – wie z.B. Ferrari – in rot an den Start gingen bzw. gehen. Bei der Verladung für eine amerikanische Automobilausstellung fiel der Itala bei einem Verladevorgang in ein Hafenbecken und wurde anschließend, weil kein anderer Lack verfügbar war, grau lackiert. Heute befindet sich Borgheses Itala im Museo Dell'Automobile Carlo Biscaretti di Ruffia in Turin.

[7] Siehe Koeppen (1908). Unterstützt wurde dieses Unternehmen vom Berliner Automobilfabrik Protos, der Karosseriebaufirma Joseph Neuss und der Zeitung *B. Z. am Mittag* vom Ullstein Verlag. An dieser am 12. Februar 1908 in New York gestarteten Weltfahrt nahmen 6 Automobile teil. Koeppen traf am 26. Juli 1908 in Paris mit dem Protos ein, der heute im Deutschen Museum in München zu besichtigen ist. Eine weitere deutsche Pionierleistung war die im am 10. August 1907 von dem 32 Jahre alten Offizier Paul Graetz in Daressalam (heutiges Tansania) gestartete Afrika-Durchquerung mit einem Gaggenau-Automobil. Sein Ziel in Swakopmund (heutiges Namibia) erreichte er am 1. Mai 1909 nach über 9 500 Kilometern Fahrt, in deren Verlauf das Fahrzeug 32-mal für Flussüberquerungen zerlegt und mehr als 50 Reifen verschlissen wurden, vgl. Graetz 1910. Siehe hierzu auch Anm. 3.

[8] Mit 17 Rennsiegen bis 1927 war Clärenore Stinnes die erfolgreichste Rennfahrerin ihrer Zeit. Stinnes startete gemeinsam mit ihrem späteren Mann, dem schwedischen Filmer und Fotografen Carl Axel Söderström, ihre Weltfahrt von Frankfurt über Bagdad nach Moskau, quer durch die Sowjetunion, von Sibirien nach Pe-

All diese Fahrten verbindet, dass sie von den verschiedensten Zweigen der Automobilindustrie gefördert wurden und durch umfassende Berichterstattung in der Presse auch Skeptikern zeigten, was durch die Verbindung von Mensch und Maschine in relativ kurzer Zeit möglich zu machen war. Schon zu Beginn des 20. Jahrhunderts hatten die Gründer und Firmeninhaber von Automobilfabriken erkannt, dass Rennen, Gleichmäßigkeitsfahrten und Expeditionen ein hoher Stellenwert und Werbeeffekt für die Durchsetzung des Automobils zukam.[9]

Der Gründermythos und der Mythos Automobilsport

Für die Mythenkonstruktion bilden die Biographien der Unternehmer ein tragendes Element. Nur wenige Unternehmer der Automobilindustrie verfügten über eine technische Ausbildung im akademischen Sinn. Vielmehr bildeten oft eine Lehre als Schlosser oder Mechaniker die Grundlage für spätere Erfolge. Als technisch versierte Selfmade-Unternehmer und Erfinderingenieure trotzten sie arbeitsam und ihrer Zeit voraus allen Widrigkeiten.

Es eint sie trotz verschiedenster Rückschläge die Vision dem Automobil zum Durchbruch zu verhelfen, bzw. wie Kirchberg dies für den Unternehmer August Horch beschreibt, sind die Unternehmer

---

king über Japan nach Honulu, mit Abstechern nach Argentinien, Chile und Peru, quer durch die USA, schließlich über New York nach Le Havre bis nach Berlin und abschließend nach Stockholm. Sie wurde unterstützt von den Adler Werken in Frankfurt, die ihr den Expeditionswagen sowie ein Begleitlastwagen mit 2 Werksmechanikern zur Verfügung stellten, von denen allerdings der eine wegen einer Blinddarmoperation in Moskau zurückbleiben musste und der andere sich einige Wochen später mitten in der sowjetischen Prärie weigerte weiterzufahren. Vgl. hierzu Stinnes (1929), sowie Kuball & Söderström-Stinnes (1981). Filmisch dokumentiert ist die Reise ebenfalls unter dem Titel „Im Auto durch zwei Welten (1927/29)" zudem entstand im Jahr 2008 der dokumentarische Spielfilm „Fräulein Stinnes fährt um die Welt". siehe dazu auch www.fraeulein-stinnes.de [29.12.2008].

[9] Die publizistische Begleitung erfolgte dabei oftmals im Auftrag, ohne dass dies zu offensichtlich nach außen hin dokumentiert wurde bzw. werden sollte. Vgl. hierzu den Bericht über eine 5000 Kilometer lange Italienreise mit einem Brennabor Automobil um das Jahr 1927: „Liebe Brennabor-Werke! Nun sind es 1 1/4 Jahre, dass Ihr mich in die weite Welt hinausschicktet. Da will ich mich doch mal wieder melden, damit Ihr wisst, wie es mir ergangen ist, und erfahrt, dass ich Euch keine Schande gemacht habe. Wenn ich auf eine erfolgreiche Laufbahn zurückblicken darf, so weiß ich, dass es Eurer Fürsorge zu verdanken ist. Seid ihr doch stets bemüht gewesen, Euren Sprösslingen eine erstklassige Bildung mitzugeben auf den für uns immer schwerer werdenden Lebensweg." vgl. Spiegel (1927), S. 3.

Abb. 3: Romantisierende Titelgestaltung für eine Werbefahrt der Brennabor Werke (Brandenburg) nach Italien um 1925

diejenigen, „die sich mit unvollkommenen Mitteln, Leidenschaft und Zähigkeit darum bemühten, dem noch jungen Automobil das Laufen beizubringen, ihm verlässliche Gebrauchseigenschaften anzugewöhnen und es nutzerfreundlich zu gestalten."[10]

Die Faszination für diese Unternehmerbiographien entwickelt sich aus dem Gedanken, dass die Innovationskraft und der Arbeitsethos eines einzelnen Mannes – und es ist eine reine „Männergeschichte" – zu Werken führt, die sich aus bescheidenen Anfängen zu Großfabriken wandelten.[11]

Diese Verdienste fanden schon früh ihre berechtigte Anerkennung, wie sie z.B. Eduard Engler in seinem 1907 erschienen Buch 100 000 Kilometer am Steuer des Automobils beschreibt:

„ Den Pionieren des Automobilismus, besonders den hochstehenden Persönlichkeiten, kann aber nicht genug gedankt werden, dass sie in Erkenntnis der großen Sache sich nicht um das kleinliche Urteil der anderen kümmerten, sondern zielbewusst den Kern der Sache im Auge behielten und sich damit unauslöschliche Namen in der Entwicklungsgeschichte der deutschen Automobilindustrie erworben haben."[12]

Abb. 4: Der thüringische Privatfahrer Huldreich Heusser – u.a. viermaliger Gewinner des Gabelbachrennens – hier beim Kurvendrift im österreichischem Steyr Sportwagen während des Klausenrennens 1924

---

[10] Kirchberg (2007), S. 54.
[11] Vgl. u.a. Horch (1937); Pönisch (2001); Riedel (1999); Runge et al. (2007); Trutz (1914); Schmarbeck (1990); Niemann (1995, 2002, 2004); Siebertz (1943); Barras (2004); Yates (1992); Neumann (2005); Liebig (1937).
[12] Engler (1907), S. 17.

In enger Verbindung mit dem Gründermythos steht der Mythos Automobilsport. Die meisten Gründer hatten bereits frühzeitig erkannt, dass die Teilnahme an Rennen und Gleichmässigskeits- bzw. Tourenfahrten den Bekanntheitsgrad von Marke und Produkt deutlich erhöhten. Befördert wurde die Durchsetzung des Automobils besonders durch Rennen wie den Gordon-Bennett-Cup,[13] die Targa Florio[14] in Sizilien oder in Deutschland die Herkomer-Konkurrenzen[15] und Prinz-Heinrich-Fahrten.

Gleichzeitig ist dies die Geburt der Rennfahrer als moderne Helden und der Beginn einer aufkommenden Begeisterung für den Motorsport, der in den 1930er Jahren auch die grosse Masse befällt.[16]

Abb. 5: Menschenauflauf bei einer Tourenwagenfahrt in Deutschland um 1925

---

[13] Der Gordon-Bennett-Cup war eine jährliche Motorsportveranstaltung, die in den Jahren 1900 bis 1905 als erster internationale Leistungsvergleich zwischen mehreren Automobilmarken ausgetragen wurde. Initiiert und gestiftet wurde der Cup von dem amerikanische Zeitungsverleger James Gordon Bennett jr., der Erbe des *New York Herald* war. Die ursprünglichen Teilnahmebedingungen sahen drei Fahrzeuge pro Nation vor, die zur Gänze (einschließlich Motor, Reifen und aller Kleinteile) in diesem Land hergestellt werden mussten.

[14] Im Jahr 1906 wurde die Targa Florio, ein mehr als 100 Kilometer langes Rundstreckenrennen auf öffentlichen Bergstrassen in Sizilien, von dem italienischen Unternehmer Vincenzo Florio gegründet. Speziell in den 1920er Jahren war es das wichtigste Sportwagenrennen. Vgl. dazu die Erinnerungen der tschechischen Bugatti-Rennfahrerin Elisabeth Junek, (Junek 1990, S. 119f.), sowie Christ (1925).

[15] Der Maler, Bildhauer und Schriftsteller Sir Hubert von Herkomer gilt durch die von ihm in den Jahren 1905-1907 veranstalteten Herkomer-Konkurrenzen als Wegbereiter des Automobilsports in Deutschland. Herkomer selbst stiftete auch die von ihm, aus 40 kg purem Sterlingssilber gefertigte Siegertrophäe für die Tourenwagenfahrt. Siehe auch www.herkomer-konkurrenz.de.

[16] Vgl. ausführlich Day (2005).

Mythos und Marketing: Der induzierte Mythos

Heutzutage wird „der Mythos" zumeist als Verkaufsargument benutzt, um potenziellen Käufern zu suggerieren, man könne damit auch an einem Mythos teilhaben und so eine Orientierung in einer komplizierter gewordenen Welt erhalten. Als Ausgangspunkt der Benennung eines „Mythos Automobil" unter gleichzeitiger Aufnahme in den Kanon der „Mythen des Alltags" ist noch immer der Kurzartikel „Der neue Citröen" von Roland Barthes, der – bezeichnenderweise (?) - von einem Lieferwagen tödlich überfahren wurde, anzusehen. Nach Barthes ist der Mythos eine Aussage und als solche überträgt er sie im semiotischen Sinn auf das Automobil.[17] Er vermutet abschließend, „dass das Auto heute das genaue Äquivalent der großen gotischen Kathedralen ist. Ich meine damit: eine große Schöpfung der Epoche, die mit Leidenschaft von unbekannten Künstlern erdacht wurde und die in ihrem Bild, wenn nicht überhaupt im Gebrauch von einem ganzen Volk benutzt wird, das sich in ihr ein magisches Objekt zurüstet und aneignet."[18] 50 Jahre später wirken diese Aussagen schwülstig und anstrengend pathetisch.

Seitens der Hersteller ist man im Sinne eines „Marketingmythos" für das „magische Objekt" darum bemüht, dem Produkt einen Mythos zu induzieren. Dies geschieht heute in vielfältiger Weise. Erfolge der Vergangenheit werden zum „Mythos" erklärt und dienen heute als Kompetenzargument. Historische Rennsportfilme werden in aktuelle Werbespots montiert, große Anzeigenkampagnen schlagen den Bogen von früheren Erfolgen in die Jetztzeit.

Die Unternehmensgeschichte, die inzwischen bei den meisten Herstellern selbst institutionalisiert als eigene Firmensparte etabliert ist, wird als Erfolgsgeschichte und Kompetenzargument immer stärker in die Werbung eingebunden.

Das sogenannte „History Marketing" gewinnt zunehmend an Bedeutung. Die schon länger bestehende Vernetzung von Archiv und Werksmuseum wird erweitert um eine enge Betreuung von Marken- bzw. spezifischen Modellclubs, Sponsoring von prestigeträchtigen Old-

---

[17] Barthes (1964), S. 85f.: „Ob weit zurückliegend oder nicht, die Mythologie kann nur eine geschichtliche Grundlage haben, denn der Mythos ist eine von der Geschichte gewählte Aussage; aus der ‚Natur' der Dinge vermöge er nicht hervorzugehen".
[18] Barthes (1964), S. 76. Die moderne Version des automobilen Theoriegeschwurbels liefert Poschardt (2002).

timerrennen [19] und Schönheitskonkurrenzen, [20] werkseigenen Restaurationswerkstätten, [21] der kostenpflichtigen Vergabe von Authentizitätsdokumenten („Geburtsurkunden" für Fahrzeuge) und der Herausgabe von werksunterstützten Oldtimermagazinen.

Diese Form der Markenpflege ist bei den Herstellern unternehmensorganisatorisch der Markenkommunikation oder dem Marketing unterstellt bzw. in eigenen Gesellschaften angegliedert.

Sogar das Produkt selbst enthält heute mehr denn je – besonders im Bereich des Designs – Anleihen aus der Vergangenheit. [22] Im Wege des Retrodesigns fließen Designzitate von früheren Modellen in die aktuelle Formensprache ein. [23]

Durch limitierte Sondermodelle rollt der Mythos quasi schon vom Band. Gleichzeitig wird im Luxusklassesegment die für die Hersteller höchst lukrative Individualisierung der Fahrzeuge zunehmend bedeutender. Es geht dabei besonders darum, die Bindung des Kunden an die Marke zu stärken. Hinsichtlich der Kundenbindung haben sich die Aktivitäten der Hersteller in den letzten 20 Jahren stark ausgedehnt. Es werden Reisen angeboten, werkseigene oder -unterstütze Markenclubs für Neuwagen und Oldtimer führen Treffen und andere spezielle Events wie Fahrertrainings durch, ein umfassendes Merchandising und eigene Finanzdienstleistungen wie Kreditkarten runden das Angebot inzwischen obligatorisch ab.

---

[19] Von Automobilherstellern maßgeblich gesponserte Veranstaltungen sind beispielsweise die Mille Miglia, das Goodwood Festival of Speed oder auch der Pebble Beach Concours d'Elegance.

[20] Der Concorso d' Eleganza Villa d'Este steht z.B. unter der Schirmherrschaft der BMW Group.

[21] Zu nennen sind hier u.a. Ferrari Classiche in Maranello, Porsche Classic, Mobile Tradition von BMW, Audi Tradition, Mercedes-Benz Klassik bzw. inzwischen Mercedes-Benz-Museum GmbH. Eigene Heritage-Abteilungen, die sich der Traditionspflege widmen, befinden sich bei einigen anderen Herstellern noch im Aufbau.

[22] Als Beispiele sind hier der Beetle von VW zu nennen, der mit seinen angedeuteten Trittbrettern und entsprechender Formensprache im Interieur, den VW Käfer zitiert oder auch die Neuauflage des Minis, der mit dem eigentlichen Konzept kaum etwas gemein hat. Vgl. zum Wandel des Automobildesigns Wendler (1997).

[23] Bei Audi wurde 2004 für alle Modelle der sogenannte Singleframe-Kühlergrill als Designelement eingeführt. Hierbei teilt die Stoßstange den Kühlergrill nicht mehr in zwei Teile, sondern er besteht oberhalb aus einem größeren Teil mit dem Logo der vier Ringe und unterhalb aus einem kleineren Teil ohne Funktionalität. Dieser überdimensionale Kühlergrill verschafft den Fahrzeugen ein dominantes Aussehen und ist ein abgewandeltes Designzitat der Kühlergrillformen der Auto Union Rennwagen der Jahre 1934 bis 1939.

Abb. 6: Ein Opel „Laubfrosch" umringt von stolzen Familienmitgliedern

In der Automobilwerbung geht der Trend dahin, das Automobil als Teil der Familie bzw. verlässlichen Partner[24] in allen Lebenslagen darzustellen, [25] mithin eine Markenbindung aufzubauen, die möglichst generationenübergreifend wirksam ist. [26]

---

[24] Der Zubehörhandel bietet z.b. hierfür individuell gestaltete Schriftzüge an, durch die der 911 Carrera Schriftzug auf der Motorhaube in derselben Typographie durch das Geburtsdatum und/oder den Namen des Eigentümers ersetzt werden kann, vgl. www.nameyourporsche.com [10.07.2008].

[25] In einem Mercedes-Benz Werbespot begründet ein zuvor beim Fremdgehen gezeigter Mann seine große Verspätung gegenüber seiner Frau mit den Widrigkeiten des draußen wütenden Schneesturms. Die Frau drückt durch ihren Blick auf den Mercedes und mit einer Ohrfeige für den fremdgehenden Mann aus, dass es für einen Mercedes-Fahrer keine Wetterprobleme gibt. Sowohl in der Print- als auch in der Fernsehwerbung werden immer wieder Familiensituationen rund um das Auto durchgespielt. Siehe auch www.60-jahre-volkswagen.de [29.12.2008]

[26] Um auf die generationenübergreifende Markentreue hinzuweisen, werden in die Werbespots Rückblenden montiert, die meistens Modelle der 1970er Jahre mit zeitgenössischer Musik untermalt zeigen, also an die Kindheitserinnerungen heutiger Käuferschichten erinnern sollen, kombiniert mit der heutigen Modellgeneration.

Ein aktuelles Beispiel hierfür ist der von einer norwegischen Agentur entwickelte, auch in Deutschland gezeigte VW GTI Werbespot, das ein älteres Paar um die 50 Jahre in einem VW Golf GTI (Baujahr um 1977) zeigt, das untermalt mit der Musik des „Love is in the Air"-Klassikers von John Paul Young die Aussicht auf einen Fjord genießen möchte. Im Rückspiegel zu sehen, naht ein junges Paar heran, das im neuen VW Golf GTI nebenan zum

Dem potentiellen Käufer soll das Gefühl vermittelt werden, sich durch das Auto eine besondere Unabhängigkeit zu erkaufen, die Ausdruck eines individuellen Stils ist. Bereits seit Mitte der 1920er Jahre arbeitet die Automobilindustrie auch mit Prominenten als Markenbotschaftern, sogenannten Testimonials,[27] zusammen, die die Marke werbewirksam nach außen vertreten und in ihr berufliches Leben integrieren. So band der schweizerische Clown Grock seit Beginn der 1930er Jahre, je nach abgeschlossenem Werbevertrag, eine Automarke in seine Nummer ein, wodurch für das Publikum nur schwer erkennbar, Werbung unauffällig induziert wurde.[28]

Das Automobil ist auch ein Ausdrucksmittel für nationale Identität und technologische Führungskraft:[29] in Amerika mit dem die Massenmotorisierung befördernden Ford T („Tin-Lizzy") über die Straßenkreuzer der 1950er/60er Jahre bis hin zu den panzerartigen SUVs der heutigen Zeit. Ebenso ist das Deutschland-Bild in der Welt als Innovationsnation und kompetenter Automobilbauer stark geprägt von der langjährigen Erfolgsgeschichte solcher Marken wie Mercedes-Benz, BMW, Audi, Porsche oder VW. Als nationales Kulturgut steht der Citroën 2 CV, die Ente, ebenso zwingend für Frankreich wie der VW Käfer für Deutschland.[30] Wenngleich heute auch Automobile von international besetzten Teams und Designern konstruiert und entwickelt, sowie an weltweit verteilten Standorten gebaut werden, so steht doch die kulturelle und damit auch eine gewisse nationale Identität hinter der Marke bzw. dem konkreten Fahrzeug.[31] Zunehmend wird

---

Stehen kommt aus dem ein Remix des Liedes wummert. Beide Paare nicken sich schließlich im Rhythmus der Musik verständnisvoll-freundlich zu. Siehe http://www.youtube.com/watch?v=zL711nKIgMc [14.11.2007].

[27] Vgl. allgemein zu Testimonials: Mäder (2005).

[28] Diercksen (2000), S. 105f. und 214–219. Seit dem 13. Januar 1936 war Grock vertraglich an Mercedes-Benz gebunden und erhielt für den Einbau der Marke in seine Nummer jährlich ein neues Modell seiner Wahl. So auch der amerikanische Zauberer Howard Thurston, der in den Jahren 1928/29 ein Automobil der Marke Willys-Overland von der Bühne verschwinden lies (Adrion 1981, S. 100).

[29] Genau mit diesen nationalen Klischees spielt ein aktueller Renault Werbespot für Crashsicherheit, in dem – untermalt von einem französischen Chanson – länderspezifische, kulinarische Spezialitäten auf einem Miniaturschlitten montiert gegen die Wand gefahren werden. Zuerst zerplatzt die bayrische Weißwurst, anschließend zerlegt es die japanische Sushirolle und auch das schwedische Knäckebrot zerbricht bröselnd, einzig die französische Baguettestange federt nach kurzer Knautschphase wieder in den Ursprungszustand zurück.

[30] Vgl. hierzu auch Hornbostel & Jockel (1997).

[31] Würde in einem Gesellschaftsspiel nach zehn Primärassoziationen zu beispielsweise den Ländern Deutschland, Italien, Frankreich oder Schweden gefragt werden, so wäre es nicht unwahrscheinlich, dass die Spieler mehrere Automarken nennen würden.

dem Automobil bzw. besonderen Exemplaren auch ein Status als Kulturgut zugesprochen.[32]

Die Sonderstellung des Automobils als technischem Gebrauchsgegenstand einerseits und stilbildendem Luxusartikel andererseits zeigt sich auch im Wandel der Modellbezeichnungen im Laufe der Jahrzehnte von den in den 1920er und 1930er Jahren populären, überhöhenden Euphemismen (zum Beispiel: Audi Imperator, Austro-

Abb. 7: Ein Tatra 87 der 1. Serie vor einem Haus im tschechischen Modernismus. Die Seitenansicht auf ansteigendem Terrain betont die besondere Aerodynamik des Wagens

---

[32] Beispielhaft hierfür steht die am 1. Januar 2006 erfolgte Aufnahme des im Nationalen Technischen Museum in Prag ausgestellten Tatra 87 in die Liste der Nationalen Kulturgüter (siehe http://www.radio.cz/en/article/74187 [9.11.2007]). Zur Bedeutung als nationale Ikone siehe auch Kablicky & Margolius (2005), sowie Bruthansova & Kralicek (2005), S. 90. Vgl. weiterhin Theberge (1995), S. 94f. Exemplare des Tatra 87 sind nicht nur in Automobilmuseen ausgestellt, sondern auch als Exponate der Dauerausstellungen in der Pinakothek der Moderne in München und im Minnesota Institute of Art, wie auch als „Highlight" der u.a. im Londoner Victoria & Albert Museum gezeigten Ausstellung „Moderism – Designing a new World 1914-1939". Internationale Bekanntheit erlangte der Tatra 87 nicht nur wegen seines innovativen, stromlinienförmigen Designs und der markanten, haarigen Stabilisierungsflosse über dem luftgekühlten V8 Heckmotor, sondern auch durch die Reisen der beiden Tschechen Miroslav Zikmund und Jiří Hanzelka. Einen Überblick gibt hierzu Hanzelka & Zikund (1957); Vgl. allgemein zum „mobilen Kulturgut" die Initiative http://www.kulturgut-mobilitaet.de.

Daimler Bergmeister, Brennabor Juwel, Rex-Simplex, Stoewer Repräsentant, Maybach Zeppelin oder die früher übliche Praxis den Modellen Städtenamen zuzuordnen) hin zu Buchstaben bzw. Zahlenkürzeln oder von spezialisierten Agenturen kreierten Phantasienamen der heutigen Zeit. Von gesellschaftlicher Akzeptanz bzw. Zuneigung zeugen auch Kosenamen wie Ente, Käfer oder Knutschkugel, während die an Kampfstiernamen angelehnten Modellbezeichnungen der Marke Lamborghini eher das männliche Ego befeuern.

Der inszenierte Mythos

Der „Mythos" wird dem Automobil jedoch nicht nur induziert, sondern er wird auch inszeniert, wobei die Übergänge fließend sind und ein Ausgangspunkt nur schwer auszumachen ist.

Bereits 1950 organisierte in New York das Museum of Modern Art (MoMA) ein Symposium zum Thema Automobildesign, gefolgt von der Ausstellung „Eight Automobiles" im darauffolgenden Jahr.[33] Als erstes Kunstmuseum überhaupt nahm das MoMA 1972 ein Auto – einen Cisitalia 202 GT (Bj. 1946) gestiftet von der Firma Pinin Farina – als Beispiel für funktionales Design in seine Sammlungen auf. Seit 1951 sind im MoMA neun Automobilausstellungen gezeigt worden, die aktuelle Sammlung umfasst 6 Automobile, der Cisitalia ist durch eine Glaswand auch von außerhalb des Museums zu sehen. Auch in Deutschland ist, abseits der Werks- bzw. Technik- und Automobilmuseen, der Trend einer zunehmenden Anerkennung des Automobils als Gegenstand der Kultur- und Designgeschichte zu erkennen.

In der 2002 eröffneten Pinakothek der Moderne in München nehmen die ausgestellten Automobile einen prominenten Platz ein. Die Sonderausstellung „Mythen – Automobili Lamborghini" (26. Juni – 18. Juli 2004) wurde aufgrund ihrer besonderen Inszenierung mit dem iF Product Design Award 2005 in der Wettbewerbskategorie Public Design / Innenarchitektur ausgezeichnet.[34]

---

[33] Die Ausstellung fand vom 28. August bis 11. November 1951 statt; gezeigt wurden ein Mercedes-Benz SS Tourenwagen (Bj. 1930), ein Cord 812 Custom Beverly Sedan (Bj. 1937), eine Bentley Limousine mit Karosserie von James Young (Bj. 1939), ein Talbot-Lago Figoni Teardrop Coupe (Bj. 1939), ein Lincoln Continental Coupe (Bj. 1941), ein MG TC (Bj. 1948), ein Willys Jeep (Bj. 1951) und ein Cisitalia 202 GT.

[34] Über die Ausstellung schrieb iF Online: „Die Rauminstallation betonte die kultische Ausstrahlung von Lamborghini: Die Besucher gelangten über einen eigens

205

Stadtgeschichtliche Museum – wie z.B. das Focke-Museum, Bremer Landesmuseum für Kunst und Kulturgeschichte – nehmen die regionale Automobilgeschichte ebenfalls in ihre Ausstellungsbereiche auf,[35] ein Umstand, der sicherlich auch der Tatsache geschuldet ist, dass „Autos immer ziehen", wie man oft in der Museumslandschaft zu hören bekommt, wenn ein Gegensteuerungsinstrument gegen rückläufige Besucherzahlen gesucht wird.

Der zunehmende Einzug des Automobils in die Kunst- und Designmuseen erklärt sich auch daraus, dass es heute als mentalitätsspezifisches Leitbild kulturell anerkannt ist und als „Alltagsmythos" kollektives Handeln und Erleben prägt. Nach Aleida und Jan Assmann wirken solche Orientierungen vorwiegend implizit unterhalb der Bewusstseinsschwelle und modellieren in unverbundenen Einzelaspekten die Wirklichkeitserfahrungen von Gruppen.[36]

Konkret erlebbar sind solche Wirklichkeitserfahrungen bei Oldtimerrallyes, sei es bei der Mille Miglia in Italien oder kleinen, regionalen Veranstaltungen, bei denen ein gut gelauntes Publikum die Straßen säumt und – fast gleich dem Kindchenschema – jeder auftauchende Oldtimer mit Sympathiebekundungen durch Winken oder zumindest ein sentimentales Lächeln bedacht wird.

Die Wirkung eines solchen „Alltagsmythos" wird sich auch in einer Gesprächsrunde entwickeln, in der man die Frage nach „dem ersten Auto" stellt. Auch wer kein Auto selbst besitzt, wird aus einem Erlebnisschatz erzählen können, der von ersten Urlaubsreisen mit den Eltern über legendäre Staus, mehr oder weniger liebenswürdige technische Macken bis hin zu romantischen Erfahrungen reicht.

Die Verbindung von Marke und Mythos als Kompetenzargument zeigt sich nicht nur in der gewollten Inszenierung in den neuen Fir-

---

gebauten Schacht treppab zum Schaudepot, wo das Auge sich an die fast komplette Dunkelheit gewöhnen mußte. In der Mitte des Raums war ein ‚Murciélago' auf einem Feld von 80 cm hohen Stahlnägeln montiert, dunkelgrünes Licht ließ die Konturen hervortreten. Die anderen Fahrzeuge – alle schwarz – waren entlang der Wände auf L-förmigen Podesten angeordnet, die zur Raummitte hin jeweils eine 1,80 m hohe Wand mit schmalen vertikalen Öffnungen aufwiesen. So konnten sie nur beim äußeren Rundgang betrachtet werden, von der Mitte aus erahnte man sie durch die Schlitze. Auch hier war die Beleuchtung dunkelgrün; beim Miura tastete ein grüner Streifen die Oberfläche ab. In vier Metern Höhe wurden Filme an die Wände projiziert, die in extremer Vergrößerung den Zeichenvorgang des Designers Luc Donckerwolke wiedergaben; ein Clay-Modell und ein Motorblock vervollständigten die Ausstellung." (http://www.die-neue-sammlung.de/z/preise/if/lambo.htm [10.11.2007]).

[35] Vgl. Christiansen (1998), S. 36f.
[36] Vgl. hierzu: Assmann (1998), S. 179–200.

menmuseen der Hersteller, wie z.B. im Museum Mobile, das die Marken Horch, Wanderer, DKW sowie Audi und NSU vereint, im für 80 Millionen Euro umgebauten BMW Museum oder im neuen 150 Millionen Euro teuren Mercedes-Benz Museum,[37] wobei konzeptionell Ähnliches im neuen Porsche Museum ab Februar 2009 zu erwarten ist. Entsprechend der an die beiden Ausstellungsleitlinien „Mythos" und „Collection" angelehnten Aufteilung des neuen Mercedes-Benz Museums, die sich in einer ineinander verschränkten Doppelhelixstruktur durch das Museum ziehen, beschreibt auch der neue Museumsführer die einzelnen Ausstellungseinheiten. Wenngleich aus der Innenperspektive von Mercedes-Benz der Mythos aufgrund der Historie quasi als gegeben angesehen wird und unverrückbar feststeht, so stellt sich doch die Frage, ob der Leser des Museumsführers den Mythos selbst zwischen den Zeilen finden soll oder der Museumsbesucher, dessen Sinneswahrnehmungen für authentische Motorenöle sogar durch Duftmarketing (sogenanntes Air-Design) auf die Sprünge geholfen wird, durch die beeindruckende Ausstellung den Mythos einfach fühlen muss?[38]

Gänzlich inszeniert ist die Autostadt in Wolfsburg, eine Mischung aus Meditationsgarten, disneylandeskem Themenpark, Kundenzentrum und Automuseum. Sinnbildlich für das ganze Konzept steht der von einer schweizerischen Kommunikationsagentur entwickelte minimalistische schwarze Quader für die Marke Lamborghini, der sich leicht schräg in die Höhe reckt und in seiner Kubatur an die Kaba von Mekka erinnert. Der Besucher umwandert zunächst einen Kern, der sich nicht betreten lässt, die kirchenähnliche Ruhe wird plötzlich unterbrochen von anschwellendem Gewummer, Motorengeräuschen, Nebel steigt auf und für einen kurzen Moment sieht man einen Lamborghini Murcielago, der schräg die Wand heraufzufahren scheint. Es wird der Eindruck inszeniert, an einer besonderen Kultstätte zugegen zu sein.

---

[37] Mit 1 Million Besuchern in den ersten 13 Monaten seit der Eröffnung am 19. bzw. 20. Mai 2006 zählt das neue Mercedes-Benz Museum zu den besucherstärksten Museen in Deutschland, auch im Jahr 2007 rechnet man mit 800 000 Besuchern. Interessant ist dabei auch der Wandel bzw. die Internationalität in der Besucherstruktur, die durch das neue Museum hervorgerufen wurde. So kommen mehr als 11 % der Besucher extra für einen Besuch aus China angereist.

[38] Interessanterweise kommt in der 1966 erschienenen, von Daimler-Benz herausgegebenen *Chronik Mercedes-Benz Fahrzeuge und Motoren* das Wort Mythos überhaupt nicht vor. Zumindest bis Anfang der 1980er Jahre scheint es für die von technischer Akribie geprägten Firmenpublikationen gänzlich unpassend zu sein.

Mit ähnlichem Aufwand warten heute Modellneuvorstellungen auf, bei denen sich Locationmanager von Eventagenturen gegenseitig kreativ zu übertreffen versuchen, indem Sportwagen in winterlich Schneelandschaften in Nordschweden oder in abgeschiedenen Lagunen im Mittelmeer einem ausgewählten Kreis an Journalisten präsentiert werden. „Normale" Veranstaltungen werden als Gala aufgezogen und gerne mit internationalen Popstars wie Seal oder Bryan Ferry garniert, die den nötigen Pathos frei Haus liefern. An den Ständen auf den Automobilmessen geht die Inszenierungslust sogar soweit, dass die Dekolletés der Hostessenkleider die Kühlergrillform zitieren und Nagellack- sowie Lippenstiftfarbe mit den ausgestellten Modellen Ton in Ton korrespondieren.

Ein Sonderfall – der Tod im Automobil als Mythengrundlage

Prädestiniert für die Entstehung eines Mythos scheint die Konstellation berühmte Persönlichkeit und „Tod im Automobil" zu sein. Wäre James Dean heute ein Mythos, wenn er anstatt in einem sein rebellisches Image unterstreichenden Porsche Spyder tödlich zu verunglücken sich beim Sturz von der Haushaltsleiter das Genick gebrochen hätte? Im Falle von James Dean hat dies zu einer Art doppelten Mythos geführt.[39] Einerseits der junge, erfolgreiche, unangepasste Schauspieler, der mit Hauptrollen in den Filmen, „Jenseits von Eden" (1955), „Denn sie wissen nicht was sie tun" (1955) und „Giganten" (1956) den Prototyp des verletzbaren Außenseiters verkörpert, der sich von der Erwachsenenwelt unverstanden fühlt. Im Alter von 24 Jahren verunglückte er am 30. September 1955 nachmittags mit seinem, von ihm „Little Bastard" getauften Porsche Spyder bei einem frontalen Zusammenstoß mit dem Ford Custom Tudor Coupe des kalifornischen Studenten Donald Turnspeed an einer Kreuzung in der Nähe von San

---

[39] Wenngleich die Konstellation bei Steve McQueen eine andere ist, da er nicht mit dem Automobil verunglückte, sondern mit 50 Jahren an Krebs verstarb, so besteht auch hier ein Doppelwirkung zwischen seinem Film „Le Mans", den er 1970 beim 24 Stunden Rennen mit seinem Porsche 908 dort drehte und der heutigen Verehrung seiner Person. Der signifikante Anstieg der Verkaufszahlen von Ford Mustangs durch die zehnminütige Verfolgungsjagd, die sich Steve McQueen in dem Film BULLITT (1968) liefert, kann bezüglich der Wirkung als Ausgangspunkt der Idee für das heute üblich gewordene Productplacement von Automobilen in Filmen darstellen.

Robles auf dem Weg nach Paso Robles.[40] Ironischerweise stellte sich Dean noch am 17. September 1955 für eine Werbebotschaft des National Highway Safety Comittee zu Verfügung, der Autofahrer zu mehr Umsicht im Straßenverkehr aufforderte, mit den Worten: „Take it easy driving. The life you might save might be mine."

Anderseits wurde der Porsche Spyder selbst zu einem Mythos und zählt heute zu den gesuchtesten und teuersten Raritäten der Marke. Das Wrack des Dean Spyders ist seit 1960 verschollen, im Zeitraum zwischen dem Unfall und 1960 fanden mehrere Personen den Tod, die den Motor des Wagens in ein anderes Fahrzeug einbauten oder von dem Wrack erschlagen wurden.[41]

Der Tod im Automobil führt immer wieder zu einer Mystifizierung des Verstorbenen und steht sinnbildlich für ein intensiv gelebtes Leben. Ein berühmtes Beispiel hierfür ist die amerikanische Tänzerin Isadora Duncan, deren modische Vorliebe für lange Schals ihr zum Verhängnis wurde, als sich ihr Schal im Fahrtwind um die Achse des Bugattis ihres Freundes Benoît Falchetto wickelte und ihr am 14. September 1927 in Nizza das Genick brach. Ähnlich verhält es sich bei den „Mythenkonstruktionen" um Grace Kelly, Lady Di, Falco, Helmut Newton oder auch Albert Camus, der in einer der Ikonen des französischen Automobilbaus, einer Citröen DS (Beiname: „Die Göttin") verunglückte.

Wenngleich das Automobil an sich nicht immer im Zentrum des Mythos steht, so steht es doch in enger Verbindung im Zusammenhang der Erinnerungskultur bzw. der damit verbundenen Bilder im Kopf. Wer einmal die Fotos des offenen Lincoln Continental gesehen hat, in dem Kennedy am 22. November 1963 in Dallas erschossen wurde, vergisst sie nicht. Wegen ihrer besonderen Perfidität sind auch die Attentate auf Hanns-Martin Schleyer (mit anschließender Entführung und Ermordung) und auf Alfred Herrhausen oder auch das sogenannte „drive-by shooting", das nach den Mafia-Bandenkriegen der 1920er Jahre Mitte der 1990er Jahre als berüchtigtes Element der amerikanischen HipHop-Kultur eine Renaissance erfuhr,[42] geeignete Beispiele

---

[40] Der Beifahrer von James Dean, sein ihm von Porsche zur Seite gestellte Rennmechaniker, Rolf Wuetherich überlebte den Unfall schwer verletzt, starb jedoch 1981 ebenfalls bei einem Autounfall.

[41] Zu der nahezu unglaublichen Verkettung tragischer Umstände, die mit dem Wrack des Dean Spyders in Verbindung stehen vgl.: http://www.jamesdeanscursedcar.com.

[42] Bekannteste Opfer ist der Rapper Tupac Shakur, der im Alter von 25 Jahren am 6. September 1996 in Las Vegas bei einem drive-by-shooting von 4 Schüssen getroffen wurde und sechs Tage später verstarb. Trotz einer nur sechs Jahre

für die enge Verbindung von Tod im Automobil und der aufgrund der Umstände sich entwickelnden Legendenbildung.

Schon zu Lebzeiten ob ihres Mutes und ihrer waghalsigen Manöver als Idole ihrer Zeit verehrt, erlangen Rennfahrer, die auf der Jagd nach Siegen und Rekorden verunglücken, mystische Weihen. [43] So beschreibt Victor Klemperer 1946 die Tragweite des Todes Bernd Rosemeyers, der mit einem Auto Union Rennwagen bei seinem Rekordversuch am 28. Januar 1938 auf der Autobahn Frankfurt – Darmstadt – Heidelberg (ein Abschnitt der heutigen A 5) bei Tempo 440 km/h von der Fahrbahn abflog und an der Unfallstelle verstarb:

„*Das einprägsamste und häufigste Bild des Heldentums liefert in der Mitte der dreißiger Jahre der Autorennfahrer: Nach seinem Todessturz steht Bernd Rosemeyer eine Zeitlang fast gleichwertig mit Horst Wessel vor den Augen der Volksphantasie.*"[44]

Bei Rennfahrern musste schon immer mit Unfällen und damit auch mit dem Tod gerechnet werden, d.h. der Tod wird von den Rennfahrern in Kauf genommen und ist manchmal der bittere Preis für den gesuchten Ruhm.

Abb. 8: Rosemeyer im Auto Union Rennwagen beim Durchfahren einer Steilkurve

---

währenden Karriere ist Tupac Shakur, der bereits am 10. November 1994 ein Attentat mit 2 Kopfschüssen überlebt hatte, auch 10 Jahre nach seinem Tod mit 75 Millionen verkauften Platten der meist verkaufte Rapkünstler aller Zeiten und sein Einfluss auf die Jugendkultur wird selbst an der Harvard University in Seminaren untersucht. Ebenfalls durch ein drive-by-shooting wurde Tupac Shakurs Rivale Notorious B.I.G., am 9. März 1997 in Los Angeles getötet.

[43] Vgl. hierzu für die deutschen Rennfahrer der 1930er Jahre allgemein: Hrachowy (2005).
[44] Klemperer (1990).

Rennfahrer, die wie Rosemeyer einen „Heldentod" fanden, wie Ernst von Delius,[45] Wolfgang Graf Berghe von Trips[46] oder der letzte von insgesamt 26 in der Formel 1 verunglückten Piloten, Ayrton Senna,[47] erfahren noch heute Verehrung.

Jäger – Sammler – Scheunenfunde

Schon früh organisierten sich private Interessengruppen rund um das Automobil und setzten sich für den Erhalt von Sachzeugen des noch jungen Verkehrszweigs ein. In Deutschland wurde der „Allgemeine Schnauferl-Club" bereits im Jahr 1900 gegründet. Der Veteran Car Club of Great Britain, dessen jährlich Anfang November ausgetragener „London to Brighton Run" für Automobile vor Baujahr 1905 an die Anhebung des Tempolimits für Automobile von 4 auf 14 Meilen pro Stunde vom 14. November 1896 erinnert, zählt ebenfalls zu den Institutionen der automobilen Traditionspflege. Spätestens seit Anfang der 1960er Jahre begannen begüterte Privatleute größere Sammlung syste-

---

[45] Verstorben im Alter von 25 Jahren am 26. Juli 1937 in Bonn nach einer Kollision am Vortag mit Richard Seaman beim Großen Preis von Deutschland auf dem Nürburgring.

[46] Wolfgang Graf Berghe von Trips, der seit seinem Umfall beim Grand Prix von Italien in Monza im Jahr 1956 den Spitznamen Count Crash trug, verunglückte im Alter von 33 Jahren auf derselben Rennstrecke am 10. September 1961 als Führender der WM-Wertung, dem zum Gewinn der Weltmeisterschaft nur noch einen einzigen Sieg fehlte, nach einer Kollision mit Jim Clark. Der Unfall ging als „schwarze Stunde der Formel 1" in die Geschichte ein, da der Ferrari, der kurz nach dem Start noch fast vollständig betankt war, gegen die Drahtabzäunung vor der Tribüne prallte und dann vor den Zuschauerreihen explodierte, wobei 15 Zuschauer mit in den Tod gerissen und 60 weitere verletzt wurden. An den Rennfahrer erinnern u.a. 6 Filme; der bekannteste ist sicherlich der 1996 auf Betreiben von Chris Rea entstandene Film „La Passione". Seit Mai 2000 befindet sich im Altersitz der Eltern des Rennfahrers, der in Kerpen-Horrem gelegenen Villa Trips, das Graf Berghe von Trips gewidmete Museum für Rennsportgeschichte, natürlich auch mit einem eigenen „Mythosraum".

[47] Ayrton Senna errang in seiner 10-jährigen Formel 1 Karriere in 161 Rennen 41 Siege, dreimal den Weltmeistertitel und gilt bis heute als einer der besten Fahrer aller Zeiten. Am 1. Mai 1994 verunglückte der 34-jährige Brasilianer beim Großen Preis von San Marino in Imola, als sein Williams Renault wegen gebrochener Lenksäule in einer Kurve geradeaus in eine Mauer raste und ein Teil der rechten Radaufhängung beim Aufprall seinen Helm durchbrach. Für den in seinem Heimatland Brasilien – auch aufgrund seiner karitativen Hilfsprojekte – beliebten Ayrton Senna wurde eine dreitägige Staatstrauer angeordnet. In seiner Heimatstadt São Paulo erwiesen ihm mehr als drei Millionen Menschen die letzte Ehre.

matisch aufzubauen.[48] Einen besonderen Stellenwert nimmt in diesem Zusammenhang das Musee National de l'Automobile im elsässischen Mulhouse ein, dessen Entstehung legendär ist.[49] Ursprünglich handelte es sich um die Privatsammlung der beiden Textilindustriellen Hans und Fritz Schlumpf. Nach dem Tod der Mutter im Jahr 1957 begann Fritz Schlumpf mit dem Sammeln von Oldtimern, eine Leidenschaft, die sich seit den frühen 1960er Jahren intensivierte. Allein im Jahr 1962 erwarb er rund 50 Bugattis. 1963 kamen die persönlichen Fahrzeuge Ettore Bugattis hinzu.[50] In einem Teil der Spinnereihallen richtete Schlumpf im Verborgenen sein Museum mit Restaurierungswerkstätten ein. Aufgrund der Sammelleidenschaft der Brüder, im speziellen von Fritz Schlumpf, ging der gemeinsame Textilkonzern Anfang 1977 in Konkurs. 1200 Arbeiter drohte die Arbeitslosigkeit, umso fassungsloser waren sie als sie nach der Flucht der Brüder Schlumpf in die Schweiz, die inzwischen auf 437 Fahrzeuge angewachsene Oldtimersammlung, darunter mehr als 100 Bugattis entdeckten. Nach zweijähriger Besetzung durch die Arbeiterschaft wurde die Sammlung schließlich 1981 zur Tilgung der hinterlassenen Schulden des Textilkonzerns an ein Konsortium aus kommunalen Trägern der Stadt Mulhouse verkauft.

Heute unterhalten in den USA berühmte Privatsammlungen u.a. der Modeunternehmer Ralph Lauren,[51] der Talkshowmoderator Jay Leno, der Komiker Jerry Seinfeld[52] und der mexikanische Industrielle Arturo Keller.[53]

---

[48] Dazu zählen z.B. die Sammlung Samohýl in Zlín (Tschechische Republik) und die von dem belgischen Industriellen Ghislain Mahy seit 1944 zunächst in einem früheren Circuswinterquartier, einem großen Rundkuppelbau in Gent (Belgien) zusammengetragene Sammlung, die mehr als 1000 Automobile umfasst, von denen ca. 230 seit 1986 im Museum Autoworld im Palais Mondial, einer der größten Hallen vom Cinquantenaire in Brüssel ausgestellt sind und weitere 200 seit 1997 im Museum Mahymobiles in Leuze-en-Hainaut.
[49] Vgl. hierzu Kurz (2005), S. 203–278.
[50] Vgl. hierzu allgemein: Laffon & Lambert (1991).
[51] Im Rahmen der Ausstellung „Speed, Style and Beauty: Cars from the Ralph Lauren Collection" zeigte das Museum of Fine Arts in Boston vom 6. März – 3. Juli 2005 16 ausgewählte Automobile, darunter Einzelstücke wie den Mercedes-Benz SSK „Graf Trossi", aus der Sammlung des Modeschöpfers.
[52] Seinfelds Sammlung soll mehr als 47 Porsches umfassen. Für 20 seiner Porsches lies er einen separaten Lagerraum mitten in Manhattan bauen. Zur Sammlung Seinfelds siehe auch den am 28. Januar 2007 auf Arte erstmals gezeigten Film „100 Porsches and Me" von André Schäfer, der Jerry Seinfeld besuchte und Teile dessen Sammlung, die in einem kalifornischen Flugzeughangar untergebracht ist, zeigt.
[53] Vgl. zu Aufbau und Geschichte der Sammlung: Zöllter (2003).

Neben der Jagd nach Automobilia, die zum Teil erstaunliche Ergebnisse bei den Auktionshäusern mit sich bringt,[54] ist es bis in die heutige Zeit der Traum vom Scheunenfund,[55] der die Sammler elektrisiert. Auch wenn sich die Oldtimerbranche mit einem Jahresumsatz von 17 Milliarden Euro in Europa im Jahr 2006 inzwischen zu einem ernstzunehmenden Wirtschaftszweig aufgeschwungen hat, in dem für Romantik nur noch wenig Platz ist, so sind es doch die Geschichten vom eingemauerten Maserati A6G Zagato in Sizilien, verschwundenen Auto Union Rennwagen, die durch den Eisernen Vorhang geschmuggelt wurden, dem zerlegten Kompressor-Mercedes in der Ukraine oder vom Mercedes-Benz 300 SL Flügeltürer im schleswig-holsteinischen Kuhstall, die den „Mythos Scheunenfund" am Leben halten.[56]

Zusammenfassung

Das Automobil hat wie kaum ein anderes technisches Artefakt in den letzten 100 Jahren die Struktur und das Verhalten der industriellen und postindustriellen Gesellschaft geprägt. Die Erfolgsgeschichte des Automobils reicht von den Anfängen der motorisierten Kutsche über das Statussymbol der „oberen Zehntausend" bis hin zum alltäglichen Gebrauchsgegenstand der Massengesellschaft. Trotz der damit einhergehenden Problematik wie Umweltverschmutzung und Ressourcenknappheit transportiert das Auto immer noch den Wunsch des Menschen nach Freiheit[57] und individueller Selbstbestimmung, gleich einem Sieg über die Natur. Daher gilt auch der Führerschein als Initiationsritus in die Welt der Erwachsenen. Zudem erfüllt das Auto

---

[54] So wurden auf der Automobilia Auktion in Ladenburg im November 2006 73 000 € für die erste Neujahrskarte der Firma Porsche aus dem Jahr 1951 erzielt. Die Karte ist handsigniert von Ferry und Ferdinand Porsche und zeigt ein weinrotes Porsche 356 Cabrio vor dem Schloß Solitude in Stuttgart.

[55] Berühmt geworden ist das Thema auch durch die spektakuläre Fotoreihe „Sleeping Beauties. Schlafende Schönheiten" des deutschen Fotografen Herbert W. Hesselmann, der Anfang der 1980er Jahre mehrere patinierte Bugattis und andere automobile Pretiosen, die unter einer dicken Staubschicht in einer geheim gehaltenen französischen Sammlung „schlummerten", fotografisch in Szene setzte. Siehe Hesselmann & Schrader (2007).

[56] Vgl. allgemein zum Thema Scheunenfund: Cotter (2005), sowie Raffaëlli (1997).

[57] Wie groß dieser Wunsch ist, lässt sich auch daran ablesen, dass ein Deutscher laut dem Abendblatt vom 17. Oktober 2005 durchschnittlich sechs Monate seines Lebens im Stau verbringt und Hamburg, die Stadt mit den meisten Regentagen in Deutschland, die höchste Cabriodichte aufzuweisen hat.

als Statussymbol seit jeher die Funktion eines Imageträgers und ist gleichermaßen Spiegelbild des Besitzers.[58]

Die Verbindung von Marke und Mythos ist nicht nur induziert und eine Inszenierung der Hersteller. Seit jeher findet das Automobil seinen Widerhall in Büchern,[59] besonders in Comics,[60] Filmen,[61] Kunst,[62] in der Musik und zahlreichen anderen Medien.[63] Wer erinnert sich beim Thema James Bond nicht an den Rolls Royce Phantom von Auric Goldfinger mit einer Karosserie aus purem Gold oder den von Q für 007 präparierten, silbernen Aston Martin DB 5? Kein Batman ohne Batmobil, kein Knight Rider ohne Kitt, kein Magnum ohne Ferrari 308. Das Automobil gibt als Handlungselement, ähnlich wie im wirklichen Leben, den Charakteren eine Identität („Sag mir, welch Auto Du fährst und ich sag Dir, wer Du bist... oder wer Du sein möchtest.") und deckt dabei die ganze Bandbreite vom Ersatzraum für Intimsphäre bis hin zur Waffe ab. Überzeichnet kann das Auto sogar eine das Leben einfassende Klammer sein, als eine Art Anfangs- und Endpunkt, in dem die werdende Mutter zum Krankenhaus gefahren wird bis hin zur Fahrt im Leichenwagen auf den Friedhof, ja sogar noch darüber hinaus, wie die von Bazon Brock beschriebene afrikanische Bestattungskultur mit automobilgestaltigen Särgen, zeigt.[64]

---

[58] Vgl. hierzu auch Bilstein & Winzen (2001). Diese wechselseitigen Beziehungen lassen sich gut an der Tuning-Show „Pimp my ride" beobachten. Bereits in den 1910er Jahren gab es in den Studios der Fotografen Automobilattrappen mit denen man sich ins rechte Bild setzen lassen konnte. Auch an beliebten Ausflugszielen, wie z.B. vor dem Leipziger Völkerschlachtdenkmal, warteten Fotografen, um die Automobilisten vor entsprechender Kulisse abzulichten.

[59] Vgl. Müller (2004).

[60] Berühmtestes Beispiel sind hier wohl die seit 1957 erscheinenden Comics um die von Jean Graton geschaffene Figur des Rennfahrers Michel Vaillant.

[61] Charlie Chaplin tritt das erste Mal mit seinem weltberühmten Tramp-Kostüm 1914 in dem Kurzfilm „Kid Auto Race in Venice" auf, bei dem es sich um eine Art Seifenkisten- bzw. Kartrennen handelt. Als Slapstick-Element spielt das Automobil auch in den frühen Laurel & Hardy sowie Pat & Patachon Filmen eine wichtige Rolle. In diesem Zusammenhang muß auch der 1971 erschienen Film Trafic von Jacques Tati genannt werden, in dem ein Automobilprototyp zu einer Automobilausstellung überführt wird.

[62] Vgl. allgemein Zeller (1986); Vostell (2000); Kasseler Kunstverein (2006).

[63] Erinnert werden soll und darf hier an die 1958 entstandene Aufnahme THE GRAND PRIX OF GIBRALTAR, in der Peter Ustinov („Man sollte zwei Maseratis haben, dann kann sich immer einer in der Werkstatt erholen.") einen imaginäres Grand Prix Rennen beschreibt, alle Fahrer spricht und die Motorengeräusche imitiert.

[64] Brock (2001), S. 15.

Dass im Zusammenhang mit dem Automobil so oft von einem Mythos die Rede ist, scheint dem Umstand geschuldet zu sein, dass es wie kaum ein anderes Artefakt seit dem frühen 20. Jahrhundert die Sehnsucht des Menschen nach Freiheit und Unabhängigkeit gleichzeitig hervorruft und befriedigt. Es scheint daher, dass es auf der Rezipientenseite eine Art „gefühlten Mythos"[65] gibt, der gleich einem gut schmeckenden Cocktail nach dessen Zutaten nicht gefragt wird, als solcher akzeptiert wird. Die entweder fast hilflos oder marketingstrategisch berechnende Mythologisierung des Automobils und die damit einhergehende Mytheninflation wird nicht zu stoppen sein. Ohne die Bedeutung des Automobils zu schmälern, handelt es sich zumeist um einen induzierten Mythos, der marketingstrategisch inszeniert wird und verkaufsfördernd wirken soll oder er ist schlicht Ausdruck von kommoder Bequemlichkeit. Hat sich der Mythos in den Köpfen der Kunden erst eingenistet, ist das Ziel der Industrie erreicht und diese Form des Kompliments an die Marke wird weitergetragen. Was soll man sich also mit gründlicher und mühseliger Recherche an einem Konsensthema abarbeiten, dass durch den Stempel „Mythos" vielleicht noch an Faszination gewinnen kann? Der Mythos Automobil scheint daher vielfach ein schlichtes Surrogat für eine differenzierte Analyse von Ursache-Wirkungs-Zusammenhängen zu sein.

---

[65] Begünstigend wirken die Elemente Tradition, Rennsport, Tragödien und spezielles Design. Im Hinblick auf einen traditionsbasierten „Markenmythos" wird man sich wahrscheinlich auf z.B. Ferrari, Maserati, Porsche oder Mercedes überwiegend einigen können, bei Daihatsu, Daewoo oder Hyundai eher nicht.

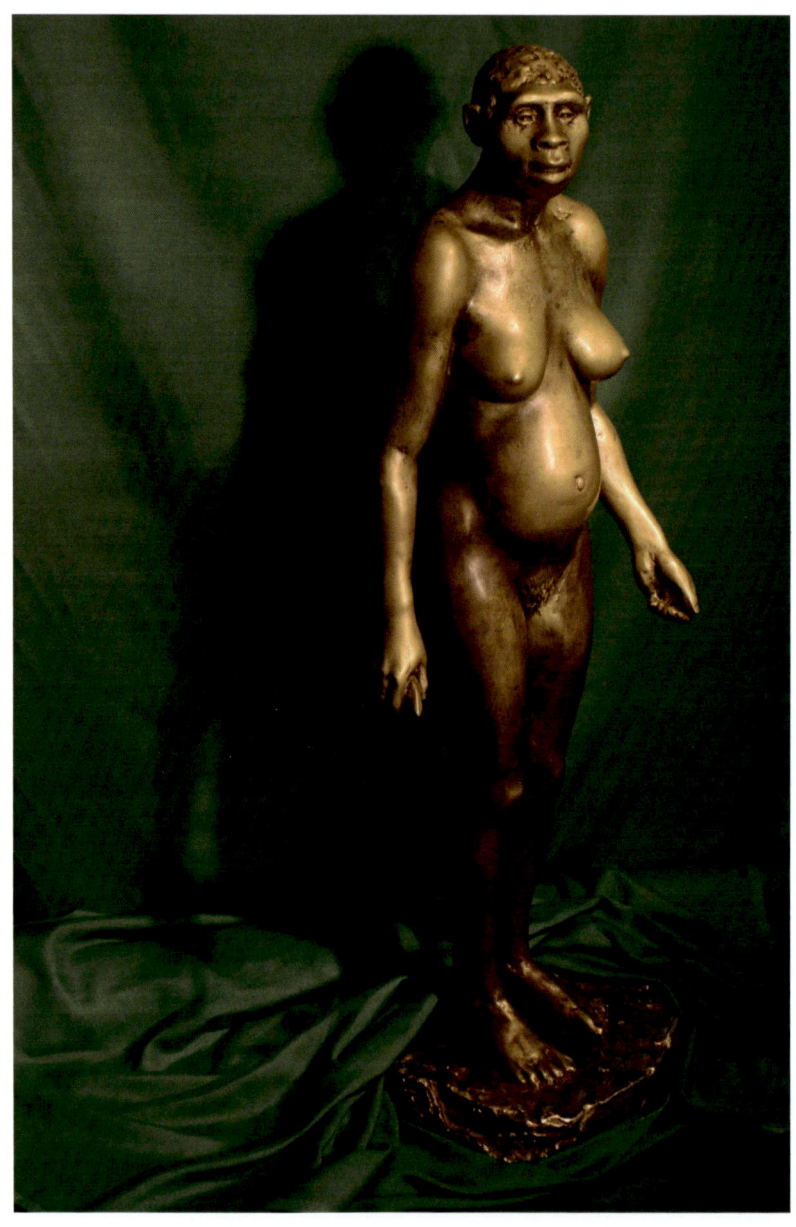

Abb. 1: Lucy als Ganzkörperrekonstruktion im Muséum d'histoire naturelle Genf

Das Postergirl der Paläoanthropologie
Lucy zwischen Wissenschaft und Öffentlichkeit

Oliver Hochadel

Eine Frau vieler Eigenschaften

„Nicht mal halb so lange Beine wie Claudia Schiffer hat sie, von guter Figur kann keine Rede sein – und doch ist sie ein Star", witzelt *Geo*. Aber auch eine so seriöse Zeitschrift wie *Science* kann sich nicht verkneifen von einem „paleo-rock star" zu sprechen.[1] Die Paläoanthropologie hat sie auf den Namen AL 288-1 getauft, der Rest der Welt kennt sie als Lucy.[2] Das Alter dieses *Australopithecus afarensis* wird derzeit auf etwa 3,18 Millionen Jahre datiert. Man könnte aber auch sagen, dass das Postergirl der Paläoanthropologie gerade mal Anfang 30 ist. Denn entdeckt wurde die Hominidendame erst am 30. November 1974 in der äthiopischen Afarsenke, um danach eine beispiellose Karriere in Wissenschaft und Öffentlichkeit zu durchlaufen.

Ikone der menschlichen Vorzeit und unser aller „Urmutter", Quelle äthiopischen Nationalstolzes, Brandname musealer und publizistischer Vermarktung und Gegenstand zahlreicher Kontroversen in der Paläoanthropologie – Lucy ist fürwahr eine Frau vieler Eigenschaften. Im Folgenden sollen schlaglichtartig die wichtigsten Stationen dieser Karriere abgeschritten und nach Lucys „Erfolgsgeheimnis" gefragt werden. Wie wurden die versteinerten Bruchstücke eines Skeletts derart mit Bedeutung aufgeladen? Um diese Frage zu beantworten, wird dieser Aufsatz besonderes Augenmerk auf die Wechselwirkungen zwischen Wissenschaft und Öffentlichkeit legen. Lucy oszilliert gleichsam zwischen diesen beiden Bereichen und erweist sich als zentrales Verbindungsstück. Populärwissenschaftliche Sachbücher etwa werden eine wichtige Quelle darstellen.[3] Vermeintlich nur der Popularisierung wissenschaftlicher Erkenntnisse dienend erlauben diese einen aufschlussreichen Einblick in die Arbeitsweise und das Denken der Paläoanthropologen.

---

[1] Schomann (1998), S. 84: Ein witziges „Porträt" Lucys in der ersten Person, das auch ihre „Medialisierung" thematisiert. Siehe auch Gibbons (2006), S. 574.

[2] AL steht für Afar Locality, 288 ist die Nummer der Fundstelle, 1 die Katalognummer. Die Afar-Senke im Norden Äthiopiens ist das Eldorado der Paläoanthropologie seit Beginn der 1970er Jahre. Ich danke dem Wiener Paläoanthropologen Bence Viola für zahlreiche Hinweise und die kritische Lektüre dieses Aufsatzes.

[3] Vgl. dazu Hochadel (2007).

Lucys Geburt und Taufe

Der US-amerikanische Paläoanthropologe Donald Johanson gilt als Entdecker Lucys. Im Folgenden geht es nicht darum zu rekonstruieren, wie Lucy gefunden wurde, sondern wie ihr Fund von Johanson erzählt bzw. erinnert wird. Er tut dies auf den ersten Seiten seines populärwissenschaftlichen Bestsellers „Lucy. The Beginnings of Humankind", der 1981 erschien, also sieben Jahre nach dem Fund. Johansons Beschreibung hat etwas von Epiphanie an sich, der Fund scheint schicksalhaft.

Eigentlich hätte Johanson an jenem Tag im Lager bleiben sollen und Berichte schreiben, ist aber voller Vorahnungen. „Dazu machte ich die folgende Eintragung in mein Tagebuch: '30. November 1974. Vormittags mit Gray zum Fundort 162. Habe ein gutes Gefühl.'" Und kurz darauf: „Als ich an jenem Morgen aufstand, wußte ich, dies war ein Tag, an dem ich das Schicksal herausfordern mußte. Irgendetwas Entscheidendes lag in der Luft."

Als sein Kollege Tom Gray kurz vor Mittag – es ist brüllend heiß – zurückfahren will, schlägt Johanson vor noch in einer kleinen Senke nachzuschauen. „Ich hatte immer noch das 'glücksverheißende' Gefühl, mit dem ich aufgewacht war [...]." Um die Dramatik auf die Spitze zu treiben, finden sie dort nichts und wenden sich zum Gehen, als Johanson am Hang etwas liegen sieht. „'Das ist das Fragment eines hominiden Arms', sagte ich." Hominide Fossilien sind häufig nur sehr schwer von anderen zu unterscheiden, ganz abgesehen von einer Fernidentifikation. Auch hier beruft sich der Wissenschaftler zumindest retrospektiv auf seine Intuition.

Sofort entdecken Johanson und Gray weitere Fossilien und springen vor Begeisterung umher. Dann fahren sie hupend ins Lager zurück, am Nachmittag beginnt das gesamte Team den Hang abzusuchen. Drei Wochen später haben sie Rippen, Teile der oberen und unteren Extremitäten und des Beckens, einen Unterkiefer und Bruchstücke des Schädeldaches von ein und demselben Individuum gefunden. In der ersten Nacht nach der Entdeckung, so Johanson, spielt das batteriegetriebene Kassettengerät „Lucy in the Sky with Diamonds". „Wir ließen dieses Band immer wieder mit voller Lautstärke ablaufen. Irgendwann an diesem unvergeßlichen Abend – ich kann mich an den genauen Zeitpunkt nicht mehr erinnern – gaben wir dem Skelett den Namen Lucy, und seither heißt es so."[4]

---

[4] Johanson & Edey (1981); zitiert wird nach der deutschen Übersetzung: Johanson & Edey (1982), S. 13–17.

Ob gewollt oder nicht – die Taufe auf den Namen Lucy sollte sich als sehr geschickter Schachzug erweisen. Spitznamen für Fossilien sind keine Seltenheit.[5] Nur: Cindy, George oder Mrs. Ples kennt zwar jeder Paläoanthropologe, darüber hinaus aber kaum jemand. Aber „Lucy" in Verbindung mit der eingängigen Verknüpfung mit dem Beatles-Song und der abendlichen Feier in der Wüste schlug ein, es war mehr als ein Name, es war eine Geschichte, die sich leicht erzählt, hängen bleibt und weiter erzählt wird.

Das erfolgreiche Grabungsteam findet sich in den folgenden Jahren auf den Titelseiten von Zeitungen und Magazinen weltweit, allen voran Donald Johanson. Er wird zu einem der bekanntesten Vertreter seiner Disziplin, nicht zuletzt aufgrund seiner zahlreichen Vorträge, Interviews und populärwissenschaftlichen Sachbücher. „Lucy. The Beginnings of Humankind" (1981) war gleichsam der Auftakt einer Serie, in der Johanson (oder der Verlag) Lucy geschickt als „Brandname" etablierte: 1989 erschien „Lucy's Child. The Discovery of a Human Ancestor", 1996 „From Lucy to Language".

Mit dem Ruhm kamen auch die Kritiker. Immer wieder wurde Johanson vorgeworfen, lediglich ein „Medienwissenschaftler" zu sein, der sich gerne ins Rampenlicht der Öffentlichkeit drängelt, oder positiv gewendet, ein Carl Sagan der Anthropologie. Johanson reflektiert diesen Rollenkonflikt zwischen „Sprecher" einer Disziplin und eigener Forschertätigkeit übrigens durchaus kritisch.[6]

Einem Bonmot der paläoanthropologischen Zunft zufolge gibt es mehr Forscher als Fossilien. Ein Megafund wie Lucy war sicherlich die Voraussetzung für Johansons steile Karriere, bedurfte aber auch einer entsprechenden „Öffentlichkeitsarbeit". Dies zeigt auch der Fall des französischen Paläoanthropologen Yves Coppens, der 1974 gemeinsam mit Donald Johanson und Maurice Taieb das Team leitete.

Als Entdecker gilt, wer sich als solcher in der jeweils gegebenen Öffentlichkeit zu profilieren weiß. Und was Johanson im englischsprachigen Raum vollbrachte, gelang Coppens in Frankreich. In seinem populärwissenschaftlichen Sachbuch „Lucys Knie" (deutsch 2002) erfährt der Leser viel über die „Kulturindustrie" rund um Lucy, die gleichsam als Verstärker wirkt. Coppens führt zahlreiche französischsprachige Gedichte, Geschichten und Theaterstücke (von meist zweifelhaftem literarischem Wert) an, die allesamt Lucy und oft auch ihn selbst zum Gegenstand haben.[7] 1985 drehte der französische Regisseur

---

[5] Vgl. bereits Coppens (2002), S. 123.
[6] Vgl. Lewin (1997), S. 272; Johanson & Shreeve (1991), S. 32f.
[7] Coppens (2002), Kap. 6.

Daniel Vigne die Komödie „Une femme ou deux" (deutsch: „Eine Frau zum Verlieben"). Darin spielt Gérard Depardieu einen Paläoanthropologen, der „Laura" im Massif Central ausgräbt, mit zwei Millionen Jahren die „älteste Französin". Bei ihrer Rekonstruktion verliebt er sich selbstredend in sein Bild von ihr, die zudem seiner amerikanischen Förderin verdächtig ähnlich sieht. Der Film floppte, ob die Zuschauer die Anspielungen auf Lucy und Coppens verstanden, entzieht sich meiner Kenntnis. Coppens unternahm auch selbst einen Ausflug in die Literatur und veröffentlichte 1990 gemeinsam mit Pierre Pelot den prähistorischen Roman „Le rêve de Lucy".

Und wie verhalten sich die Entdecker zueinander? In „Lucy" erwähnt Johanson Coppens zwar mehrmals, aber nur einmal im direkten Zusammenhang mit Lucy. Coppens seinerseits nennt als Lucys Entdecker ein rund dreißigköpfiges Team „unter der Leitung eines Triumvirats, das – in alphabetischer Reihenfolge (von der ich gerne profitiere) – aus Yves Coppens, Donald Johanson und Maurice Taieb bestand".[8]

Augenzwinkernd klopft sich Coppens also selbst auf die Schulter, dass eigentlich Johanson die Fossilien gefunden hat, erfährt man von ihm nicht, würde das doch den „claim to fame" schmälern. Dank ihrer erfolgreichen Öffentlichkeitsarbeit hält man in Frankreich Coppens für *den* Entdecker von Lucy, im anglo-amerikanischen Bereich (und etwa auch im deutschsprachigen) aber Johanson. Diese „nationale" Aufteilung wird auf den entsprechenden Wikipedia-Einträgen zu Lucy gespiegelt. Zwar fällt auf der französischen Seite der Name Johanson und auf der englischen jener Coppens, der Eintrag handelt aber im Wesentlichen vom jeweils anderen.[9]

Diese implizite Konkurrenz währt bis heute. In einem Vortrag in Frankfurt im November 2006 behauptete Yves Coppens, dass man die Bedeutung des Fundes anfangs nicht erkannt habe.[10] Dies klingt plausibel, hat doch Johanson sein Buch erst aus der Distanz von sieben Jahren geschrieben.

---

[8] Johanson & Edey (1982), S. 199, Coppens (2002), S. 122; vgl. auch S. 9. Die umgekehrte Reihenfolge wählt Yves Coppens in Coppens (1987).
[9] http://en.wikipedia.org/wiki/Lucy_%28Australopithecus%29; http://fr.wikipedia.org/wiki/Lucy_%28paléoanthropologie%29 [10.4.2007].
[10] http://de.wikipedia.org/wiki/Lucy [10.4.2007].

Lucys Jugendjahre

Wie erklärt sich nun die Karriere Lucys? Es lassen sich mindestens drei Gründe nennen: ihr hohes Alter, die relative Vollständigkeit ihres Skeletts und ihr Geschlecht. Alle drei Punkte bedürfen der Qualifizierung und Erläuterung.

Streng genommen war Lucy Ende 1974 nicht das älteste bekannte Hominidenfossil, in einem „höheren" Sinne aber doch. Es gab einige Fossilien, von denen wir heute wissen, dass sie älter sind. Aber keiner dieser Funde war besonders aussagekräftig – die Paläoanthropologen sagen „diagnostisch" –, d.h. sie waren schwer zu datieren und können aufgrund ihres schlechten und bruchstückhaften Zustandes z.T. heute noch keiner Art mit Sicherheit zugeordnet werden.[11]

Vielleicht der wichtigste Grund für Lucys Prominenz liegt auf der Hand, genauer: auf dem Tisch oder in der Vitrine: im Gegensatz zu sehr vielen anderen hominiden Fossilien, die häufig nur aus ein paar Knochensplitter oder einem zerdrückten Schädeldach bestehen, ist Lucy vergleichsweise vollständig. Nach klassischer Zählweise – d.h. inklusive der Hand- und Fußknochen – sind etwa zwanzig Prozent ihres Skeletts erhalten geblieben. Vernachlässigt man die Hand- und Fußknochen, die von der Anzahl her die Hälfte des menschlichen Skeletts ausmachen, sind es dreißig bis vierzig Prozent. Durch eine Spiegelung – das Skelett ist ja links-rechts-symmetrisch – lässt sich dies auf etwa siebzig Prozent steigern. So entsteht unweigerlich der Eindruck einen „ganzen" (Vor-)Menschen vor sich zu haben.

Folgt man Donald Johanson begann diese Rekreation Lucys unmittelbar nach dem Fund: „As we brought the fragments of her skeleton back to the camp over the next few weeks, we laid them out as they would have been in life – vertebrae in line, rib fragments branching out in parallel arcs, the top of the thighbone firmly nested in its pelvic socket. The effect was uncanny. We all shared the feeling that this ancient creature was being re-created, coming to life before our eyes. I knew as well that as Lucy emerged my own life was irrevocably changing."[12]

---

[11] Dazu gehört das Oberkieferfragment Garusi I, das bereits 1939 im heutigen Tansania gefunden wurde, heute auf 3,6 bis 3,8 Mio. Jahre datiert und zu Australopithecus afarensis gezählt wird. In den 1960er Jahren wurde in Kanapoi ein Oberarmknochenfragment (4.1–4.2 Mio. Jahre) und in Lothagam ein Unterkieferfragment (4,2–5 Mio. Jahre) entdeckt, beide Orte befinden sich in der Nähe des Turkana-Sees in Kenia. Ich danke Bence Viola (Wien) für diese Hinweise.

[12] Johanson & Shreeve (1991), S. 86.

Abb. 2: Lucy aufgebahrt im Zoo von Singapur

Fast läuft einem selbst ein Schauer über den Rücken. Nach der Epiphanie des Fundes wird hier der Mythos Schöpfung oder vielleicht genauer der einer Wiedererweckung bemüht. Und wieder betont Johanson seine schicksalhafte Verbindung mit Lucy.

Damit aber noch nicht genug: „There is something else that draws us to Lucy, beyond her age and completeness", schreibt Johanson: „her sex". Und er fährt fort: „In an elusive but powerful sense she represents the Mother, Gaea, Isis – or whatever history has called the fertility that lingers at the beginnings of our consciousness."[13] Die Vollständigkeit erlaubt die Personalisierung und Abbildbarkeit, das Geschlecht die Stilisierung zur Urmutter, zwei Punkte auf die ich gleich zurückkomme.

Lucy ist freilich längst nicht mehr das einzige hominide Fossil, das zu großen Teilen erhalten ist und dies nicht nur im Vergleich mit den viel jüngeren Neandertalern. Der sogenannte Turkana- oder Nariokotome-Boy, ein etwa 1,6 Mio Jahre alter *Homo erectus*, 1984 von Richard Leakey gefunden, ist weitaus vollständiger als Lucy. Der erste Platz punkto Vollständigkeit gebührt mittlerweile einem *Australopithecus* namens „Little Foot" aus Südafrika. 1994 „entdeckte" der Paläoanthropologe Ronald Clarke in einer Sammlung von Säugetierfossilien hominide Fußknochen. 1997 wurde dann in der Silberberg-Grotte von Sterkfontein der „Rest" gefunden: Das weitgehend komplette Skelett von „Little Foot", von dem nur der Fuß abgebrochen war, steckt noch im Gestein der Höhle und wird nun in mühevoller Kleinarbeit herausgelöst.

Auch gibt es mittlerweile zahlreiche ältere, gut datierte und wissenschaftlich äußerst bedeutsame Funde. Allein zwischen 2000 und 2002 wurden gleich drei Entdeckungen gemacht, die im kritischen Abschnitt von fünf bis sieben Millionen Jahre liegen, in denen sich die hominide Linie von jener der Affen abspaltete. 2000 wurde in Kenia *Orrorin tugenensis*, genannt der „Millenium Man" (ca. sechs Millionen Jahren), 2001 in Äthiopien *Ardipithecus ramidus kadabba* (über fünf Millionen Jahre) und 2002 im Tschad *Sahelanthropus tchadensis* gefunden. „Toumaï" – so sein Spitzname – bringt es mit seinen 6 bis 7 Millionen Jahren auf das doppelte Alter Lucys. Von allen drei neuen Spezies behaupten ihre Finder, dass sie aufrecht gegangen seien.[14]

---

[13] Johanson & Shreeve (1991), S. 30.
[14] „Gefunden" ist hier nicht wörtlich zu nehmen, gemeint ist das Jahr der wissenschaftlichen Publikation. Zum Wettlauf um den ältesten Hominiden siehe Hochadel (2004), S. 114–126.

Lucy liegt mittlerweile also weder punkto Vollständigkeit noch punkto Alter auf einem Spitzenplatz. Auch die wissenschaftliche Bedeutung Lucys hat sich in den letzten dreißig Jahren relativiert. Natürlich handelt es sich nach wie vor um ein Fossil erster Ordnung, aber seit 1974 hat sich der menschliche Stammbaum aufgrund zahlreicher Funde mittlerweile in einen Stammbusch verwandelt. So haben zwischen zwei und vier Millionen Jahren wohl bis zu vier hominide Spezies gleichzeitig gelebt. Da sich die Abstammungslinie des Menschen nicht mehr linear zeichnen lässt, kann man kaum mehr sinnvoll von *dem* missing link oder *dem* Schlüsselfossil sprechen.

All dies konnte Lucys medialer Vorherrschaft jedoch wenig anhaben. Sie bleibt ein zentraler Bezugspunkt und wird immer wieder als unsere „Urmutter" apostrophiert. All die genannten Fossilien, seien sie nun älter oder vollständiger, sind weitaus weniger bekannt. Und gäbe es so etwas wie PR-Beratung für eine ganze Disziplin, dann könnte man der Paläoanthropologie wohl nur empfehlen, dies so zu belassen und die Anzahl der Berühmtheiten nicht zu steigern. Gilt es der Öffentlichkeit etwas Neues zu kommunizieren, dient Lucy als hilfreicher Referenzpunkt. Jüngstes Beispiel: als im September 2006 der Fund eines teilweise erhaltenen Kinderskeletts eines *Australopithecus afarensis* publiziert wurde, war in den Schlagzeilen von „Lucys Kind" die Rede.[15] Für die Kommunikation spielt es offensichtlich keine Rolle, dass das „Kind von Dikika" mit seinen etwa 3,3 Millionen Jahre gut 100 000 Jahre älter war als Lucy. Entscheidend ist es, dem Medienkonsumenten einen bekannten Anhaltspunkt zu liefern. Dies gilt auch für die innerwissenschaftliche Öffentlichkeit. So nannten Louis de Bonis und Georges Koufos den Schädel eines miozänen Menschenaffen „John Paul". Dies war keine Anspielung auf den Papst, sondern auf John Lennon und Paul McCartney. Mit dieser Anspielung auf die Beatles wollten die beiden Paläoanthropologen diesen 9 bis 10 Millionen Jahre alten Ouranopithecus als „Urgroßvater" Lucys positionieren.

Bilder von Lucy

Dass Lucy dieser ikonische Stellenwert zukommt, bedarf einer weitergehenden Erklärung. Die „Vollständigkeit" war die Voraussetzung für die unmittelbar einsetzende Bildproduktion, die Lucy buchstäblich zu

---

[15] Noble Wilford (2006).

einer Ikone werden ließ. Die erste „re-creation" des Skeletts begann ja bereits unmittelbar nach dem Fund noch im Grabungscamp, wie von Johanson im obigen Zitat geschildert. Um den Eindruck zu erwecken einen „ganzen" (Vor-)Menschen vor sich zu haben, waren die Abbildungen entscheidend.[16]

Auf Fotos und Zeichnungen ist Lucy nie als Knochenhaufen zu sehen, sondern immer fein säuberlich arrangiert und friedlich aufgebahrt. Abbildungen dieser Art finden sich in zahlreichen Publikationen, sowohl in wissenschaftlichen als auch in populärwissenschaftlichen, aber auch in anderen Medien, etwa auf einer äthiopischen Briefmarke (siehe Abb. 3) oder als montiertes Skelett im Museum. Selbst an Orten, an denen man es wohl nicht vermuten würde, wie im Zoo von Singapur, ist das berühmte Skelett in einer Mischung aus Sarg und Vitrine aufgebahrt (siehe Abb. 2). Dort ist gar die Ausgrabungsstelle inklusive Gaslampen und Benzinkanister „rekonstruiert". Häufig werden Lucys Knochen auf rotem Untergrund gebettet, wie kostbare Juwelen auf rotem Samt, wie Donna Haraway bemerkt.[17]

Abb. 3: In Äthiopien heißt Lucy Dinkinesh und ist zur Quelle nationalen Stolzes geworden

---

[16] Vgl. bereits Coppens (2002), S. 123.
[17] Haraway (1989), S. 193; vgl. Wiber (1997), S. 196.

Doch damit nicht genug. Die „Vollständigkeit" Lucys ermöglicht die Produktion einer zweiten Klasse von Bildern. Aufgrund ihrer Prominenz wurde ihr Skelett zur Vorlage für sogenannte Dermoplastiken, also dreidimensionalen und lebensgroßen Ganzkörperdarstellungen. Auch zweidimensionale Imaginationen von Lucy, die zum Teil auf die Dermoplastiken rekurrieren, kamen bald in Umlauf und zieren Buchcover und Centerfolds von *Geo* oder *National Geographic*. Lucys Bild multipliziert sich gewissermaßen, sie führt eine visuelle Doppelexistenz als Skelett und als „lebensechter" *Australopithecus* mit Haut und Haaren. Die Dermoplastiken werden von Spezialisten, halb Künstler, halb Handwerkern, in Zusammenarbeit mit Paläoanthropologen hergestellt. Zwar wird hier selbstredend eine möglichst akkurate, den neuesten wissenschaftlichen Erkenntnissen entsprechende Rekonstruktion angestrebt, aber angesichts der dünnen Materiallage von meist nur wenigen Fossilien ist klar, dass Dermoplastiker und Paläoanthropologen sich mit Analogieschlüssen und zum Teil auch schlicht mit Vermutungen begnügen müssen, etwa was die Weichteile, Farbe von Augen und Haaren etc. angeht.[18] Selbst im Falle der weitgehend vollständig erhaltenen Lucy ist der Interpretationsspielraum enorm. So wurden etwa vom Kopf nur der Unterkiefer und ein paar Schädelfragmente gefunden. In der Dermoplastik hat Lucy aber längst ein Gesicht bekommen: genauer viele Gesichter. Die zahlreichen Ganzkörperrekonstruktionen von Lucy, die dem Besucher in vielen Naturkundemuseen leibhaftig entgegentreten, sind gleichzeitig ein ausgezeichnetes Studienobjekt, wie sich Vorstellungen von Paläoanthropologen hinsichtlich Anatomie, Bewegung, aber auch Sozialverhalten und Geschlechterrollen materialisieren und unterscheiden.[19]

Lucy als Zankapfel der Wissenschaft

Denn für die Wissenschaft war Lucy von Beginn an Sensation und Streitobjekt zugleich. Im Folgenden soll kurz auf die drei wohl zentralen Debatten eingegangen werden: Taxonomie, Fortbewegung und Geschlecht.

---

[18] Vgl. zu dieser Problematik: Henke [u.a.] (1996); Henke (1999), S. 25–27.
[19] Um nur einige Beispiele für Dermoplastiken von Lucy zu nennen: Naturhistorisches Museum Wien, gefertigt von Elisabeth Daynes, Muséum d'histoire naturelle, Genf (Gérard Métral und Olivier Bindschedler), Commonwealth Institute, London (Derek und Patricia Freeborn), American Museum of Natural History, New York (John Holmes) und Muséum national d'histoire naturelle, Paris (William Munns).

Das Postergirl der Paläoanthropologie: Lucy

Abb. 4: Dermoplastiken von Australopithecinen im American Museum of Natural History New York. Die rechte, kleinere ist Lucy nachempfunden

Eine heftige Kontroverse entspann sich Ende der 1970er Jahre um die wissenschaftliche Benennung des Fossils.[20] Dabei ging es mehr als um eine schlichte Taufe. Die Frage, welcher Art Lucy angehört, ist unmittelbar verbunden mit jener, welche Stelle sie im Stammbaum der Hominiden einnimmt. Die Reibefläche war die Position des einflussreichen Leakey-Clans. Louis Leakey, seine Frau Mary und in der Folge deren Sohn Richard vertraten ein hohes Alter des Genus *Homo* (Merkmale u.a. großes Gehirn und Werkzeuggebrauch) von 2,5 oder gar 3 Millionen Jahren. Mit ihrem kleinen Gehirn, ihrer geringen Größe und dem v-förmigen Unterkiefer qualifizierte sich Lucy nicht für den Status eines *Homo*. Mit ihren gut 3 Millionen Jahren gehörte sie für die Leakeys daher einem Nebenzweig an und konnte kein direkter Vorfahr des Menschen sein.

Offen war ebenfalls die Frage, welcher und wie vielen Spezies die zahlreichen Funde zuzuordnen waren, die in den 1970er Jahren in der äthiopischen Hadar-Region (Johanson *et. al.*) und im tansanischen Laetoli (Mary Leakey *et. al.*) gemacht wurden. Johanson durch-

---

[20] Entstehung und Verlauf dieser Kontroverse sind eindrücklich geschildert bei Lewin (1997), Kap. 11 u. 12; für Johansons Sicht siehe Johanson & Shreeve (1991), S. 104ff.

schlug diesen gordischen Knoten mit einem einfachen Schlag. Der US-amerikanische Paläoanthropologe Tim White hatte ihn überzeugt, dass die Fossilien von Hadar und Laetoli trotz anatomischer Unterschiede einer einzigen Spezies angehörten. Die Unterschiede seien nur quantitativer, nicht qualitativer Art. Und diese Art sei ein direkter Vorfahr von *Homo*. Gegen den Widerstand des mächtigen Leakey-Clans postulierte Donald Johanson gemeinsam mit Tim White und Yves Coppens im Mai 1978 eine neue Spezies, eben *Australopithecus afarensis*.[21]

Die Leakeys und ihre Verbündeten kritisierten dies scharf. Mary Leakey etwa hatte gefordert weitere Funde abzuwarten, um ein eindeutigeres Bild zu erhalten. Doch Johanson und White sahen keinen Grund zu warten, nicht zuletzt wegen der Konkurrenz mit Coppens, den Johanson wohl nicht zu Unrecht im Verdacht hatte, ihnen mit der Benennung einer neuen Spezies zuvorzukommen.[22]

Hatten White und Johanson bis 1978 eng mit den Leakeys zusammengearbeitet, herrschte nun Eiszeit. Im Folgenden wurde der Streit um den Status von Lucy und die konkurrierenden Stammbaummodelle vor allem zwischen Johanson und Richard Leakey ausgetragen, wobei sich innerwissenschaftliche und mediale Auseinandersetzung kaum trennen lassen. Richard Leakey gehört aufgrund seiner spektakulären Fossilienfunde und seines herausragenden Vermittlungstalentes zur selben „Spezies" wie Johanson. Fast schon legendär ist ihr gemeinsamer Auftritt in „Cronkite's Universe", einer seinerzeit sehr populären US-Fernsehsendung, in der Leakey Johansons Stammbaummodell vor laufender Kamera mit einem dicken Stift durchstrich und als „Alternative" ein großes Fragezeichen setzte.[23] Die Bezeichnung *Australopithecus afarensis* setzte sich aber dennoch bald durch, die genaue Stammbaumposition Lucys ist nach wie vor umstritten, auch wenn viele Paläoanthropologen eine direkte Linie von ihr zu uns sehen.

Die Debatte um die genaue Art der Fortbewegung von Australopithecinen konzentriert sich verständlicherweise auf Lucy, da bei ihr Fossilien der unteren Extremitäten und des Beckens vorhanden sind. Sie werden ergänzt durch die von Johansons Team 1975 ebenfalls in Hadar gefundenen Fossilien der „First Family", einer Gruppe von mindestens 13 Individuen derselben Art. Anders als bei den älteren, fragmentarischen Fossilien war bei Lucy schnell klar, dass sie aufrecht gehen konnte. Dabei war ihr Gehirn klein, etwa von der Größe eines

---

[21] Johanson [u.a.] (1978), S. 1–14.
[22] Johanson & Shreeve (1991), S. 110.
[23] Lewin (1997), S. 15–18; Johanson & Shreeve (1991), S. 118–121.

Schimpansen. Dies untermauerte die in der Zeit nach 1945 aufgekommene Hypothese, dass die Entwicklung des aufrechten Ganges der Vergrößerung des Gehirns vorausging. Aufrecht gehen ist aber nicht gleich aufrecht gehen. Wie gut bewegte sich Lucy auf zwei Beinen? Konnte sie schon flott marschieren oder „watschelte" sie vielmehr? Verbrachte sie bereits mehr Zeit in der Savanne oder doch noch auf Bäumen? All dies war und ist zum Teil noch heftig umstritten.[24]

Aufgrund ihres Alters und ihres Geschlechts wurde Lucy schnell als „Urmutter" aller Menschen betitelt. Dabei gibt es hinsichtlich des Geschlechts Lucys keinen Konsens. Aufgrund ihres Beckens, genauer: der Größe ihrer Beckenöffnung, glaubte Johanson sofort erkennen zu können, dass es sich um ein Weibchen handelt. Sie wurde ja auch bereits am Tag ihres Fundes auf einen weiblichen Namen getauft. Zahlreiche Paläoanthropologen kritisierten dies jedoch als übereilt und wenig überzeugend. Das fossile Material sei keineswegs ausreichend, um das Geschlecht des Individuums zu bestimmen. Entsprechende Zweifel werden zum Teil im Kontext feministischer Kritik an einer „männlichen" Paläoanthropologie geäußert.[25] Methodische Kritik an der Behauptung Lucy sei ein Weibchen gewesen, kam aber auch von nicht-feministischen Paläoanthropologen. Häusler und Schmid schlagen – in durchaus polemischer Absicht – vor, Lucy in Lucifer umzubenennen.[26]

Lucy ist auch in der Fachöffentlichkeit der Paläoanthropologie ein buzz-word, davon zeugen nicht zuletzt die zahlreichen Aufsätze in Fachzeitschriften. Ob es sich bei der Entscheidung eines Paläoanthropologen, sich mit Lucy zu beschäftigen, immer um genuin wissenschaftliche Beweggründe handelt oder ob nicht auch die Aussicht auf die Erregung von Aufmerksamkeit innerhalb der Scientific Community eine Rolle spielt, ist im Einzelfall wohl schwer zu sagen. Vielleicht lassen sich die Motive auch gar nicht sinnvoll trennen. Als Gegenstand der Auseinandersetzung und als Projektionsfläche für neue Theorien nimmt Lucy jedenfalls nach wie vor eine zentrale Rolle ein. Für Donna Haraway ist Lucy „the Barbie doll of a high-tech-culture, which would clothe her in the latest fashions of flesh and behavior".[27]

---

[24] Johanson liefert einen guten Überblick über die verschiedenen Positionen in den 1980er Jahren: Johanson & Shreeve (1991), S. 193ff. Zur Frage von Lucys Fortbewegung gibt es zahlreiche Untersuchungen, zunehmend auch in anderen Disziplinen. Um nur zwei rezente Publikationen zu nennen: Pennisi (2006), S. 330; Vermeulen [u.a.] (2006), S. 867–887.
[25] Hager (1997), S. 10–15; Schiebinger (2001), S. 126f.
[26] Häusler & Schmid (1995), S. 380.
[27] Haraway (1989) bezieht sich dabei auf den Dokumentarfilm „Lucy in Disguise" von 1982, den sie eingehend analysiert, S. 190–193; Zitat S. 191.

Dinkinesh: äthiopische Kronjuwelen und Exportschlager

Außer als Fundland war bislang noch gar nicht von Äthiopien die Rede. Lucy wäre aber nicht Lucy, wenn sie nicht auch dort zu einem Symbol geworden und für Streitereien gesorgt hätte. In diesem Falle sollten wir freilich von „Dinkinesh" (Du bist wundervoll) sprechen, wie die Hominidendame auf Amharisch heißt.

Nachdem die Fossilien Ende 1974 gefunden wurde, nahm Johanson sie zur genauen Untersuchung für fünf Jahre nach Cleveland in die USA (übrigens kein ungebührlich langer Zeitraum für die aufwändigen Untersuchungen). 1980 wurden sie an den Besitzer, den äthiopischen Staat, zurückgegeben. Seither ruhen die Gebeine Dinkineshs in den Räumen des Nationalmuseums in Addis Abeba. Besucher des Museums bekommen nur eine Replika zu sehen, Paläoanthropologen haben auf Antrag in der Regel Zugang zu den im Tresor verwahrten Original-Fossilien.

Für Äthiopien untermauert Dinkinesh den Anspruch die Wiege der Menschheit zu sein. Die etwa 80 fossilen Knochenteile sind in gewisser Weise die Kronjuwelen des Landes. Dinkinesh gehört selbstredend zum UNESCO-Weltkulturerbe, ihre Bedeutung ist fest im kollektiven Bewusstsein der Einheimischen verankert. Wenn ein westlicher Paläoanthropologe in Äthiopien den Einheimischen erklären soll, was er tut, genügt der Begriff „Dinkinesh", berichtet der Wiener Paläoanthropologe Bence Viola, der seit mehreren Jahren in der Afar-Region nach Fossilien sucht. Dies reicht bis hin zu Stammesrivalitäten. So sind die Issa (Somalis) sehr stolz darauf, dass in ihrem Territorium mittlerweile hominide Fossilien gefunden wurden, die über eine Million Jahre älter sind als Lucy, die im Gebiet der mit ihnen verfeindeten Afar entdeckt wurde.[28] „Dinkinesh" ist in Äthiopien zu einem Shibboleth geworden und auch zu einem *pars pro toto*. Die Einheimischen wunderten sich ja zunächst, was die weißen Forscher in der äthiopischen Wüste verloren haben und warum sie in der sengenden Hitze auf dem steinigen Boden umher kriechen und Steine umdrehen.

Dinkinesh/Lucy ist längst zum Botschafter Äthiopiens in der Welt geworden. Im Herbst 2005 war eine Replika des Skeletts das zentrale Ausstellungsstück Äthiopiens bei der EXPO im japanischen Aichi. Und nun soll gar Lucy selbst reisen.

Dies sieht jedenfalls eine im Oktober 2006 unterzeichnete Vereinbarung zwischen dem Houston Museum of Natural Science und dem

---

[28] Persönliches Gespräch.

äthiopischen Ministerium für Kultur und Tourismus vor. Quasi als Leitfossil von insgesamt etwa 200 Objekten soll Lucy sechs Jahre durch die USA touren. Um die Frage, ob die äthiopische Berühmtheit ihr „Heimatland" verlassen dürfe, entbrannte sogleich eine heftige Kontroverse.

Äthiopische Politiker erhoffen sich durch die Ausstellung „Lucy's Legacy: Hidden Treasures of Ethiopia" eine Imageverbesserung ihres Landes, das sonst nur mit Dürren und Hungerkatastrophen assoziiert werde. Damit solle auch die touristische Attraktivität Äthiopiens gesteigert werden. Das Geld für die Leihgabe – über die Höhe der Summe schweigt man sich aus, aus anderer Quelle werden 5 bis 6 Millionen US-Dollar kolportiert – solle den Museen in Äthiopien zugute kommen. Schnell wurde Kritik laut ob der intransparenten Finanzierung.

Zahlreiche Paläoanthropologen zeigten sich besorgt: Lucy sei zu fragil, um zu reisen. Sie verweisen zudem auf eine UNESCO-Vereinbarung, die einen Transport wertvoller Fossilien nur aus „zwingenden Gründen" erlaubt.[29] Man habe ständig mit wertvollen Unikaten zu tun und entsprechend Erfahrung, verteidigen sich die Ausstellungsmacher in Houston.

Und warum könne man den US-amerikanischen Museumsbesuchern nicht eine Replika zeigen, zumal die Besucher des Nationalmuseums in Addis Abeba auch nicht anderes zu sehen bekomme? Lucy habe „name recognition", entgegnet Dirk Van Tuerenhout vom Houston Museum of Natural Science und sei daher als Zugpferd für die Ausstellung unersetzlich. Deshalb sei es auch notwendig, das Original zu zeigen. Niemand wolle eine Kopie der Mona Lisa sehen.[30]

Zwei der wichtigsten angefragten Museen haben bereits abgesagt: das Smithsonian Institute in Washington und das Museum of Natural History in New York. Ob das Houston Museum of Natural Science in der Lage sein wird, die insgesamt 11 „slots" der geplanten Tour zu füllen, scheint angesichts der negativen Publicity fraglich. Sicher scheint hingegen, dass Lucy ihre zahlreichen Aufgaben als Postergirl der Paläoanthropologie, zentraler Bezugspunkt der Medien, Quelle äthiopischen Nationalstolzes und Fokuspunkt innerwissenschaftlicher Kontroversen und unser aller Urmutter weiterhin gewissenhaft erfüllen wird.

---

[29] Siehe die Berichte in Trescott (2006), S. C01; Dalton (2006), S. 8 sowie Gibbons (2006).
[30] Gibbons (2006), S. 575.

John F. Nash Junior
Held, Mythos, Mathematiker
Olaf Meuther

Unser zeitgenössisches Bild von Helden ist noch stark durch den Umgang mit ihnen während des 19. und beginnenden 20. Jahrhunderts geprägt. Vor allem sind es die politischen und militärischen Personen, die sich durch ihren vermeintlich uneigennützigen Einsatz um Staat und Vaterland verdient gemacht haben. Der patriotische Blick auf die Helden, die während der nationalsozialistischen Zeit für die Propaganda instrumentalisiert worden sind, erschwert uns unseren heutigen Umgang mit ihnen und ihre Verehrung. Die ersten, uns bekannten Helden sind Halbgötter oder werden von Göttern unterstützt, so dass es noch am einfachsten ist, das obige Schema auf die Heiligen zu übertragen.

Welche Gemeinsamkeiten teilen moderne Helden mit denen aus Militär, Politik und Religion? In welchen Punkten unterscheiden sie sich von diesen?

Helden werden über Geschichten und Mythen aufgebaut, die drei wichtige Aufgaben erfüllen. Erstens stellen sie sowohl ihn als auch seinen Charakter dar, zweitens schildern sie die Heldentaten und drittens soll die Möglichkeit geboten werden, sich mit ihm zu identifizieren und seinem Beispiel zu folgen. Die zu vermittelnden Inhalte – sowohl bezogen auf die Heldentat als auch auf die Person – werden dabei kodiert, auf einander abgestimmt und bedienen unser Interesse an einer Person, weil sie Antworten auf die folgenden Fragen geben: Wer bin ich? Woher komme ich? Was habe ich getan? Was habe ich geleistet? Eine solche Darstellung des Helden weist damit große Ähnlichkeiten mit der Art und Weise auf, wie hochgestellte Persönlichkeiten in der Geschichte dargestellt und legitimiert wurden. In vielen Fällen ist dabei eine klare Trennung nicht möglich.

Sylvia Nasar wies bereits 1994, als bekannt geworden war, dass John Forbes Nash den Nobelpreis erhalten sollte, gegenüber dem Herausgeber der *New York Times* auf die Bedeutung Nashs als Mathematiker hin und verglich seine Lebensgeschichte mit einem griechischen Mythos.[1] Er wird wie Odysseus dargestellt, der siegreich vor Troja durch den Willen der Götter die Heimat erst nach einer langen Irrfahrt wieder erreichen wird.

---

[1] Nasar (1994), sec. F, S. 1,8.

Auch Roger B. Myerson erklärte 1999 dessen Bedeutung mit Bezug auf die griechische Antike – auch wenn er hier eher auf Aristoteles und die griechische Philosophie als auf die Sagenwelt verwies:
„By accepting non-cooperative game theory as a core analytical methodology alongside price theory, economic analysis has returned to the breadth of vision that characterized the ancient Greek social philosophers who gave economics its name."[2]

Der Film A BEAUTIFUL MIND baute den Helden „John Nash" auf seine Weise auf.[3] Er versucht eine Antwort auf die Fragen zu geben, wer John Nash ist und welche Verdienste er auf dem Gebiet der Mathematik und der Ökonomie mit seiner Theorie über die „Non Cooperated Games" geleistet hat. Der zentrale Punkt des Buches und des Films, um den die gesamte Geschichte aufgebaut worden war, bildete die Verleihung des Nobelpreises an John Nash und den Umgang mit seiner paranoiden Schizophrenie. Beide Themen hingen eng mit einander zusammen, da bis kurz vor der Verleihung die Möglichkeit einer Rücknahme der Nominierung wegen seiner Krankheit nicht ausgeschlossen wurde. In ihrer Einführung zur Anthologie der wichtigsten Arbeiten John Nashs bediente Sylvia Nasar die um ihn aufgebaute Legende.[4]

In der vorliegenden Arbeit wird der Mythos um John Nash dekodiert und versucht, ihn der Realität entgegen zu stellen. Beginnend mit den durch den Film aufgebauten Mythen werde ich entlang des Buches von Sylvia Nasar sowie biographischer, autobiographischer und offizieller Dokumente diesen entschlüsseln und einen neuen Zugang zu John Nash zu eröffnen versuchen.

Genesung durch Selbstheilung: ein Genie zwischen Wahnsinn und Familienglück

Sowohl der Film als auch das Buch stellen das Leben John Nash entlang der Linie Genie-Wahnsinn-Genesung dar und versuchen ihrerseits eine Erklärung für diesen Prozess zu finden.

Der Film zeichnet John Nashs Werdegang von seiner Ankunft in Princeton bis zur Verleihung des Nobelpreises im Jahr 1994 nach. Er

---

[2] Myerson (1999), S. 1067–1082.
[3] Die Darstellung des Films erfolgt nach: A BEAUTIFUL MIND, Genie und Wahnsinn, Universal Studios und Dream Works LLC, 2001, DVD 1.
[4] Nasar (2002), S. XI – XXV.

baut den Mythos John Nash dabei in zwei Richtungen aus und auf. Zum einen handelt der Film vom Werdegang der Person John Nash und zum anderen wird die Entstehung seiner mathematischen Idee dargestellt. Damit beantwortet er zwei wesentliche Fragen: Wer ist dieser Held und wodurch wurde er zum Held?

Die Darstellung seiner Idee wird im Film in das Umfeld einer Studentenbar gestellt, die John Nash öfters mit Kommilitonen besucht. Während er über seiner Arbeit sitzt, amüsieren sie sich bei einem Bier. John Nash entfaltet seine Theorie, als eine Gruppe junger Frauen die allgemeine Aufmerksamkeit auf sich zieht und einer Nashs Kommilitonen die Chancen, die Blondine kennen zu lernen, mit der Theorie von Adam Smith zu erklären versucht. Nach ihr wird in der Konkurrenz der Teilnehmer derjenige mit der besten Strategie den Erfolg erzielen, während die anderen leer ausgehen. John Nash widerlegt Smiths Theorie allerdings, indem er davon ausgeht, dass sich für jeden die Chancen, mit einem der Mädchen auszugehen, genau dann erhöhen, wenn sich nicht alle gleichzeitig auf ein und dasselbe Mädchen konzentrieren. Die verschiedenen Möglichkeiten wurden im Film in Szene gesetzt und eröffneten so einen medialen Zugang zu seiner Gedankenwelt. Der Film bedient sich dabei der Ein- beziehungsweise Aus- oder Überblendungen, so dass die Erläuterungen zusammen mit den Bildern eine Einheit bilden, die dem Zuschauer die jeweiligen Optionen in zweifacher Weise vor Augen führen.

Die Entstehung seiner Theorie ist damit als klassischer Mythos dargestellt. Sie integriert die Theorie über das Nash Equilibrium in den Alltag und fasst dabei die Theorie in eine populärwissenschaftliche Form zusammen, die allgemein verständlich von der komplizierten wissenschaftlich einzuhaltenden Form abheben kann, dabei aber dennoch den Inhalt der Theorie vollständig und unverfälscht wiedergibt. Vollständigkeit und Unverfälschtheit sind dabei zwei notwendige Kriterien, da Diskussionen und weiterführende Erklärungen nicht gegeben werden. Ron Howard setzte dies szenisch um, indem er John Nash die Bar verlassen lässt.[5]

Die Bar erfüllt dabei als Ort der Öffentlichkeit zwei wesentliche Funktion: Sie stellt einerseits die Theorie in den Alltag und macht sie damit verständlich, andererseits wird die Bedeutung seiner Theorie nicht nur für den akademischen, sondern auch für die alltäglichen Bereiche hervorgehoben. Der Mythos entwirft in seiner Kürze zudem ein

---

[5] Kritik ist erst wieder in der wissenschaftlichen Auseinandersetzung möglich, Marks (1994), S. 8, 126–128.

Bild von John Nash, wobei der Focus auf seinen Fleiß, seine Kommunikationsschwäche und seine soziale Inkompetenz gelegt wird. In der Szene brauchte sein Charakter nicht in allen Einzelheiten präsentiert zu werden, da er während des gesamten Filmes entwickelt wird.

Während der Begrüßung der neuen Studenten in Princeton, mit der der Film beginnt und in der die Bedeutung des Fachbereichs Mathematik für die Geschichte dargestellt wird, sitzt John Nash außerhalb des Halbkreises, der sich um den Institutsleiter, Solomon Lefschetz, und seinen Stab gebildet hat.[6] Den Blick nach unten gesenkt, folgt er der Ansprache fast teilnahmslos. Auf dem sich anschließenden Empfang steht er zunächst alleine, zeigt hingegen eine schnelle Auffassungsgabe bezüglich scheinbar nicht zusammenhängender Phänomene und kritisiert ohne Zurückhaltung die bereits erschienenen Arbeiten Martin Hansens, die er zum Teil bereits als Vorabdrucke gelesen hat. Auch als sich langsam die Gruppe um ihn herum erweitert, bleibt er eher für sich und hinterlässt zudem den Eindruck, nicht Student, sondern eher Personal zu sein. Über ihn persönlich erfahren wir nur wenig. Hansen stellt ihn als das West-Virginia Genie vor, das ein Carnegie-Stipendium gewonnen hat. In einer späteren Selbstdarstellung, die er seinem Alter-Ego, Charles Hermann,[7] gibt, erfahren wir zudem, dass er eine gute Kindheit gehabt hat, soziale Inkompetenz besitzt, aber dennoch sehr intelligent ist. Seine Furcht zu versagen, ist sein Antrieb, etwas Bedeutendes auf seinem Fachgebiet der regulierenden Dynamik zu leisten. Er sieht sich durch Kommilitonen, die bereits etwas veröffentlich haben, unter Druck gesetzt.

Um dieses Ziel zu erreichen, stellt er alles andere zurück, geht fleißig und emsig an die Arbeit, ohne allerdings zunächst den erhofften Durchbruch zu erringen. Zu dieser Zeit genießt er weder seine Freizeit noch ruht er sich aus. Er ist ständig mit der Angst konfrontiert, zu versagen. In dieser Situation ist ihm sein imaginärer Freund, Charles Hermann, zur Seite. Er holt ihn auf dem Boden der Realität zurück, hört sich seine Gedanken an und stellt die Realität, in der sich Nash befindet, wenigstens ansatzweise in Frage. Er unterstützt ihn aber an der Stelle, an der die Zweifel an seiner Arbeit am größten sind.

---

[6] Die Person Professor Hellinger ist im Film fiktiv. Sie steht stellvertretend für die Professoren, Solomon Lefschetz, John von Neumann und Albert W. Tucker; siehe Scott (2001).

[7] Charles Hermann ist eine fiktive Person, die andeuten soll, dass die Krankheit John F. Nash bereits während seines Studiums ausbrach und sichtbar wurde. Die Auflösung wird während der Szene in der geschlossenen Anstalt gegeben, in der angesprochen wird, dass er sein Zimmer in Princeton niemals mit einem Kommilitonen geteilt habe.

Obwohl er letztlich wissenschaftlich erfolgreich ist und am Massachusetts Institute of Technology (MIT) eine gehobene Position erhält – die es ihm sogar erlaubt, für Dechiffrierungsaufgaben ins Pentagon gerufen zu werden – muss er jedoch bald erkennen, dass er im Alltag die Bedeutung seiner Arbeit nicht einschätzen kann, obwohl ihm dies bei seiner Dissertation sehr wohl möglich gewesen war. Er muss Belastungstests von Staudämmen durchführen oder Vorlesungen halten, die er bereits zu seiner Studienzeit in Princeton als Zeitverschwendung angesehen hat. Die Kluft zwischen den wichtigen Aufgaben der Weltpolitik und dem Nutzen, den seine Arbeit in diesem Zusammenhang spielt, driftet immer weiter auseinander. Die Krankheit übermannt ihn.[8] Im Wahnsinn bietet sich ihm eine Welt dar, in der seine Arbeit, wenn sie auch geheim geschehen muss, eine Bedeutung für die aktuellen, bedrohlichen Ereignisse im Kalten Krieg gewinnt. Sein Leben bekommt dadurch einen tieferen Sinn, dass er in bestimmten Zeitschriften verdeckte Codes zu entschlüsseln sucht, um das Komplott einer sowjetischen Gruppe aufzudecken, die gewillt zu sein scheint, in Amerika eine Atombombe zu zünden.

John Nash wird zunehmend nervöser, fühlt sich verfolgt und vernachlässigt seine eigentliche Arbeit. Es wird minutiös der Teufelskreis beschrieben, in dem er sich befindet und aus dem er, selbst wenn er es bedingt durch die veränderten Lebensumstände wollte, nicht ausbrechen kann. Halt findet er dabei bei seiner Frau, Alicia Lopez Harrison de Lardé. Er wird in die Psychiatrische Klinik eingewiesen und mit Insulinschocktherapien behandelt. Nach seiner Rückkehr nach Hause steht er den Dingen apathisch gegenüber, woran er den Medikamenten Schuld gibt, die er einnehmen muss und die er ohne das Wissen seiner Frau wieder absetzt, da er spürt, dass sie sich nachteilig auf seine Ehe auswirken. Er gibt damit der Krankheit wieder die Überhand. Im tragischen Konflikt, entweder zum Wohle des Staates oder der Familie handeln zu müssen, gelingt es John Nash, den Widerspruch zwischen Realität und Wahn zu erkennen. In der Auseinandersetzung mit diesem Widerspruch hat sein Geist die Möglichkeit gefunden, mit der Krankheit zu leben und diese zu kontrollieren. Der Verstand besiegt hier quasi den Verstand. Der Film stellt als Lösung keine Heilung dar, vielmehr ist es ein Leben mit der Krankheit, bei der durch die Aner-

---

[8] Es entsteht im Film der Eindruck, dass John Nash in den Wahnsinn flieht, um seinem Leben Bedeutung zu verschaffen. Dabei wird allerdings übersehen, dass das Auftreten Charles Hermann andeuten soll, dass er bereits zu seiner Studienzeit an der Krankheit litt.

kennung der imaginären Personen deren Macht gebrochen wird und sie ihre Machtinstrumente verlieren.

Es wird an dieser Stelle ein neuer Mythos aufgebaut, nämlich der um seine Frau Alicia, die sich aufopfernd um ihn kümmert. Neben den bereits angesprochenen Mythen enthält der Film weitere, wie zum Beispiel das Ritual in Princeton, nämlich: dass den angesehenen Wissenschaftlern der eigene Füllfederhalter gereicht wird. Durch diese Geste, die den Blick auf den Geehrten immer freihält, entwickelt sich am Ende gleichsam das Gruppenbild mit der Ehrenperson. Ein solches Ritual hat es allerdings bis heute in Princeton nicht gegeben. [9]

Es ist im Film notwendig, eine Person und ihr Verhalten in aller Kürze darzustellen, das heißt sinngemäß mit den Worten Akiva Goldsman, Momente aus der umfangreichen Biographie für die Darstellung und das Bewusstsein der Zuschauer zugänglich zu machen und einen Grundstock dafür zu legen, eine Geschichte so aufzubauen und dem Zuschauer zu präsentieren, dass er sie wie aus der Sicht des Erkrankten erlebt. [10] In der Verfänglichkeit des Mythos selber erklärte Ron Howard in seinem Interview mit John Nash das Erkennen einer wissenschaftlichen Idee analog zum Film und nährt damit seinerseits den im Film um John Nash aufgebauten Mythos. [11]

Ohne diejenigen, die an eine solche Legende glauben und sie verbreiten, verlieren sowohl die Erzählung als auch der in ihr dargestellte Held an Bedeutung und Interesse, das insbesondere durch einen interessanten Werdegang geweckt wird.

Vom introvertierten Jungen zum Nobelpreisträger: Der Entwicklungsweg eines Genies

Nasars Buch stellte das Leben John Nashs in einer weit umfassenderen Weise als der Film dar, indem sie nicht nur sein Leben betrachtete, sondern auch sein Umfeld eingehender berücksichtigte und be-

---

[9] www.princeton.edu/mudd/news/faq/topics/nash.shtml.
[10] „Development of the Screenplay", Interview with Akira Goldsman, in: A BEAUTIFUL MIND, DVD 2.
[11] „Meeting John Nash", in: A BEAUTIFUL MIND, DVD 2. Ron Howard fragte John Nash bei einer Formel, ob er die Zusammenhänge intuitiv erkannt habe oder ob er diese sich erarbeiten musste. An dieser Stelle wird deutlich, dass er den Prozess der intuitiven Erkenntnis, wie sie in der Kneipenszene dargestellt wurde, auf die Realität anzuwenden versucht.

schrieb.[12] Anhand von Interviews verschaffte sie sich einen Einblick in sein Leben. Baute sie innerhalb des Buches damit bereits einen Mythos um ihn auf? Schon im Prolog beschrieb sie John Nash als „the genius from Bluefield, West Virginia – handsome, arrogant, and highly eccentric".[13] Originell, Autoritäten missachtend und freiheitsliebend, dem Rationalen und dem puren Gedanken folgend waren weitere Eigenschaften, die ihn in den Augen seiner Zeitgenossen sehr fremdartig erscheinen ließen.[14]

John Nash wurde am 13. Juni 1928 in Bluefield, West Virginia, als Sohn von John Forbes Nash, Sr. und Margaret Virginia Martin geboren. Bereits als Kind war er introvertiert und allein. Er liebte es, zuhause zu sein und Bücher zu lesen oder beschäftigte sich mit sich selbst. Gerne experimentierte er mit gefährlichen Stoffen. Zwei Bücher weckten sein besonderes Interesse. Zum einen war es *Compton's Pictured Encyclopedia* und zum anderen Eric Temple Bells Buch über *Men of Mathematics*.[15]

In der Schule fiel er mehr durch sein seltsames Verhalten denn durch seine speziellen intellektuellen Begabungen auf. In einer Beurteilung am Ende eines Schuljahres wiesen seine Lehrer darauf hin, dass John Nash seine Haltung ändern müsse. Dies bezog sich sowohl auf das Lernen, seine Handschrift sowie auf sein Verhalten während des Unterrichts. Seine Eltern hielten es deshalb für dringend erforderlich, auf seine Erziehung zu achten. Besonders seine Mutter versuchte, ihn sozial wie intellektuell zu fördern. So wurde John Nash Pfadfinder, nahm an sonntäglichen Bibelklassen teil, ging zum Tanzen und war Mitglied der John Alden Society, um dort soziales Benehmen zu erlernen. In den Ferien ging Nash Jobs nach und fügte sich so dem Wunsch seiner Eltern.[16] Sein Vater erwog sogar, seinen Sohn nach West Point zu schicken, weil er Angst hatte „that his son was not growing up well-rounded as much as it did the prospect of free college tuition".[17]

John Nash wollte wie sein Vater Ingenieur werden. Zusammen mit ihm schrieb er einen Artikel über eine bewährte Methode zur Be-

---

[12] Sylvia Nasar widmete teilweise ganze Kapitel der Beschreibung der Umwelt, in der John Nash lebte, wobei sie nicht nur die Orte, sondern auch die Familie, Freunde, Kommilitonen, und Lehrer sowie den damaligen historischen Kontext schilderte. So finden wir zum Beispiel ein ganzes Kapitel zu Princeton oder zu John von Neumann, vgl.: Nasar (2001), S. 49–57 bzw. S. 79–82.
[13] Nasar (2001), S. 11.
[14] Ebd., S. 11–22.
[15] Ebd., S. 30–34; Bell(1937); Compton's Pictured Encyclopedia (1937).
[16] Nasar (2001), S. 32f., 39.
[17] Ebd., S. 39.

rechnung des geeigneten Druckes von Kabeln. Er nahm am George Westinghouse Wettbewerb teil und gewann als einer von Zehn ein Stipendium, mit dem er am Carnegie Institute of Technology (CIT) angenommen wurde. Seine dortigen Leistungen insbesondere in Chemie und Physik ließen allerdings zu wünschen übrig. Aber er entdeckte dort seine Leidenschaft für die Mathematik. Sozial fiel Nash am Institut aber aus der Reihe und wurde zum Gespött seiner Kommilitonen.[18]

1948 ging er nach Princeton, einer Universität, die nach den Weltkriegen die Bedeutung der Wissenschaften und besonders der Mathematik in den Vereinigten Staaten fördern und damit ein Gegenpol zu Europa zu setzen versuchte.[19] In Princeton kam John Nash mit Albert Einstein, John von Neumann, Albert Tucker und Solomon Lefschetz zusammen. Aufgrund seines Talents und seiner hervorragenden Arbeiten ließ man ihm sein ungehobeltes Benehmen oft durchgehen. 1949 geriet er allerdings in Schwierigkeiten, weil einige Fakultätsmitglieder sein Benehmen für inakzeptabel hielten. Eine Exmatrikulation konnten Norman Earl Steenrod, Solomon Lefschetz und Albert Tucker verhindern, da sie sein Potential erkannten. Er konnte zwar die Generalprüfung nicht wie geplant im Frühling, sondern erst im Herbst ablegen, blieb aber in Princeton.[20]

John Nash war in Princeton nicht sehr beliebt, da es aufgrund seiner sozialen Inkompetenz sehr oft zu Handgreiflichkeiten kam. Zum einen isolierten ihn seine seltsamen Gewohnheiten, sich mehr dem Denken hinzugeben denn dem Studium in Büchern und Seminaren. Zum anderen geriet er durch seine Intelligenz, die er in manchen Vorlesungen zum Besten gab, ins Abseits. Mit seinen Arbeiten, die meist über den Rahmen des Erwarteten hinausgingen, rief er zunächst Unglauben und meist auch Kritik hervor, weil wie es Norman Levinson einmal ausdrückte, man nicht „enough background in this area to pass judgment" besaß. Damit charakterisierte er die Kluft zwischen den intellektuellen Unterschieden am trefflichsten.[21]

John von Neumann weckte das Interesse John Nashs für die Spieltheorie. Die offenen Probleme, die von Neumann und Oskar Morgenstern in ihrem Buch „The Theory of Games and Economic Behavior"[22] nicht hatten lösen können, gaben John Nash den Anlass,

---

[18] Nasar (2001), S. 40–48.
[19] Ebd., S. 58–65, 73.
[20] Ebd., S. 73f.
[21] Ebd., S. 163.
[22] Neumann & Morgenstern (1944).

sich mit dem Problem der Absprachen in Gruppen zu beschäftigen und das in der Neumann-Morgensternschen Theorie liegende Problem eindeutiger zu beschreiben. Das Grundproblem lag vor allem darin, dass von Neumann und Morgenstern die Ökonomie als eine „hopelessly unscientific discipline" definierten, da sich die Fragen der Wirtschaft vornehmlich auf tagespolitische Probleme bezögen und sich somit einer wissenschaftlichen Beschreibung entzögen.[23] Von Neumann und Morgenstern hatten dabei den Fokus vor allem auf den Aspekt eines auf Nullsummen basierten Spiels mit lediglich zwei Personen oder Personengruppen gelegt. Sie verglichen die Wirtschaft mit der Physik und folgerten, dass die Naturgesetze in den Naturwissenschaften in ihrem Wesen zur Berechnung zukünftiger Ereignisse geeignet seien, während sich die Wirtschaft dieser Vorhersagen entziehe.

In seinem 1950 in der *Econometrica* erschienenen Artikel „The Bargaining Problem" hatte John Nash Vorarbeiten zu seiner Dissertation geleistet und das Grundproblem der Neumann-Morgensternschen Theorie dargestellt. Er hatte darin gezeigt, dass sich auch die Ökonomie einer systematisch wissenschaftlichen Analyse unterziehen lasse. Er widerlegte Francis Ysidro Egdeworth, der sich mit diesem Problem rund 60 Jahre zuvor beschäftigt und den Wettbewerb als ein Grundelement auch innerhalb von Vereinbarungen betrachtet hatte, weil sich die Gewinne einer Korporation einer wissenschaftlichen Analyse entzögen und es basierend auf der Macht der jeweiligen Vertragspartner eine Vielzahl von möglichen Lösungen der Ausschüttungen gäbe. Eine Reihe von Ökonomen hatte sich darauf hin mit diesem Problem beschäftigt, unter ihnen auch von Neumann und Morgenstern, die die Lösung in der Spieltheorie zu finden glaubten. Allen misslang aber der Durchbruch zu einer Problemlösung.[24] Nash benutzte seinerseits als Methode die axiomatische Annäherung, das bedeutet, dass er sich mit Hinblick auf die plausiblen Lösungen die dazu passenden vernünftigen Bedingungen ansah. Das Problem der nicht klar und kaum messbaren oder vorhersagbaren Aktionen der einzelnen Gruppen und der Verteilung des Profits führte er dabei auf ungenügende Informationen zurück, die durch zusätzliche Bedingungen (Axiome) kompensiert werden müssten. Für ihn spiegelt die Verteilung des Profits den Stellenwert wider, den jede Partei dem Gewinn und der gemeinsam verfochtenen Sache zuspreche.

---

[23] Ebd., S. 7.
[24] Nash (2002a); Nasar (2001), S. 75–91.

Seine Gedanken kamen ihm erneut durch von Neumann und Morgenstern zu Bewusstsein. Sie veranlassten ihn seine Idee schriftlich niederzulegen. Sylvia Nasar wies nach, dass John Nash die Lösung bereits am CIT ansatzweise durchdacht, aber noch keine vollständige Lösung des Problems niedergeschrieben hatte.[25]

Seine Gedanken entwickelte John Nash in seiner Dissertation weiter und gab eine Antwort auf die Frage nach der Lösung multipler Nullsummenspiele.[26] Von Neumann lehnte seine Arbeit ab. Die Ansatzpunkte beider Wissenschaftler unterschieden sich zu sehr, während von Neumann von einer permanenten Diskussion zwischen den Partner in der Wirtschaft ausging, betrachtete John Nash die Parteien eher als individuell handelnde Personen. Er entschloss sich unter Albert Tucker zu promovieren.[27]

Genie, Wahnsinn und Genesung:
Die Konstruktion des Mythos

Sylvia Nasar zeichnete einen kontinuierlichen Entwicklungsweg von den ersten Ansätzen bis zur Entwicklung der eigentlichen Idee auf. An dieser Stelle entwarf sie ein ganz anderes Bild als der Film, in dem die Theorie aus heiterem Himmel fällt, nämlich bei einer Diskussion über die Chancen, ein Verabredung mit einer attraktiven Frau zu bekommen. Die vorbereitende Arbeit, die in der Zusammenfassung und Auflistung des eigentlichen Problems bestanden hatten, wurde im Film nicht berücksichtigt. Von den Kontakten zu den bedeutenden Wissenschaftlern der Spieltheorie, Albert Tucker und John von Neumann, erfährt man im Film nichts. Hinweise auf die Diskrepanz zwischen den unterschiedlichen Ausgangspunkten, von denen John von Neumann und John Nash ausgehen, wurden im Film nur kurz angedeutet

Die Schaffung des Mythos bezüglich der Theorie geschah hier also in der Aufarbeitung des Buchs zum Film. Erst in der Anthologie, die sie zusammen mit Harold W. Kuhn herausgab, bediente sich Sylvia Nasar der Legende, zu deren Bildung sie in der Biographie noch nicht beitrug. Das im Film gewonnene Bild über John Nash wurde weitergeführt, obwohl die Aufmerksamkeit vornehmlich auf seine Arbeiten gelegt wurde, „to enlarge the extent of this recognition by making the most important contributions of John Nash [...] available to a wider audience".[28]

---

[25] Nasar (2001), S. 91.
[26] Nash (2002b).
[27] Nash (2002b).
[28] Kuhn & Nasar (2002), S. XI – XXV, S. IXf.

Der Film bediente dabei sogar die Vorstellungen, die ein Außenstehender von einem Mathematiker besitzt und gemäß der ein Mathematiker auf der Suche nach einem Algorithmus möglichst viele griechische Buchstaben verwendet und zur Verdeutlichung seiner Gedanken Graphiken anlegt. John Nash wies aber in einem Interview mit Ron Howard die im Film gebotene Darstellung seiner eigenen Person als Mathematiker zurück. Sinngemäß formulierte er, dass in seiner Dissertation keine Zeichnungen, sondern nur Formeln und Tabellen zu finden sind. Er ist allerdings stolz darauf, dass es ihm gelungen sei, das gesamte griechische Alphabet in seiner Arbeit eingebunden zu haben. [29]

Seine bevorzugte Stellung war eher die eines Denkers. „He lays on his back, staring up at the ceiling as if he were outside on the lawn under an elm looking up the sky through the leaves, perfectly relaxed, motionless, obviously lost in thought, arms folded behind his head". [30] Dies kommt eher, wenn man einen anderen, allgemein benutzten Mythos benutzen will, der Haltung eines Geisteswissenschaftlers nahe, der über ein Problem nachsinnt.

Im Film wurde der mathematische Werdegang John Nashs durch seinen Beitrag zur Spieltheorie sein beruflicher Durchbruch. Dies deckte sich aber nur teilweise mit der Realität. John Nash kam mit Hilfe seiner Theorie zum RAND, der amerikanisch militärischen Wissenschaftsabteilung „**R**esearch **a**nd **D**evelopment", da auch das Militär die Spieltheorie als Möglichkeit, Lösungen für militärisch-strategischer Aufgabenstellungen zu finden, betrachtete. Im Film sind die beiden Aufgabenbereiche miteinander vermischt worden, mit denen John Nash am RAND und am MIT beschäftigt war.

Hingegen war es für seinen weiteren Lebensweg wichtig, über den in seiner Dissertation geleisteten Ansatz hinaus zu gehen, um in die Berufswelt einzusteigen. Für seine berufliche Karriere war seine Schrift über „Algebraische Vielfältigkeit", auf den sich auch sein Ruf als Mathematiker begründete, entscheidender. [31] Eine Stellung in Princeton war nicht möglich, da das Institut keine ehemaligen Studenten einstellte. Sein Weg führte ihn an das MIT, dessen Ruf zur damaligen Zeit noch nicht mit seinem heutigen Ruf vergleichbar war. Dort wurde er als Lehrperson aufgenommen.

---

[29] „Meeting John Nash", in: A BEAUTIFUL MIND, DVD 2. Ron Howard traf John Nash in seinem Arbeitszimmer und ließ sich von ihm seine Arbeit zur Theorie der non-cooperative games erklären. Die Dokumentation zeigt einen aufgeschlossenen, lebhaften John Nash. Dies war für Ron Howard insofern ein besonderes Erlebnis, da er ihn während der Dreharbeiten ruhiger erlebt hat.
[30] Nasar (2001), S. 66.
[31] Nash (2002c); Nasar (2001), S. 155–166.

Weniger heroische Details aus seinem Leben wurden nur in der Biographie Nasars beschrieben. In den 1950er Jahren lernte er Eleanor Stier kennen, mit der er ausging und ein gemeinsames Kind hatte. Seine Beziehung zu Eleanor hielt er gegenüber seinen Kollegen (mit einigen, wenigen Ausnahmen) geheim, da er eine Ehe mit ihr nicht für standesgemäß hielt. Der endgültige Bruch zwischen John und Eleanor ereignete sich, als John Nash Eleanor bat, ihren gemeinsamen Sohn zur Adoption freizugeben, da sie seiner Meinung nach als Mutter nicht gut für ihn sorgen könne.[32] Auch über seine homoerotische Beziehung zu Jack Bricker sowie seine Verhaftung in Santa Monica, die zu seiner Entlassung am RAND geführt haben, sind nur in der Biographie Nasars dokumentiert.[33] Themen, die das breite Publikum eventuell als anstößig empfinden könnten, wurden im Film ausgeklammert und verzerrten damit die Darstellung des Lebens John Nashs.

Im Hinblick auf die Begegnung zwischen John Nash und Alicia Lardé fokussierte der Film die Episode im Klassenraum und die Lösung der von ihm gestellten Aufgabe. Es entsprach zwar der Tatsache, dass Alicia während eines heißen Tages ohne weiteres Nachfragen das Fenster öffnete, sie fiel ihm aber erst später in der Musikbücherei auf, in der sie auf eigenen Wunsch arbeitete, um ihm näher sein zu können.[34]

Sowohl im Buch als auch im Film konzentriert sich die Aufmerksamkeit auf die Person Nash vor dem Hintergrund der Trias von Genie, Wahnsinn und Genesung. Sie versuchen sowohl eine Antwort darauf zu geben, wie die Krankheit sein Leben bestimmte und zu welchem Zeitpunkt sie ausbrach, wie sie verlief und wie John Nash wieder genas, um schließlich beantworten zu können, wie er ein weiteres Mal auf der wissenschaftlichen Ebene erfolgreich sein konnte.

In ihrer biographischen Skizze, die Nasar als Einleitung für die Veröffentlichung seiner wesentlichen Texte schrieb, verliert sich der grundsätzliche Fokus auf die Auseinandersetzung mit der Krankheit. Trotz vieler Gemeinsamkeiten unterscheiden sich die Präsentationen im Buch und im Film extrem. Aus der Biographie wurde der Film zum Heldenmythos über John Nash. Es ist charakteristisch, dass der Film aus diesem Grund lediglich den Zeitabschnitt zwischen seiner Ankunft in Princeton als Student und der Verleihung des Nobelpreises

---

[32] Nasar (2001), S. 172–179.
[33] Nasar (2001), S. 180–182 (Jack Bricker), S. 184–189 (Verhaftung in Santa Monica und Entlassung aus den Diensten des RAND).
[34] Nasar (2001), S. 190–198.

betrachtet, die für die Darstellung der Persönlichkeit Nash erforderlichen Episoden darstellt und alle Episoden unberücksichtigt ließ, die der Generallinie nicht entsprachen.

Damit rückte der „Held" John Nash in die Nähe zu den Helden, die wir aus der Politik oder dem Militär kennen. In der Darstellung ihres Lebens oder ihrer Taten fällt der Fokus zumeist auf die Epoche ihres heldenhaften Wirkens und die Darstellung ihres heldenhaften Wesens.[35] Die Biographien werden dem Bild eines Helden angepasst. Der Blick auf die Person wird durch heldenhafte Taten bestimmt. Makel bleiben unberücksichtigt und werden bewusst außer Acht gelassen.

Es kommt hinzu, dass Helden in der Vielzahl Einzelgänger sind oder als Einzelgänger dargestellt werden, die ihren Weg unbeirrt gehen müssen und von den Zeitgenossen teilweise oder ganz unverstanden bleiben. Der Mythos muss diese Diskrepanz aufheben, erklären, erläutern und somit allgemein verständlich machen. Das Ergebnis und die sich für den Einzelnen daraus ergebenden Folgen sind dabei entscheidend. Sie bilden das Fundament der Mythosbildung und des Mythos.

Der Held wird für gesellschaftliche und politische Zwecke instrumentalisiert. Er wird zur Kultfigur und zu einem Ideal hochstilisiert, dem es nachzufolgen oder nachzuahmen gilt. Dies ist auch der Grund für die Darstellung eines integern und makellosen Helden, dessen Makel nur dann dargestellt werden können, wenn sie „verzeihbar" sind, das heißt wenn sie nicht allzu sehr moralischen und gesellschaftlichen Grundvorstellungen widersprechen. Helden stehen auf einem Podest, an das „Normalsterbliche" nicht oder nur schwer heranreichen können. Helden sind Personen, die durch die Medien geschaffen und aufgebaut werden. Sie leben davon, dass ihre Geschichten über Generationen hinweg tradiert werden. Dies geschieht mit Hilfe von Monumenten sowie mündlich oder schriftlich überlieferten Geschichten. In unserer Zeit sind mit Film, Fernsehen und dem Internet weitere Medien zur Verbreitung von Heldengeschichten hinzugekommen. Ohne ein Medium, über das ihre Heldentaten öffentlich gemacht werden, verlieren sie an Bedeutung oder erlangen erst gar nicht den Status eines Helden. Dies zeigen die Beispiele der vielen stillen Helden, die während des Zweiten Weltkrieges Juden durch ihre Hilfe vor der Vernichtung in den Konzentrationslagern bewahrten. Einige wenige, wie zum Beispiel der Industrielle Oskar Schindler, lassen sich hier ohne weiteres von einer Vielzahl der Deutschen aufzählen, aber kaum einer wird zum Beispiel Hugo Armann als Held kennen.[36]

---

[35] Wette (2003), Wette (2004).
[36] Meuther (2004), S. 114–127.

Helden in der Naturwissenschaft werden für den wissenschaftlichen Bereich, in dem sie tätig waren oder auch sind, instrumentalisiert, um die Bedeutung ihres Aufgabenfeldes und die Bedeutung ihrer Wirkungsstätte gegenüber der Vielzahl der anderen Institute hervorzuheben. Sie prägen das Image der Universität oder des Instituts, für die sie tätig gewesen sind. Dies kann wie im Trinity College in Cambridge seine Ausprägung darin finden, dass man bedeutenden Wissenschaftlern ähnlich wie Feldherren und Politikern Denkmäler setzt und sie mit bestimmten Insignien des Fachbereichs darstellt. Innerhalb des Fachbereichs reicht zwar eine Darstellung seines Wirkens aus, dennoch können auch dort über eine vereinfachte Darstellung komplizierte Theorien, komplexe Vorgänge und Sachverhalte vermittelt werden.

Helden in der Wissenschaft werden, um auf die Ausgangfrage zurückzukommen, wie Helden in der Politik und im Militär aufgebaut. Der Aufbau eines Mythos, der der Öffentlichkeit zusammen mit der Person präsentiert wird, ist eines der bezeichnenden Merkmale. Die Insignien der militärischen und politischen Helden werden dabei durch die Symbole der jeweiligen Fachbereiche ersetzt, aus denen die Helden entstammen. Es kommt zu signifikanten Verzerrungen der Realität, indem wichtige Details angepasst und Einzelheiten ausgeblendet werden, die mit dem Bild des Helden nicht zu vereinbaren sind.

Abbildungsverzeichnis

S. 3: Francisco José de Goya y Lucientes, *Der Schlaf der Vernunft gebiert Ungeheuer* (1797–1798). Aus der Serie *Caprichos*, Blatt Nr. 43, Aquatintaradierung; Kunsthalle, Hamburg.

S. 21: Relief, aus welchem Johann Salomo Christoph Schweigger den Bau des Multiplikators abgeleitet haben soll. Hier aus: Millin (1790), Bd. 1, Tafel LXXX.

S. 23: Die Legende von Atalanta und Hippomenes als Sinnbild chemischer Prozesse. Titelblatt der *Atalanta fugiens*; Maier (1618).

S. 27: „Au génie de Franklin". Marguerite Gérard; Honoré Fragonard, Sepiazeichnung, 1778 (53,7 x 40 cm). Hier aus: Delbourgo (2006), S. 5.

S. 35: Bildnis Pierre Louis Moreau de Maupertuis' (1741). Kupferstich von Jean Daullé nach einem Gemälde von Robert Levrac-Tournières (51,7 x 35,5 cm); Westfälisches Landesmuseum für Kunst und Kulturgeschichte Münster, Landschaftsverband Westfalen-Lippe.

S. 37: Hosai, *Isaac Newton* (ca. 1869); Druck aus Stillman Drakes Sammlung. Hier aus: *Scientific American* 243 (August 1980), S. 122. © Stillman Drakes.

S. 40: „Du bist Albert Einstein", Werbeplakat der Kampagne *Du bist Deutschland* (2005).

S. 43: Einstein, Newton und der Apfel. Illustration von Dierk Hagedorn aus der Zeitschrift *Mobil. Das Magazin der Bahn* (2005), Nr. 2, S. 71. © Dierk Hagedorn.

S. 52: C. J. Davisson und L. H. Germer mit Elektronenröhre 1927. Mit freundlichen Genehmigung der *Alcatel-Lucent Inc.* sowie *AT&T*. Die Originalfotografie wurde freundlicherweise von den *Emilio Segrè Visual Archives* zur Verfügung gestellt.

S. 63: Experimentalröhre. Mit freundlicher Genehmigung der *International Union of Crystallography*.

S. 67: *New York Times* Artikel zum Nobelpreis C. J. Davissons 1937. Mit freundlicher Genehmigung der *New York Times*.

S. 69: Clinton Joseph Davisson 1938. Mit freundlicher Genehmigung der *Alcatel-Lucent Inc.* Die Fotografie wurde freundlicherweise von den *AIP Emilio Segrè Visual Archives* bereitgestellt.

S. 92: Elektrisiermaschine nach Hauksbee (l.). © Museumslandschaft Hessen Kassel, Astronomisch-Physikalisches Kabinett (APK N 2). Bilfingers Schwerkraftmaschine (r.). Hier aus: Bilfinger (1732), Tab. I.

S. 94: Glaskugel mit Umlenkrolle aus Bilfingers Schwerkraftmaschine. Hier aus: Bilfinger (1732), Tab. I.

S. 97: Nollets Demonstrationsinstrument. © Museumslandschaft Hessen Kassel, Astronomisch-Physikalisches Kabinett (APK M 126).

S. 104: Teilschwingungen einer Saite.
S. 105: Die Obertonreihe.
S. 105: Die Untertonreihe.
S. 111: Helmholtz' Erklärung des Mollakkords.
S. 111: Oettingens Erklärung des Mollakkords.

Abbildungsverzeichnis

S. 113: Riemanns Kombinationstonversuche.
S. 136: Die Berechenbarkeit wissenschaftlicher Revolutionen: „Glauben und Wissen". Hörbiger-Archiv, Technisches Museum Wien (HA, S/129/7).
S. 140: Hanns Hörbiger als moderner Universalgelehrter. Schwarz-weißes Foto, 1925. Nachlass Fauth, Deutsches Museum (NL 41/003).
S. 142: Joseph Fraunhofer. Bleistiftzeichnung, 10.11.1825. Foto Deutsches Museum, München.
S. 146: Fraunhofers „Heliometer"-Fernrohr mit dem Friedrich Wilhelm Bessel 1838 die erste Fixsternparallaxe bestimmte. Aus: Bessel (1876), Bd. 3, Tafel 1, S. 96.
S. 150: Laputa, die fliegende Insel der Gelehrten als Karikatur der Londoner Royal Society. Illustration von J.J. Grandville um 1838. Hier aus: Swift (1958), S. 229.
S. 152: Die Rettung des Lehrjungen Joseph Fraunhofer allegorisch populär überhöht. Holzschnitt, 19. Jahrhundert. Foto Deutsches Museum, München.
S. 153: Die von Fraunhofer verbesserte Pendelschleifmaschine von Georg Friedrich Reichenbach zur teilweisen Automatisierung des Linsenschleifens. Aus: Rohr (1929), S. 62.
S. 157: Fernrohr aus dem 19. Jh. und Sub-Millimeter-Radioteleskop (Segment) aus den 1980er Jahren in der Ausstellung Astronomie des Deutschen Museums. Foto Jürgen Teichmann.
S. 159: Geplanter Newton-Kenotaph von Étienne-Louis Boullée (1784). Die Kugel sollte mehr als 200 m Durchmesser haben. Schwarze Tinte und Tuschzeichnung (66 x 40 cm); Bibliothèque nationale de France, cabinet des estampes (Ha-57-Ft 4).
S. 160: Der verschlossene Garten der Wissenschaft. Holzschnitt. Titelblatt der *Nova Scientia*; Tartaglia (1537).
S. 163: Fraunhofers „Lampenapparat" und Spektrometer (nach 1812) zur Bestimmung von Brechung und Farbaufspaltung verschiedener Glassorten. Aus: Fraunhofer (1905), Tafel 1.
S. 164: Spektrometer und Fraunhofers selbst gezeichnetes und koloriertes Sonnenspektrum mit den von ihm entdeckten dunklen Linien (nach 1812). Beide Objekte im Deutschen Museum, München.
S. 177: Abstrakte Darstellung des repräsentierenden „*Homunculus*" auf der sensomotorischen Hirnrinde nach Wilder Penfield (1891–1976). Zeichnung im Besitz des *Montreal Neurological Institute*, Montreal, PQ.
S. 179: Meditation: „Woman meditating showing brain waves and ECG trace", Digital Artwork (2004) bei Nanette Hoogslag, Computer-Grafik aus dem Bestand von *The Wellcome Trust Medical Photographic Library, Contemporary and historical images*, London.
S. 186: Neophrenologische Relationen zwischen Schädel, Kopfproportionen und hirnmythologischen Einschreibungen der Rindenorgane. Lithografische Darstellungen entnommen aus: Fowler (1840), Fig. 35 und 36.
S. 193: Das Automobil als Zerstörer ländlicher Idylle im Erzgebirge. Postkarte (vor 1918): *Autoschreck im Erzgebirge*.
S. 193: Das Automobil als chaotischer Eindringling in das städtische Leben. Postkarte (vor 1918).

Abbildungsverzeichnis

S. 197: Romantisierende Titelgestaltung für eine Werbefahrt der Brennabor Werke (Brandenburg) nach Italien um 1925. Spiegel, Walter, *Brief eines Autokindes an sein Vaterhaus über Italienische Reisetage*, Gotha; Berlin 1927 (Titelblatt).
S. 198: Der thüringische Privatfahrer Huldreich Heusser.
S. 199: Menschenauflauf bei einer Tourenwagenfahrt in Deutschland um 1925.
S. 202: Opel „Laubfrosch" umringt von stolzen Familienmitgliedern, Privatfoto Ende der 1920er Jahre.
S. 204: Tatra 87 der 1. Serie. Werksaufnahme für einen Werbeprospekt um 1939.
S. 210: Bernd Rosemeyer im Auto Union Rennwagen beim Durchfahren einer Steilkurve. Zeitgenössische Postkarte um 1937.
S. 216: Lucy als Ganzkörperrekonstruktion im Muséum d'histoire naturelle Genf, gefertigt von Gérard Métral und Olivier Bindschedler. Foto Colinne Davaud. © Muséum d'histoire naturelle de la Ville de Genève.
S. 222: Lucy aufgebahrt im Zoo von Singapur. Foto Oliver Hochadel.
S. 225: In Äthiopien heißt Lucy Dinkinesh und ist zur Quelle nationalen Stolzes geworden. Schwarzweiße Abbildung einer äthiopischen Briefmarke.
S. 227: Dermoplastiken von Australopithecinen im American Museum of Natural History New York. Die rechte, kleinere ist Lucy nachempfunden. Foto und © American Museum of Natural History New York.

Literaturverzeichnis

Achinstein, Peter; Hannaway, Owen (Hrsg.), *Observation, Experiment and Hypothesis in Modern Physical Science*, Cambridge, MA [u.a]: MIT Press, 1985.

Adorno, Theodor W.; Horkheimer, Max, *Dialektik der Aufklärung. Philosophische Fragmente*, Frankfurt am Main: Fischer, 1969.

Adrion, Alexander, *Die Kunst zu zaubern: mit einer Sammlung der interessantesten Kunststücke zum Nutzen und Vergnügen für jedermann*, Köln: DuMont Buchverlag, 1981.

Ahrbeck, Rosemarie, *Morus, Campanella, Bacon. Frühe Utopisten*, Köln: Pahl-Rugenstein, 1977.

Aitken, Hugh G. J., *The Continuous Wave. Technology and American Radio. 1900–1932*, Princeton, NJ: Princeton University Press, 1985.

Aiton, Eric J., „The Cartesian Vortex Theory", in: Taton, René; Wilson, Curtis (Hrsg.), *Planetary Astronomy from the Renaissance to the Rise of Astrophysics*, Part A: „Tycho Brahe to Newton", Cambridge: Cambridge University Press, 1989, S. 207–221.

―――, *The Vortex Theory of Planetary Motions*, London [u.a.]: MacDonald [u.a.], 1972.

Albright, Carol R., „Zygon's 1996 Expedition into Neuroscience and Religion", in: *Zygon: Journal for Science and Religion* 31 (1996), S. 711–727.

Algazi, Gadi, „Gelehrte Zerstreutheit und gelernte Vergesslichkeit: Bemerkungen zu ihrer Rolle in der Formierung des Gelehrtenhabitus", in: Moos, Peter von (Hrsg.), *Der Fehltritt: Vergehen und Versehen in der Vormoderne. Klaus Schreiner zum 70. Geburtstag*, Köln [u.a.]: Böhlau, 2001 (= Norm und Struktur, 15), S. 235–250.

Allister, Ray, *Friese-Greene. Close-up of an Inventor*, London: Marsland Publications Ltd., 1948.

Alper, Matthew, *The „God" Part of the Brain: A Scientific Interpretation of Human Spirituality and God*, New York: Rogue Press, 1999.

Ardenne, Manfred von, *Entstehung des Fernsehens: Persönliche Erinnerungen an das Entstehen des heutigen Fernsehens mit Elektronenstrahlröhren*, Herten: Verlag historischer Technikliteratur Freundlieb, 1986.

Aristoteles, *Problemata physica*, übers. und hrsg. von Hellmut Flashar, Darmstadt: Wissenschaftliche Buchgesellschaft, 1962 (= *Werke in deutscher Übersetzung*, Bd. 19).

Arns, Robert G., „The High-Vacuum X-Ray Tube. Technological Change in Social Context", in: *Technology and Culture* 38 (1997), S. 852–890.

Ashbrook, James B., *The Human Mind and the Mind of God: Theological Promise in Brain Research*, Lanham [u.a.]: University of America, 1984.

Ashbrook, James B.; Albright, Carol R., „Religion and Science Conversation: A Case Illustration", in: *Zygon: Journal for Science and Religion* 34 (1999), S. 399–418.

―――, *The Humanizing Brain: Where Religion and Neuroscience Meet*, Cleveland: Pilgrim Press, 1997.

Assmann, Aleida; Assmann Jan, „Mythos", in: Canik, Hubert [u.a.] (Hrsg.), *Handbuch religionswissenschaftlicher Grundbegriffe*, Stuttgart [u.a.]: Kohlhammer, 1998, Bd. 4, S. 179–200.

Austin, James H., *Zen and the Brain: Towards an Understanding of Meditation and Consciousness*, Cambridge, MA: MIT Press, 1998.

Bacon, Francis, *Novum organum*, London: J. Bill, 1620.

―――, *Neu-Atlantis* (1614/27), hrsg. von F. A. Kogan-Bernstein, Leipzig: Reclam, 1960.

―――, *Das neue Organon*, hrsg. von Manfred Buhr, Berlin: Akademie-Verlag, 1962.

Badinter, Elisabeth, *Les passions intellectuelles*, Paris: Fayard, 1999, Bd. 1: „Désirs de gloire (1735–1751)".

Baigrie, Brian S., „The Vortex Theory of Motion, 1687–1713. Empirical Difficulties and Guiding Assumptions", in: Donovan, Arthur; Laudan, Larry; Laudan, Rachel (Hrsg.), *Scrutinizing Science. Empirical Studies of Scientific Change*, Dordrecht [u.a.]: Kluwer Academy Publisher, 1988, S. 85–102.

Baird, Malcolm (Hrsg.), *Television and Me. The Memoirs of John Logie Baird*, Edinburgh: Mercat Press, 2004.

Bannister, Robert C., *Social Darwinism: Science and Myth in Anglo-American Social Thought*, Philadelphia: Temple University Press, 1979.

Barnouw, Erik, „Foreword", in: Abramson, Albert, *Zworkyn – Pionneer of Television*, Chicago: University of Illinois Press, 1995.

Barras, Pierre, *Das Louis Chevrolet Abenteuer*, Moutier 2004.

Barthes, Roland, *Mythologies*, Paris: Editions du Seuil, 1957.

―――, *Mythen des Alltags*, Frankfurt am Main: Suhrkamp, 1964.

―――, *Mythologies*, édition corrigée et augmentée, Paris: Editions du Seuil, 1970.

Barzini, Luigi, *Peking – Paris im Automobil. Eine Wettfahrt durch Asien und Europa in sechzig Tagen, mit einer Einleitung von Fürst Scipione Borghese*, Leipzig: Brockhaus, 1908.

Batens, Diderik; Bendegem, Jean P. van (Hrsg.), *Theory and Experiment. Recent Insights and New Perspectives on their Relation*, Dordrecht [u.a.]: Reidel, 1988.

Bauschinger, Julius, *Deutsche Forschung*, Heft 12: „Astronomie und Astrophysik", Berlin: Verlag der Notgemeinschaft der deutschen Wissenschaft, 1930.

Bayle, Pierre, *Pensées diverses sur la comète. Lettre à M.L.A.D.C. docteur de Sorbonne, où il est prouvé, par plusieurs raisons tirées de la philosophie et de la théologie, que les comètes ne sont point le présage d'aucun malheur . . .* , Cologne: P. Marteau [Rotterdam: R. Leers], 1682.

Begley, Sharon, „Religion and the Brain. In the New Field of ‚Neurotheology' Scientists Seek the Biological Basis of Spirituality. Is God All in Our Heads?", in: *Newsweek* 137 (7. Mai 2001), S. 50–57.

Literaturverzeichnis

Behm, Hans Wolfgang, *Hörbiger – Ein Schicksal*, Leipzig: Köhler und Amelang, 1930.

Bell, Charles, *The Anatomy of the Human Body*, Edinburgh: Mudie and Son, 1802, Bd. 3.

Bell, Eric Temple, *Men in Mathematics*, New York: Dover Publisher, 1937.

Benguigui, Isaac (Hrsg.), *Théories électriques du XVIIIe siècle: Correspondance entre l'Abbé Nollet (1700–1770) et le physicien genevois Jean Jallabert (1712–1768)*, Genève: Georg, 1984.

Bensaude-Vincent, Bernadette, „A Founder Myth in the History of Science? The Lavoisier Case", in: Graham, Loren [u.a.] (eds.), *Functions and Uses of Disciplinary Histories*, Dordrecht: Reidel, 1983 (= Sociology of the Sciences 7), S. 53–78.

Berlin, Isaiah, *Four Essays on Liberty*, London [u.a.]: Oxford University Press, 1969.

——, *Three Critics of the Enlightenment: Vico, Hamann, Herder*, Princeton [u.a.]: Princeton Univ. Press, 2000.

Berman, Morris, *Wiederverzauberung der Welt. Am Ende des Newton'schen Zeitalters*, München: Dianus-Trikont-Buchverlag, 1983 (= *The Reenchanment of the World*, Ithaca & London, 1981).

Bernardin de Saint Pierre, Jacques-Henri, *Œuvres complètes de Jacques-Henri Bernardin de Saint-Pierre*, mises en ordre et précédées de la vie de l'auteur par Louis Aimé-Martin, Paris: Aimé-Martin, 1825.

Berra, Tim M., *Evolution and the Myth of Creationism: A Basic Guide to the Facts in the Evolution Debate*, Stanford: Stanford University Press, 1990.

Bessel, Friedrich Wilhelm, *Abhandlungen*, hrsg. von Rudolf Engelmann, Leipzig: Engelmann, 1876.

Biedermann, Hans, „Apfel", in: *Knaurs Lexikon der Symbole*, Augsburg: Weltbild, 2000, S. 34–35.

Bierbaum, Otto Julius, *Eine empfindsame Reise im Automobil von Berlin nach Sorrent und zurück an den Rhein in Briefen an Freunde geschildert*, Berlin: Bard, 1903.

——, „Philister contra Automobil", in: *Mit der Kraft. Automobilia*, Berlin: Bard Marquardt, 1906, S. 325–335.

Bilby, Kenneth, *The General*, New York: Harper & Row, 1986.

Bilfinger, Georg Bernhard, „De directione Corporum gravium in vortice Sphaerico", in: *Commentarii Academiae Scientiarum Imperialis Petropolitanae* 1 (1728a), S. 245–261.

——, „De Viribus corpori moto insitis et illarum Mensura", in: *Commentarii Academiae Scientiarum Imperialis Petropolitanae* 1 (1728b), S. 43–120.

——, „De causa gravitatis physica generali disquisitio experimentalis", in: *Recueil des pièces qui ont remporté le prix de l'académie royale des sciences pour l'année 1728* (1732), S. 1–39.

Bilstein, Johannes; Winzen, Matthias (Hrsg.), *Ich bin mein Auto: die maschinalen Ebenbilder des Menschen*, Katalog der gleichnamigen Ausstellung (Staatlichen Kunsthalle Baden-Baden, 30. Juni – 29. August 2001), Köln: König, 2001.

Blumenberg, Hans, *Die kopernikanische Wende*, Frankfurt am Main: Suhrkamp, 1965.

———, *Die Genesis der kopernikanischen Welt*, Frankfurt am Main: Suhrkamp, 1975.

———, *Die Lesbarkeit der Welt* (1981), Frankfurt am Main: Suhrkamp, 2000 (5. Aufl.).

Blumtritt, Oskar, „The Flying-Spot Scanner, Manfred von Ardenne and the Telecinema", in: Finn, Bernard (Hrsg.), *Presenting Pictures*, London: Science Museum, 2004, S. 84 – 115.

Bodenmann, Siegfried, „William Paley et la théologie naturelle – interpréter le vivant à la fin du XVIIIème siècle", in: *Variations herméneutiques* 20 (Septembre 2004), S. 15 – 29.

———, „Die rot-schwarz-weiße Wüste des Felix Fabri. Wahrnehmung und Wissenstradition im Spätmittelalter", in: Splinter, Susan [u.a.] (Hrsg.), *Physica et historica – Festschrift für Andreas Kleinert zum 65. Geburtstag*, Halle: Deutsche Akademie der Naturforscher Leopoldina, 2005 (= Acta Historica Leopoldina 45), S. 51 – 62.

———, „Les creusets du savoir. Euler et le développement des sciences au siècle des Lumières", in: Henry, Philippe, *Leonhard Euler (1707 – 1783): „incomparable géomètre"*, Genève: Médecine et Hygiène, 2007, S. 37 – 66.

Boethius, Anicius Manlius Severinus, *Boetii de institutione musica libri quinque*, hrsg. von Godofredus Friedlein, Leipzig: Teubner, 1867.

Böhme, Hartmut, *Fetischismus und Kultur. Eine andere Theorie der Moderne*, Reinbek bei Hamburg: Rowohlt-Taschenbuch-Verlag, 2006.

Böhme, Hartmut; Böhme, Gernot, *Das Andere der Vernunft. Zur Entwicklung von Rationalitätsstrukturen am Beispiel Kants*, Frankfurt am Main: Suhrkamp, 1985.

Borck, Cornelius, „Schreibende Gehirne", in: Borck, Cornelius; Schäfer, Armin (Hrsg.), *Psychographien*, Zürich & Berlin: Diaphanes, 2005, S. 89 – 110.

Born, Max, „Quantenmechanik der Stossvorgänge", in: *Zeitschrift für Physik* 38 (1926), S. 803 – 827.

Bottomore, Stephen, „The Panicking Audience?: Early Cinema and the ‚Train Effect' ", in: *Historical Journal of Film, Radio and Television* 19 (1999), S. 178 – 216.

Bouvet, Jean-François (Hrsg.), *Du fer dans les épinards et autres idées reçues*, Paris: Seuil, 1997.

Boyer, Pascal (Hrsg.), *Cognitive Aspects of Religious Symbolism*, Cambridge: Cambridge University Press, 1993.

Brain, Robert M., „Reprasentation on the Line: Grafische Aufzeichnungsinstrumente und wissenschaftlicher Modernismus", in: Stahnisch, Frank; Bauer, Heijko (Hrsg.), *Bild und Gestalt: Wie formen Medienpraktiken das Wissen in Medizin und Humanwissenschaften?*, Hamburg: LIT-Verlag, 2007, S. 125 – 148.

Brandner, Samuel, „James Watson und Francis Crick. Der Sieg über die Grundlage des Lebens", in: Osten, Philipp (Hrsg.), *Mabuse & Co. Ein Kabinett kluger Köpfe*, ein Begleitband zur Ausstellung „Dr. Strangelove"*Populäre und künstlerische Bilder von Wissenschaft* zum Festival Science et Cité in Bern, Frankfurt am Main: Mabuse-Verlag, 2005, S. 54–57.

Brauchitsch, Boris von, *Kleine Geschichte der Photographie*, Stuttgart: Reclam, 2002.

Braunbeck, Gustav (Hrsg.), *Braunbeck's Sport-Lexikon: Automobilismus, Motorbootwesen, Luftschiffahrt*, Berlin: Braunbeck, 1910, Bd. 1.

Brillat-Savarin, Jean Anthelme, *Physiologie des Geschmacks oder Betrachtungen über transzendentale Gastronomie* (frz. 1825), München: Heyne, 1976.

Brock, Bazon, „Auto-Ästhetik. Durch Selbstwahrnehmung zur Selbstbewegung", in: Deichtorhallen Hamburg (Hrsg.), *Mythos Mercedes – Von der Funktion zum Design*, Katalog der gleichnamigen Ausstellung (Deichtorhallen Hamburg, 4. August – 14. Oktober 2001), Ostfildern-Ruit: Quantum Books, 2001, S. 12–19.

Brüne, Martin; Ribbert, Hedda; Schiefenhövel, Wulf, *The Social Brain: Evolution and Pathology*, Weinheim [u.a.]: Wiley, 2003.

Brunet, Pierre: *L'introduction des théories de Newton en France au XVIIIe siècle avant 1738*, Paris: Albert Blanchard, 1931.

Bruthansová, Tereza; Králíček, Jan, *Czech 100 Design Icons*, Katalog der gleichnamigen Ausstellung (Stilwerk Berlin, 6.–30. Mai 2005), Prag: CzechMania, 2005.

Buchwald, Jed Z. (Hrsg.), *Scientific Practice. Theories and Stories of Doing Physics*, Chicago [u.a.]: University of Chicago Press, 1995.

Bulkeley, Kelly, *The Wondering Brain: Thinking About Religion With and Beyond Cognitive Neuroscience*, New York: Routledge, 2005.

Busch, Hans, „Grundlagen und Entwicklung der Elektronenoptik", in: *Zeitschrift für technische Physik* 12 (1936), S. 584–588.

Bynum, William F., „The Anatomical Method, Natural Theology, and the Functions of the Brain", in: *Isis* 64 (1973), S. 444–468.

Cabanis, Pierre-Jean-Georges, „Rapport du physique et du moral de l'homme (1802)", in: Lehec, Claude; Cazeneuve, Jean, *Œuvres philosophiques de Cabanis*, Paris: Presses universitaires de France, 1956, Bd. 1, S. 105–631.

Calbick, Chester, „The Discovery of Electron Diffraction", in: *The Physics Teacher* 1 (1963), S. 63–91.

Cameron, Kenneth Neil, „The Political Symbolism of Prometheus Unbound", in: *Proceedings of the Mordern Language Association* 58 (1943), Nr. 3, S. 728–753.

Caneva, Kenneth L., „,Discovery' as a Site for the Collective Construction of Scientific Knowledge.", in: *Historical Studies in the Physical Sciences* 35 (2005), S. 175–291.

Cantor, Geoffrey, „The Rethoric of Experiment", in: Gooding, David; Pinch, Trevor J.; Schaffer, Simon (Hrsg.), *The Uses of Experiment*, Cambridge [u.a.]: Cambridge University Press, 1989, S. 159–180.

Carruthers, Peter; Smith, Peter K., *Theories of Theories of Mind*, Cambridge: Cambridge University Press, 1996.

Cassirer, Ernst, *Philosophie der symbolischen Formen*, Berlin: Bruno Cassirer, 1923–1929 (Nachdruck in: *Gesammelte Werke. Hamburger Ausgabe*, hrsg. von Birgit Recki, Hamburg: Felix Meiner, 1998–2008, Bd. 11–13).

Castan, Joachim, *Max Skladanowsky – der Beginn der deutschen Filmgeschichte*, Stuttgart: Füsslin, 1995.

Castel, Louis Bertrand, Rez. „Traité de l'harmonie reduite à ses principes naturels", in: *Journal de Trévoux* (1722), S. 1713–1743 und 1876–1910 (Faksimile in: *The Complete Theoretical Writings of Jean-Philippe Rameau*, hrsg. von Erwin R. Jacobi, Dallas, Texas: American Institute of Musicology, 1967, Bd. 1).

Chardère, Bernard, *Lumières sur Lumière*, Lyon: Institut Lumière, Presses Universitaires de Lyon, 1987.

Chareix, Fabien, *Le mythe Galilée*, Paris: Presses Universitaires de France, 2002.

Châtelet, Gabrielle Émilie Le Tonnelier de Breteuil, *Principes mathématiques de la philosophie naturelle*, Paris: Desaint & Saillant [u.a.], 1759, Bd. 1.

Christ, August, *Sizilienfahrt, Mit dem A.D.A.C. im Auto zur Targa- und Coppa-Florio*, Frankfurt am Main: Export-Courier, 1925.

Christensen, Thomas, *Rameau and Musical Thought in the Enlightenment*, Cambridge: Cambridge University Press, 1993.

Christiansen, Jörn (Hrsg.), *Focke-Museum, Bremer Landesmuseum für Kunst und Kulturgeschichte, Ein Führer durch die Sammlungen*, Bremen: Bremer Landesmuseum, Focke-Museum, 1998.

Claudius, Matthias: „Die Sternseherin Lise", in: *Asmus omnia sua secum portans*, Hamburg: Selbstverlag 1803, Bd. 7.

Cohen, Évelyne, „Télévision, pouvoir et citoyenneté", in: Lévy, Marie-Françoise (Hrsg.), *La télévision dans la République. Les années 50*, Paris: Éditions Découvertes, 1999, S. 23–42.

Coleman, Larry, *Dictionary of Physics*, London [u.a.]: Macmillan, 2004.

Collé, Charles, *Journal et mémoires de Charles Collé sur les hommes de lettres, les ouvrages dramatiques et les évènements les plus mémorables du règne de Louis XV (1748–1772)*, hrsg. von Honoré Bonhomme, Paris: Firmin Didot, 1868, Bd. 2: „Août 1759".

Comfort, Alex, „Neuromythology?", in: *Nature* 229 (1971), S. 282.

Comte, Auguste, *Cours de philosophie positive*, Paris: Bachelier, 1830–1842, 6 Bd.

Coppens, Yves, *Die Wurzeln des Menschen. Das neue Bild unserer Herkunft* (frz. 1983), Frankfurt am Main & Berlin: Ullstein, 1987.

———, *Lucys Knie. Die prähistorische Schöne und die Geschichte der Paläoanthropologie* (frz. 1999), München: Deutscher Taschenbuch Verlag, 2002.

Cotter, Tom, *The Cobra in the Barn, Great Stories of Automotive Archaeology*, St. Paul, Minn.: Motorbooks, 2005.

Crocce, Benedeto, *La filosofia di G. Vico*, Bari: Laterza, 1911.

Crowder, George, *Isaiah Berlin: Liberty and Pluralism*, Oxford: Polity, 2004.

Daimler-Benz Aktiengesellschaft (Hrsg.), *Chronik Mercedes-Benz Fahrzeuge und Motoren*, Stuttgart-Untertürkheim: Daimler-Benz AG, 1966.

Dahlhaus, Carl, *Die Musik des 19. Jahrhunderts*, Laaber: Laaber-Verlag, 1980 (= Neues Handbuch der Musikwissenschaft; Bd. 6).

——, *Die Musiktheorie im 18. und 19. Jahrhundert*, 2. Teil: „Deutschland", Darmstadt: Wissenschaftliche Buchgesellschaft, 1989 (= Geschichte der Musiktheorie; Bd. 11).

Dalton, Rex, „Ethiopian plan for Lucy tour splits museums", in: *Nature* 444/7115 (2006), S. 8.

Darrow, Karl K., „The Scientific Work of C. J. Davisson", in: *Bell System Technical Journal* 30 (1951), S. 786–797.

Darwin, Francis (Hrsg.), *The Life and Letters of Charles Darwin*, New York: Appleton & Co., 1905.

Davisson, Clinton J., „The Scattering of Electrons by a Positive Nucleus of Limited Field", in: *Physical Review* 21 (1923), S. 637–649.

——, „Are Electrons Waves?", in: *Bell Laboratories Record* 4 (1927), S. 257–260.

——, „Electrons and Quanta", in: *Journal for the Optical Society of America* 18 (1929a), S. 193–201.

——, „The Scattering of Electrons by Crystals", in: *Scientific Monthly* 28 (1929b), S. 41–51.

——, „The Wave Properties of Electrons", in: *Proceedings of the American Philosophical Society* 69 (1930), S. 247–256.

——, „The Conception and Demonstration of Electron Waves", in: *Bell System Technical Journal* 11 (1932), S. 546–562.

——, „The Discovery of Electron Waves. Nobel Lecture, December 13, 1937", in: Nobel Foundation (Hrsg.), *Nobel Lectures Physics 1922–1941*, Amsterdam [u.a.]: Elsevier, 1965, S. 387–394.

Davisson, Clinton J.; Calbick, Chester, „Electron Lenses", in: *Physical Review* 38 (1931), S. 585.

——, „Electron Lenses", in: *Physical Review* 42 (1932), S. 580.

Davisson, Clinton J.; Germer, Lester H., „The Emisson of Electrons from Oxid-Coated Filaments and Positive Bombardment", in: *Physical Review* 15 (1920), S. 330–332.

——, „The Thermionic Work Function of Tungsten", in: *Physical Review* 20 (1922), S. 300–330.

——, „The Scattering of Electrons by a Single Crystal of Nickel", in: *Nature* 119 (1927a), S. 558–560.

——, „Diffraction of Electrons by a Single Crystal of Nickel", in: *Physical Review* 30 (1927b), S. 705–740.

Literaturverzeichnis

Davisson, Clinton J.; Kunsmann, Charles H., „The Scattering of Electrons by Nickel", in: *Physical Review* 19 (1922a), S. 253–255.

―――, „The Scattering of Electrons by Aluminium", in: *Physical Review* 19 (1922b), S. 534–535.

―――, „The Scattering of Low Speed Electrons by Platinum and Magnesium", in: *Physical Review* 22 (1923), S. 242–258.

Day, Uwe, *Silberpfeil und Hakenkreuz, Autorennsport im Nationalsozialismus*, Berlin: Be.bra-Wissenschaft-Verlag, 2005.

Debus, Allen G., „Myth, allegory, and scientific truth: An alchemical tradition in the period of the Scientific Revolution", in: *Nouvelles de la République des Lettres* 1 (1987), S. 13–35.

Delbourgo, James, *A Most Amazing Scene of Wonders. Electricity and Enlightenment in early America*, Cambridge, Ma. & Londres: Harvard University Press, 2006.

Derrida, Jacques, *Dem Archiv verschrieben. Eine Freudsche Impression*, Berlin: Brinkmann & Bose, 1997.

Descartes, René, *Die Prinzipien der Philosophie*, Hamburg: Meiner, 1955.

―――, *Correspondance*, hrsg. mit einer Einleitung und Anmerkungen von Charles Adam und Gérard Milhaud, Nendeln: Kraus Reprint, 1970, Bd. 3.

Desmond, Adrian, *The Politics of Evolution: Morphology, Medicine, and Reform in Radical London*, Chicago: University of Chicago Press, 1989.

Dettwiler, Andreas; Karakash, Clairette (Hrsg.), *Mythe & Science. Actes du colloque „Mythe et science" du 14 au 16 mars 2002 (Neuchâtel, Suisse)*, Lausanne: Presses polytechniques et universitaires romandes, 2003.

Dickson, William K. L.; Dickson, Antonia, *History of the Kinetograph, Kinetoscope and Kineto-Phonograph*, Selbstverlag, 1895 [Faksimileausgabe: New York: Museum of Modern Art, 2000].

Diderot, Denis, *Die geschwätzigen Kleinode*, Berlin: Aufbau-Verlag, 1995.

Diercksen, Laurent, *Grock, Jenseits der Vorstellung*, Bévilard: Diercksen, 2000.

Dostrovsky, Sigalia; Cannon, John T., „Entstehung der musikalischen Akustik (1600–1750)", in: Zaminer, Frieder (Hrsg.), *Hören, Messen und Rechnen in der frühen Neuzeit*, Darmstadt: Wissenschaftliche Buchgesellschaft, 1987, S. 7–79 (= Geschichte der Musiktheorie; Bd. 6).

Du Bois-Reymond, Emil H., „Über die Grenzen des Naturerkennens. In der zweiten allgemeinen Sitzung der 45. Versammlung Deutscher Naturforscher und Ärzte zu Leipzig am 14. August 1872 gehaltener Vortrag", in: Du Bois-Reymond, Estelle (Hrsg.), *Reden von Emil du Bois-Reymond in zwei Bänden*, Leipzig: Veit & Comp., 1912 (2. Aufl.), Bd. 1, S. 441–473.

Dubuisson, Daniel, *Mythologies du XXe siècle – Dumézil, Lévi-Strauss, Eliade*, Lille: Presses Universitaires de Lille, 1993.

Literaturverzeichnis

Dumézil, Georges, *Mythe et épopée*, Paris: Gallimard, 1968–1973, 3 Bd.

Duncan, David Ewing, *The Geneticist Who Played Hoops with My DNA... And Other Masterminds from the Frontiers of Biotech*, New York: HarperCollins, 2005.

Durand, Gilbert, *Les structures anthropologiques de l'imaginaire*, Paris: Dunod, 1960.

――――, „Permanence du mythe et changements de l'histoire", in: Durand, Gilbert; Vierne, Simone (Hrsg.), *Le mythe et le mythique. Actes du colloque de Cerisy (juillet 1985)*, Paris: Albin Michel, 1987, S. 17–28.

Đurić, Mihailo, *Mythos, Wissenschaft und Ideologie. Ein Problemaufriß*, Amsterdam: Rodopi, 1979.

Eibach, Ulrich, *Gott im Gehirn? Ich – eine Illusion? Neurobiologie, religiöses Erleben und Menschenbild aus christlicher Sicht*, Witten: Brockhaus, 2006.

Einstein, Albert, *Mein Weltbild*, hrsg. von C. Seelig, Frankfurt am Main [u.a.]: Ullstein, 2001.

Elsasser, Walter, „Bemerkungen zur Quantenmechanik freier Elektronen", in: *Die Naturwissenschaften* 33 (1925), S. 7.

Elsner, Monika; Müller, Thomas, „The Early History of German Television: the Slow Development of a Fast Medium", in: *Historical Journal of Film, Radio and Television* 10 (1990), S. 193–220.

Ende, Michael, *Die unendliche Geschichte*, Stuttgart: Thienemann, 1979.

Engelhardt, Dietrich von, „Naturforschung als Mythologie und Mission bei Johann Salomo Christoph Schweigger (1779–1857)", in: Caron, Richard [u.a.] (Hrsg.), *Ésotérisme, gnoses et imaginaire symbolique: mélanges offerts à Antoine Faivre*, Leuven [u.a.]: Peeters, 2001, S. 249–266.

Engler, Eduard, *100 000 Kilometer am Steuer des Automobils, Erlebnisse und Erfahrungen auf allen Gebieten des Automobilismus*, Berlin & München: [Braunbeck], 1907.

Erll, Astrid, *Kollektives Gedächtnis und Erinnerungskulturen. Eine Einführung*, Stuttgart: Metzler, 2005.

Espahangizi, Kijan Malte, *Experimentalsysteme, Erinnerungskulturen und die transatlantische Quantenrevolution. Die ‚Entdeckung der Materiewellen' und die Bell Telephone Laboratories (1925–27)*, Münster: LIT, 2005.

Euler, Leonhard, *Methodus inveniendi lineas curvas maximi minimive proprietate gaudentes, sive solutio problematis isoperimetrici latissimo sensu accepti*, Lausanne & Genf: Marc-Michel Bousquet, 1744.

Fabre, Pierre-Jean, *Hercules piochymicus. In quo penitissima, tum moralis philosophiæ, tum Chymicæ artis arcana, laboribus Herculis, apud Antiquos tanquam velamine obscuro obruta deteguntur, et obvia fiunt et clausa omnia Philochymicis reserantur* (1624), Toulouse: Pierre Bosc, 1634.

Fagen, Morton D. (Hrsg.), *A History of Engineering and Science in the Bell System*, New York, NY: Bell Telephone Laboratories, 1975.

Fauth, Phillip; Hörbiger, Hanns, *Glazial-Kosmogonie. Eine neue Entwicklungsgeschichte des Weltalls und des Sonnensystems*, Kaiserslautern: Hermann Kayser, 1913.

Feindel, William, *The Anatomy of the Brain and Nerves*, übers. von Samuel Pordage, Montreal: McGill University Press, 1965.

Féron, François, „Épinards. Les épinards sont riches en fer", in: Bouvet, Jean-François (Hrsg.), *Du fer dans les épinards et autres idées reçues*, Paris: Seuil, 1997a, S. 51–53.

———, „Évolution. L'homme descend du singe", in: Bouvet, Jean-François (Hrsg.), *Du fer dans les épinards et autres idées reçues*, Paris: Seuil, 1997b, S. 54–58.

Ferrarotti, Franco, *The Myth of Inevitable Progress*, Westport, Conn.: Greenwood, 1985.

Feyerabend, Paul, „,Science': The myth and its role in society", in: *Inquiry* 18 (1975), S. 167–181.

Fickers, Andreas, „National Barriers for an Imag(e)ined European Community: The Techno-Political Frames of Postwar Television Development in Europe", in: Hojbjerg, Lennard; Sondergaard, Henrik (Hrsg.), *European Film and Media Culture, Northern Lights – Film and Media Studies Yearbook 2005*, Copenhagen: Museum Tusculum Press, 2006, S. 15–36.

———, „Politique de la grandeur" versus „Made in Germany". Die PAL-SECAM-Kontroverse als politische Kulturgeschichte der Technik, München: Oldenbourg Verlag, 2007.

Fischer, Hanns, *Weltwenden. Die großen Fluten in Sage und Wirklichkeit*, Leipzig: Voigtländer, 1924.

———, *Rhythmus des kosmischen Lebens. Das Buch vom Pulsschlag der Welt*, Leipzig: Voigtländer, 1925.

———, *Wunder des Welteises. Eine gemeinverständliche Einführung in die Welteislehre Hanns Hörbigers*, Leipzig: Voigtländer, 1927.

Flach, Sabine; Wübben, Yvonne, „Zur Wiederkehr der Phrenologie in den Neurowissenschaften", in: *Trajekte* 11 (2005), S. 10–19.

Fleming, Chris, „Dangerous Darwinism", in: *Public Understanding of Science* 11 (2002), S. 259–271.

Fontenelle, Bernard le Bovier de, „Éloge de M. Neuton", in: *Histoire de l'Académie royale des sciences avec les mémoires de mathématique et de physique* 1727 (1729), S. 151–172.

———, „Eloge de M. le Marquis de l'Hopital", in: *Histoire de l'Académie royale des sciences avec les mémoires de mathématique et de physique* 1704 (1745), S. 125–136.

Forman, Paul, „The Discovery of Diffraction of X-Rays by Crystals. A Critique of the Myths.", in: *Archive for the History of Exact Sciences* 6 (1969), S. 38–71.

Forster, Michael, „Johann Gottfried von Herder", in: Zalta, Edward N. (Hrsg.), *The Stanford Encyclopedia of Philosophy* (Ausg. Winter 2001).
(online unter: www.plato.stanford.edu/archives/win2001/entries/herder/)

Fowler, Orson S., *Fowler's practical phrenology: giving a concise elementary view of phrenology [...]; and the location of the organs*, New York: Fowler and Wells, 1840.

France, Henri de, „Mémoires" (unveröffentlicht), aufbewahrt in: Archives du Comité d'histoire de la télévision, Institut National de l'Audiovisuel (INA), Bry-sur-Marne.

Franklin, Allan, *The Neglect of Experiment*, Cambridge: Cambridge University Press, 1986.

Franklin, Benjamin, *Œuvres de M. Franklin [...] traduites de l'anglois sur la quatrième édition par M. Barbeu Dubourg. Avec des additions nouvelles et des Figures en Taille douce*, Paris: Quilleau, 1773.

Fraunhofer, Joseph von, „Bestimmung des Brechungs- und Farbenzerstreuungsvermögens verschiedener Glasarten, in Bezug auf die Vervollkommnung achromatische Fernrohre", in: *Denkschriften der Königlichen Akademie der Wissenschaften* 5 (1814/15), S. 193–222.

―――, *Bestimmung des Brechungs- und Farbenzerstreuungsvermögens verschiedener Glasarten, in Bezug auf die Vervollkommnung achromatische Fernrohre*, Leipzig: Engelmann, 1905 (= Ostwald's Klassiker der Exakten Wissenschaften; Nr. 150).

Frayling, Christopher, *Mad, Bad and Dangerous? The Scientist and the Cinema*, London: Reaktion Books, 2005.

Freud, Sigmund, *Vorlesungen zur Einführung in die Psychoanalyse* (1917), Frankfurt am Main: Fischer, 1974 (= Studienausgabe, 5. Aufl., Bd. 1).

―――, *Die Traumdeutung* (1900), Frankfurt am Main: Fischer, 1989 (= Studienausgabe, 8. Aufl., Bd. 2).

Fricke, Jobst P., „Psychoakustik des Musikhörens. Was man von der Musik hört und wie man sie hört", in: de la Motte-Haber, Helga; Rötter, Günther (Hrsg.), *Musikpsychologie*, Laaber: Laaber-Verlag, 2005, S. 101–154 (= Handbuch der Systematischen Musikwissenschaft; Bd. 3).

Friedman, Alan J.; Donley, Carol C., *Einstein: as Myth and Muse*, Cambridge [u.a.]: Cambridge University Press, 1989.

Fuchs, Stephan, „Positivism is the organizational myth of science", in: *Perspectives on Science: Historical, Philosophical, Social* 1 (1993), S. 1–23.

Fues, Erwin, „Beugungsversuche mit Materiewellen. Einführung in die Quantenmechanik", in: Wien, Max; Joos, Georg (Hrsg.), *Handbuch der Experimentalphysik. Ergänzungswerk*, Leipzig: Akademische Verlagsgesellschaft, 1935.

Gadamer, Hans-Georg ; Fries, Heinrich, „Mythos und Wissenschaft", in: *Christlicher Glaube in moderner Gesellschaft*, Freiberg [u.a.]: Herder, 1981, Bd. 2, S. 5–42.

Gaillard, Françoise, „Le réenchantement du monde", in: Durand, Gilbert; Vierne, Simone (Hrsg.), *Le mythe et le mythique. Actes du colloque de Cerisy (juillet 1985)*, Paris: Albin Michel, 1987, S. 50–64.

Galilei, Vincenzo, *Discorso intorno all'opere di messer Gioseffo Zarlino da Ghioggia*, Florence: Marescotti, 1589.

Galison, Peter L., „Re-Reading the Past from the End of Physics. Maxwell's Equations in Retrospect", in: Graham, Loren; Lepenies, Wolf; Weingart, Peter (Hrsg.), *Functions and Uses of Disciplinary Histories*, Dordrecht [u.a.]: Reidel, 1983, S. 5–52.

———, *How Experiments End*, Chicago: University of Chicago Press, 1987.

———, *Image and Logic. A Material Culture of Microphysics*, Chicago: University of Chicago Press, 1997.

Gaukroger, Stephen, *Descartes. An Intellectual Biography*, Oxford: Clarendon Press, 1995.

Gauvin, Jean-François, „Brief International Inventory of Jean Antoine Nollet Type Scientific Instruments", in: Pyenson, Lewis; Gauvin, Jean-François (Hrsg.), *The Art of Teaching Physics. The Eighteenth-Century Demonstration Apparatus of Jean Antoine Nollet*, Sillery (Québec): Septentrion, 2002, S. 175–201.

Gauvin, Jean-François; Pyenson, Lewis, „The Scientific Instruments of Jean Antoine Nollet: Introduction, Inventory, and Description oft the Stewart Museum Collection"in: Pyenson, Lewis; Gauvin, Jean-François (Hrsg.), *The Art of Teaching Physics. The Eighteenth-Century Demonstration Apparatus of Jean Antoine Nollet*, Sillery (Québec): Septentrion, 2002, S. 119–169.

Gazzaniga, Michael S., „One Brain – Two Minds", in: *American Scientist* 60 (1972), S. 311–317.

Gehrenbeck, Richard K., *C. J. Davisson, L.,H. Germer, and the Discovery of Electron-Diffraction*, Ann Arbor, MI: University Microfilms, 1974.

———, „Electron Diffraction. Fifty Years Ago", in: *Physics Today* 31 (1978), S. 34–44.

———, „Davisson and Germer", in: Goodman, Peter (Hrsg.), *Fifty Years of Electron Diffraction. In Recognition of 50 Years of Achievement by the Crystallographers and Gas Diffractionists in the Field of Electron Diffraction*, Dordrecht [u.a.]: Reidel, 1981, S. 12–27.

George, Susan M., *Ill fares the land. Essays on food, hunger and power*, London: Writers and Readers, 1985.

Gergen, Kenneth J., „Erzählung, moralische Identität und historisches Bewusstsein. Eine sozialkonstruktionistische Darstellung", in: Straub, Jürgen (Hrsg.), *Erzählung, Identität und historisches Bewußtsein. Die psychologische Konstruktion von Zeit und Geschichte*, Frankfurt am Main: Suhrkamp, 1998, S. 170–202.

Germer, Lester H., „Low Energy Electron Diffraction", in: *Physics Today* 17 (1964), S. 19–23.

———, „The Structure of Crystal Surfaces", in: *Scientific American* 212 (1965), S. 32–41.

Gerstengarbe, Sybille; Parthier, Benno, „Albert Einstein – Akademiemitglied in der Leopoldina", in: *Scientia halensis* 3 (2005), S. 17–19.

Gibbons, Ann, „Paleoanthropology – Lucy's Tour Abroad Sparks Protests", in: *Science* 5799/314 (2006), S. 574–575.

Gilbert, Nigel G.; Mulkay, Michael, „Experiments Are the Key. Participants' Histories and Historians' Histories of Science", in: *Isis* 75 (1984), S. 105–125.

Gillispie, Charles Coulston (Hrsg.), *Dictionary of Scientific Biography*, New York: Scribner, 1970–1980, Bd. 1–16.

Godfrey-Smith, Peter, *Complexity and the Function of Mind in Nature*, Cambridge: Cambridge University Press, 1996.

Goldbach, Karl Traugott, „Arthur von Oettingen und sein Orthotonophonium im Kontext", in: Rohtla, Geiu (Hrsg.): *Tartu ülikooli muusikadirektor 200*, Tartu 2007. (online unter: http://hdl.handle.net/10062/5574)

Golinski, Jan, *Making Natural Knowledge. Constructivism and the History of Science*, Cambridge: Cambridge University Press, 1998.

Gonzales, Tirso; Chambi, Nestor; Machaca, Marcela, „Nurturing the seed in the Peruvian Andes", in: *Seedling* (Juni 1998). (online unter: www.grain.org/seedling/?id=138)

Gooding, David [u.a.] (Hrsg.), *The Uses of Experiment. Studies in the Natural Sciences*, Cambridge: Cambridge University Press, 1989.

Goodman, Peter (Hrsg.), *Fifty Years of Electron Diffraction. In Recognition of 50 Years of Achievement by the Crystallographers and Gas Diffractionists in the Field of Electron Diffraction*, Dordrecht [u.a.]: Reidel, 1981.

[s.n.] „Gott im Gehirn", in: *Bild der Wissenschaft* 7 (2005) (= Extraheft).

Graetz, Paul, *Im Auto quer durch Afrika*, Berlin: Braunbeck & Gutenberg, 1910.

Graham, Loren; Lepenies, Wolf (Hrsg.), *Functions and Uses of Disciplinary Histories*, Dordrecht [u.a.]: Reidel, 1983.

GRAIN, „Potato. A Fragile Gift from the Andes", in: *Seedling*, (September 2000). (online unter: www.grain.org/seedling/?id=23)

Grass, Günter, *Katz und Maus*, Neuwied [u.a.]: Luchterhand, 1961.

Graßhoff, Gerd, „Der ‚Kampf um den Mars' als größte wissenschaftliche Niederlage Johannes Keplers", in: Splinter, Susan [u.a.] (Hrsg.), *Physica et historica – Festschrift für Andreas Kleinert zum 65. Geburtstag*, Halle: Deutsche Akademie der Naturforscher Leopoldina, 2005 (= *Acta Historica Leopoldina* 45), S. 79–100.

Greulich, Walter (Hrsg.), *Lexikon der Physik*, Heidelberg: Spektrum, 1998.

Grom, Bernhard, „Neurotheologie", in: *Stimmen der Zeit – Die Zeitschrift für christliche Kultur* 221 (2003), S. 505f.

Haas, Arthur, *Materiewellen und Quantenmechanik. Eine elementare Einführung auf Grund der Theorien de Broglies, Schrödingers und Heisenbergs*, Leipzig: Akademische Verlagsgesellschaft, 1928.

Hacking, Ian, *Representing and Intervening. Introductory Topics in the Philosophy of Natural Science*, Cambridge [u.a.]: Cambridge University Press, 1983.

Hager, Lori D., „Sex and Gender in Paleoanthropology", in: dies. (Hrsg.), *Woman in Human Evolution*, London & New York: Routledge, 1997, S. 1–28.

Hagner, Michael (Hrsg.), *Ansichten der Wissenschaftsgeschichte*, Frankfurt am Main: Fischer, 2001.

Hagner, Michael (Hrsg.), „Cyber-Phrenologie. Die neue Physiognomik des Geistes und ihre Ursprünge", in: Dencker, Klaus P. (Hrsg.), *Die Politik der Maschine*, Hamburg: Hans-Bredow-Institut, 2002, S. 182–198.

―――, *Geniale Gehirne. Zur Geschichte der Elitegehirnforschung*, Göttingen: Wallstein, 2005.

―――, *Der Geist bei der Arbeit. Historische Untersuchungen zur Hirnforschung*, Göttingen: Wallstein, 2006.

Haken, Hermann; Wolf, Hans Christoph, *Atom- und Quantenphysik. Einführung in die experimentellen und theoretischen Grundlagen*, Berlin [u.a.]: Springer, 1993.

Hall, James, *Dictionnaire des mythes et des symboles*, Paris: Gérard Monfort, 1994.

Hall, Rupert A., *Die Geburt der naturwissenschaftlichen Methode*, Gütersloh: Mohn, 1965.

Hanzelka, Jiří; Zikmund, Miroslav, *Afrika – Traum und Wirklichkeit, Auswahl in einem Band*, Berlin: Verlag Volk und Welt 1957.

Haraway, Donna J., *Primate Visions: Gender, Race, and Nature in the World of Modern Science*, New York: Routledge, 1989.

Harding, Marius Christian (Hrsg.), *Correspondance de Hans Christian Ørsted avec divers savants*, Kopenhagen: Ascheoug & Co., 1920.

Harrington, Anne, *Re-enchanted Science: Holism in German Culture from Wilhelm II to Hitler*, Princeton, NJ: Princeton University Press, 1996.

Hartl, Gerhard, „Der Refraktor der Sternwarte Pulkowa", in: *Sterne und Weltraum* 26 (1987), S. 397–404.

[s.n.], „Das Hauptwerk der Welteislehre", in: *Das Weltbild von morgen. Die Welteislehre, Verlagsprospekt Voigtländer*, [um 1930].

Häusler, Martin; Schmid, Peter, „Comparison of the Pelves of Sts-14 and Al-288-1 – Implications for Birth and Sexual Dimorphism in Australopithecines", in: *Journal of Human Evolution* 29/4 (1995), S. 363–383.

Hawking, Stephen W., *Eine kurze Geschichte der Zeit. Die Suche nach der Urkraft des Universums*, Reinbek bei Hamburg: Rowohlt, 1995.

Hearnshaw, John B., *The analysis of starlight – One hundred and fifty years of astronomical spectroscopy*, Cambridge [u.a.]: Cambridge University Press, 1986.

Hecht, Gabrielle, *The Radiance of France. Nuclear Power and National Identity after World War II*, Boston: MIT Press, 1998.

Heering, Peter, *Das Grundgesetz der Elektrostatik. Experimentelle Replikation und wissenschaftshistorische Analyse*, Wiesbaden: DUV, 1998.

Heidelberger, Michael; Steinle, Friedrich (Hrsg.), *Experimental Essays – Versuche zum Experiment*, Baden-Baden: Nomos, 1998.

Helmholtz, Hermann von, *Die Lehre von den Tonempfindungen als Grundlage für die Theorie der Musik* (1863), Braunschweig: Vieweg, 1913 (6. Aufl.).

Hendricks, Gordon, *The Edison Motion Picture Myth*, Berkeley & Los Angeles: University of California Press, 1961.

Henke, Winfried, „Weichteilrekonstruktionen von Neandertalern – Fiktionen und Fakten", in: Krause, Elmar-Björn (Hrsg.), *Die Neandertaler. Feuer im Eis. 250 000 Jahre europäische Geschichte*, Gelsenkirchen & Schwelm: Edition Archaea, 1999.

Henke, Winfried; Kieser, Nina; Schnaubelt, Wolfgang, *Die Neandertalerin – Botschafterin der Vorzeit*, Gelsenkirchen: Edition Archaea, 1996.

Henseling, Robert, *Weltentwicklung und Welteislehre*, Potsdam: Die Sterne, 1925.

Hermann, F.H., „Hörbigers Welteislehre", in: *Hannoverscher Anzeiger* (6.7.1931).

Hermann, Gottfried, *De Mythologia Graecorum antiquissima dissertatio*, Leipzig: Staritz, 1817.

Herr, Wiebke, *Experimentelle Naturlehre im frühen 18. Jahrhundert: Akteure, Inhalte, Publikum im westeuropäischen Vergleich*, Stuttgart, 2005 [unveröff. Magisterarbeit].

Herschel, William, „Observations Tending to Investigate the Nature of the Sun", in: *Philosophical Transactions* 91 (1801), S. 265–318.

Hesselmann, Herbert W.; Schrader, Halwart, *Sleeping Beauties. Schlafende Schönheiten*, Oetwil am See: Olms, 2007.

Hirschmüller, Albrecht, Rez. „Freuds Begegnung mit der Psychiatrie. Von der Hirnmythologie zur Neurosenlehre", in: *Schleswig-Holsteinisches Ärzteblatt* 45 (2003), S. 34.

Hobsbawm, Eric; Runger, Terence (Hrsg.), *The Invention of Traditions*, Cambridge: Cambridge University Press, 1983.

Hochadel, Oliver, *Öffentliche Wissenschaft. Elektrizität in der deutschen Aufklärung*, Göttingen: Wallstein, 2003.

——, „Knochenarbeit. Zur Wissenschaftskultur der Paläoanthropologie", in: Arnold, Markus; Dressel, Gert (Hrsg.), *Wissenschaftskulturen – Experimentalkulturen – Gelehrtenkulturen*, Wien: turia & kant, 2004, S. 114–126 (= kultur-wissenschaften; Bd. 8.2).

——, „Die Knochenjäger. Paläoanthropologen als Sachbuchautoren", in: Schütz, Erhard (Hrsg.), *Sachbuch und populäres Wissen im 20. Jahrhundert*, Bern [u.a.]: Peter Lang, 2007.

Holmes, Frederic L.; Renn, Jürgen; Rheinberger, Hans-Jörg, *Reworking the Bench. Research Notebooks in the History of Science*, Dordrecht [u.a.]: Kluwer Academic, 2003.

Holmes, Frederic L.; Trevor, Harvey L.(Hrsg.), *Instruments and Experimentation in the History of Chemistry*, Cambridge, MA [u.a.]: MIT Press, 2000.

Holtmeier, Ludwig, „Grundzüge der Riemann-Rezeption", in: de la Motte-Haber, Helga; Schwab-Felisch, Oliver (Hrsg.), *Musiktheorie*, Laaber: Laaber-Verlag, 2005, S. 230–262 (= Handbuch der Systematischen Musikwissenschaft; Bd. 2).

Horch, August, *Ich baute Autos, Vom Schmiedelehrling zum Auto-Industriellen*, Berlin: Schützen-Verlag, 1937.

Hornbostel, Wilhelm; Jockel, Nils (Hrsg.), *Käfer: der Erfolkswagen. Nutzen, Alltag, Mythos*, Sammelband der gleichnamigen Ausstellung (Museum für Kunst und Gewerbe Hamburg, 29. August – 30. November 1997), München & New York: Prestel, 1997.

Horstmann, Axel, „Der Mythosbegriff vom frühen Christentum bis zur Gegenwart", in: *Archiv für Begriffsgeschichte* 23 (1979), S. 7 – 54.

Hörz, Herbert, *Brückenschlag zwischen zwei Kulturen. Helmholtz in der Korrespondenz mit Geisteswissenschaftlern und Künstlern*, Marburg an der Lahn: Basilisken-Presse, 1997.

Hrachowy, Frank O., *Stählerne Romantik, Automobilrennfahrer und nationalsozialistische Moderne*, Berlin: VWF, 2005.

Hübner, Kurt, *Die Wahrheit des Mythos*, München: Beck, 1985.

Huggins, William, „An Atlas of Representative Stellar Spectra", in: *Publications of Sir William Huggins' Observatory*, London: W. Wesley & Son, 1899, Bd. 1.

Hughes, Thomas P., „The Evolution of Large Technological Systems", in: Bijker, Wiebe [u.a.] (Hrsg.), *The Social Construction of Technological Systems. New Directions in the Sociology and History of Technology*, Cambridge, Ma & London: MIT Press, 1987, S. 51 – 82.

———, *Die Erfindung Amerikas. Der technologische Aufstieg der USA seit 1870*, München: Beck, 1989.

Hund, Friedrich, *Geschichte der Quantentheorie*, Mannheim [u.a.]: Bibliogr. Inst., 1967.

Huygens, Christiaan, *Discours de la Cause de la pesanteur*, Leiden: Van der Aa, 1690.

———, *Abhandlung über die Ursache der Schwere*, Berlin: Friedländer, 1896.

Inglis, Andrew F., *Behind the Tube. A History of Broadcasting Technology and Business*, Boston & London: Focal Press, 1990.

Institut International de Physique Solvay (Hrsg.), *Electrons et photons. Rapports et discussions du cinquième Conseil de physique*, Paris: Gauthier-Villars, 1928.

Jackson, Myles W., „Die britische Antwort auf Fraunhofer und die deutsche Hegemonie in der Optik", in: *Wissenschaftliches Jahrbuch* (1992/93), S. 117 – 138.

———, *Spectrum of Belief, Joseph von Fraunhofer and the Craft of Precision Optics*, Cambridge, MA: MIT Press, 2000.

Jäger, Willigis, *Die Welle ist das Meer. Mystische Spiritualität*, hrsg. von Christoph Quarch, Freiburg im Breisgau [u.a.]: Herder, 2002.

Jamme, Christoph, *Einführung in die Philosophie des Mythos*, Darmstadt: Wissenschaftliche Buchgesellschaft, 1991, Bd. 2: „Neuzeit und Gegenwart".

Jammer, Max, *Der Begriff der Masse in der Physik*, Darmstadt: Wissenschaftliche Buchgesellschaft, 1964.

———, *The Conceptual Development of Quantum Mechanics*, New York [u.a.]: McGraw-Hill, 1966.

Jenseth, Richard; Lotto, Eduard E., *Constructing Nature: Readings from the American Experience*, Upper Saddle River, NJ: Prentice Hall 1996.

Jetter, Dieter, *Geschichte der Medizin. Einführung in die Entwicklung der Heilkunde aller Länder und Zeiten*, Stuttgart & New York: Thieme, 1992.

Johanson, Donald C.; Edey, Maitland A., *Lucy. The Beginnings of Humankind*, New York: Simon & Schuster, 1981.

——, *Die Anfänge der Menschheit*, München [u.a.]: Piper, 1982 (2. Aufl.).

Johanson, Donald C.; Shreeve, James, *Lucy's Child. The Discovery of a Human Ancestor* (1989), London: Penguin, 1991 (2. Aufl.).

Johanson, Donald C.; White, Timothy D.; Coppens, Yves, „A New Species of the Genus Australopithecus (Primates: Hominidae) from the Pliocene of Eastern Africa", in: *Kirtlandia* 28 (1978), S. 1–14.

Junek, Elisabeth [Junková, Eliška], *Bugatti – Mein Leben*, Wien: Siedler, [1990].

Jüngling, Simone, *Röntgenastronomie in Deutschland*, Hamburg: Dr. Kovac, 2007.

Kablicky, Jan; Margolius, Ivan, *Česká Inspirace, Czech Inspiration*, Prag: Fraktály, 2005.

Kamke, Detlef, *Handbuch der Physik*, Berlin [u.a.]: Springer, 1956, Bd. 1: „Korpuskularoptik".

Karenberg, Axel, *Amor, Äskulap & Co. Klassische Mythologie in der Sprache der modernen Medizin*, Stuttgart: Schattauer, 2004.

Karger-Decker, Bernt, *Die Geschichte der Medizin. Von der Antike bis zur Gegenwart*, Düsseldorf: Albatros, 2001.

Kasseler Kunstverein (Hrsg.), *AUTO-NOM-MOBILE. Das Automobil in der zeitgenössischen Kunst*, Katalog zur Ausstellung „AUTO-NOM-MOBILE" (Kulturbahnhof Kassel vom 15. Januar – 26. Februar 2006), Kassel: Kasseler Kunstverein, 2006.

Kaufmann, Walter, *Rediscovering the Mind: Goethe, Kant, and Hegel*, New York: McGraw-Hill, 1980.

Kelly, Mervin J., „Dr. Clinton Joseph Davisson", in: *Bell System Technical Journal* 30 (1951), S. 779–785.

——, „Clinton Joseph Davisson", in: *Biographical Memoirs of the National Academy of Sciences* 36 (1962), S. 50–84.

Kemper, Peter (Hrsg.), *Macht des Mythos, Ohnmacht der Vernunft?*, Frankfurt am Main: Fischer, 1989.

Kessler, Frank, „La cinématographie comme dispositif (du) spectaculaire", in: *Cinémas (Montreal)* 14 (2003), S. 21–34.

Kevles, Daniel J., *The Physicists. The History of a Scientific Community in Modern America*, Cambridge, MA [u.a.]: Harvard University Press, 1995.

King, Henry C., *The History of the Telescope* (1955), New York: Dover Publisher, 1979.

Kirchberg, Peter, „Die technische Entwicklung und der Rennsport", in: Feldkamp, Jörg (Hrsg.), *75 Jahre Auto Union*, Begleitbuch anlässlich der Ausstellung „Vier Ringe für Sachsen. 75 Jahre Auto-Union" (Industriemuseum Chemnitz, 9. Juni–2. September 2007), Chemnitz: Zweckverband Sächsisches Industriemuseum, 2007, S. 53–83.

Kirchhoff, Gustav R., „Ueber die Fraunhofer'schen Linien", in: *Monatsberichte der Königlich Preussischen Akademie der Wissenschaften zu Berlin* (1859), S. 662–665.

Kirchhoff, Gustav R.; Bunsen, Robert W., „Chemische Analyse durch Spectralbeobachtungen", in: *Annalen der Physik* 186 (1860), S. 161–189.

Kleinert, Andreas, „,Philolog und Kenner der Physik'. Altertumkunde und Experimentalphysik bei Johann Salomo Christoph Schweigger", in: *Berichte zur Wissenschaftsgeschichte* 23 (2000), S. 191–202.

Klemperer, Victor, *LTI – Notizbuch eines Philologen* (1975), Leipzig: Reclam, 1990 (10. Aufl.).

Knopf, Hartmut, „Hochbegabung im schulischen Kontext. Einsteins Chancen im bundesdeutschen Schulsystem", in: *Scientia halensis* 3 (2005), S. 15–16.

Kobata, Ikuo, „[An Acoustical Phenomenon Illustrating Harmonic Dualism. The Qualitative Relationship between Partial-Tone Structure and Sensory Consonance]" [jap.], in: *Ongakugaku: Journal of the Musicological Society of Japan* 48 (2001), S. 15–26. (engl. Abstract unter: www.soc.nii.ac.jp/msj4/bulletin/v47/v47-1e.html#kobata)

Koeppen, Hans, *Im Auto um die Welt*, Berlin: Ullstein, 1908.

Koyré, Alexandre, *Von der geschlossenen Welt zum unendlichen Universum* (1957), Frankfurt am Main: Suhrkamp, 2007 (2. Aufl.).

Krammer, Anton, „Harmonik", in: Eberlein, Gerald L. (Hrsg.), *Kleines Lexikon der Parawissenschaften*, München: Beck, 1995, S. 66–70.

Kris, Ernst; Kurz, Otto, *Die Legende vom Künstler*, Frankfurt am Main: Suhrkamp, 1980 (Erstausgabe Wien: Krystall Verlag, 1934).

Kuball, Michael; Söderström-Stinnes, Clärenore, *Söderströms Photo-Tagebuch 1927–1929, Die erste Autofahrt einer Frau um die Welt*, Frankfurt am Main: Krüger, 1981.

Kuczynski, Jürgen, *Wissenschaft und Wirtschaft bis zur industriellen Revolution. Studien und Essays über drei Jahrtausende*, Berlin: Akademie-Verlag, 1970.

Kuhn, Harald W.; Nasar, Sylvia (Hrsg.), *The Essential John Nash*, Princeton, NJ & Oxford: Princeton University Press, 2002.

Kuhn, Wilfried, *Ideengeschichte der Physik. Eine Analyse der Entwicklung der Physik im historischen Kontext*, Braunschweig & Wiesbaden: Vieweg, 2001.

Kurz, Joachim, *Bugatti: Der Mythos, die Familie, das Unternehmen*, Berlin: Econ, 2005.

Laffon, Francis; Lambert, Elisabeth, *Der Fall der Brüder Schlumpf*, Mulhouse: Bueb & Reumaux, 1991.

Lakoff, George, *Women, Fire, and Dangerous Things: What Categories Reveal about the Mind*, Chicago: The University of Chicago Press, 1987.

Landau, William M. (Hrsg.), „Clinical Neuromythology. 13: Neuroscepticism Sovereign Remedy for the Carotid Sinus Syndrome", in: *Neurology* 44 (1994), S. 1570–1576.

_____, *Clinical Neuromythology and Other Arguments and Essays, Pertinent and Impertinent*, Armonk, NY: Futura, 1998.

Lange-Fuchs, Hauke, „Die Reisen des Projektionskunst-Unternehmens Skladanowsky", in: *KINtop. Jahrbuch zur Erforschung des frühen Films* 11 (2003), S. 123–143.

Laplace, Pierre-Simon de, *Traité de Mécanique Céleste*, Paris: Bachelier, 1799–1825, 5 Bd.

_____, *Philosophischer Versuch über die Wahrscheinlichkeit* (1812), Leipzig: Akademische Verlagsgesellschaft, 1932.

Latour, Bruno, *Wir sind nie modern gewesen. Versuch einer symmetrischen Anthropologie*, Berlin: Akademie-Verlag, 1995.

Laue, Max von, „Concerning the Detection of X-Ray Interferences Nobel Lecture, November 12, 1915", in: http://nobelprize.org/nobel_prizes/physics/laureates/1914/laue-lecture.pdf.

_____, *Materiewellen und ihre Interferenzen*, Leipzig: Akademische Verlagsgesellschaft Becker & Erler, 1944.

Lecourt, Dominique, *Prométhée, Faust, Frankenstein: fondements imaginaires de l'éthique*, Paris: Synthélabo – Les Empêcheurs de tourner en rond, 1996.

Le Grand, Homer E. (Hrsg.), *Experimental Inquiries. Historical, Philosophical and Social Studies of Experimentation in Science*, Dordrecht: Kluwer, 1990.

Lehmann, Hartmut, *Die Entzauberung der Welt: Studien zu Themen von Max Weber*, Göttingen: Wallstein, 2009 (= Bausteine zu einer Europäischen Religionsgeschichte im Zeitalter der Säkularisierung, 11).

Leibniz, Gottfried Wilhelm, *Sämtliche Schriften und Briefe*, hrsg. von der Berlin-Brandenburgischen Akademie der Wissenschaften und der Akademie der Wissenschaften in Göttingen, Reihe III: „Mathematischer, naturwissenschaftlicher und technischer Briefwechsel", Berlin: Akademie-Verlag, 2004, Bd. 6.

Lepenies, Wolf, *Das Ende der Naturgeschichte: Wandel kultureller Selbstverständlichkeiten in den Wissenschaften des 18. und 19. Jahrhunderts*, Frankfurt am Main: Suhrkamp, 1978.

Lesky, Erna, *Franz Joseph Gall, 1758–1828. Naturforscher und Anthropologe*, Bern [u.a.]: Huber, 1979 (= Hubers Klassiker der Medizin und Naturwissenschaften; Bd. 15).

_____, „Der angeklagte Gall", in: *Gesnerus* 38 (1981), S. 301–311.

Le Sueur, Achille (Hrsg.), *Maupertuis et ses correspondants: lettres inédites du grand Frédéric, du prince Henri de Prusse, de Labeaumelle, du président Henault, du comte de Tressan, d'Euler, de Kaestner, de Koenig, de Haller, de Condillac, de l'abbé d'Olivet, du maréchal d'Ecosse...*, Montreuil-sur-mer: Impr. Nôtre-Dame des Prés, 1896.

Lévi-Strauss, Claude, „Die Struktur der Mythen", in: ders., *Strukturale Anthropologie* (frz. 1958), Frankfurt am Main: Suhrkamp, 1967, S. 226–254.

Lévi-Strauss, Claude, *Mythologica* (frz. 1964), Frankfurt am Main: Suhrkamp, 1971.

———, *Die elementaren Strukturen der Verwandtschaft* (frz. 1949), Frankfurt am Main: Suhrkamp, 1984 (2. Aufl.).

———, *Die Luchsgeschichte. Zwillingsmythologie in der Neuen Welt* (frz. 1991), München und Wien: Carl Hanser Verlag, 1993.

Lévy-Bruhl, Lucien, *La mentalité primitive*, Paris: Presses universitaires de France, 1922.

———, *La Mythologie primitive. Le monde mythique des australiens et des papous*, Paris: Felix Alcan, 1935.

Lewin, Roger, *Bones of Contention: Controversies in the Search for Human Origins* (1987), Chicago: University of Chicago Press, 1997 (2. Aufl.).

Liebig, Theodor, *Der Auto-Pionier auf Viktoria von Carl Benz, Mannheim. Zur Erinnerung an alte Zeiten herausgegeben von Theodor Liebig. Nach dem Tagebuch bearbeitet von Paul Rainer*, Reichenberg: Sudetendeutscher Verlag Franz Kraus, [1937].

Loiperdinger, Martin, „Lumières ANKUNFT DES ZUGS. Gründungsmythos eines neuen Mediums", in: *KINtop. Jahrbuch zur Erforschung des frühen Films* 5 (1996), S. 37–70.

Lovtrup, Soren, *Darwinism: the Refutation of a Myth*, London [u.a.]: Croom Helm, 1987.

MacLean, Paul D., *The Triune Brain in Evolution: Role in Paleocerebral Function*, New York: Plenum Press, 1990.

Mäder, Ralf, *Messung und Steuerung von Markenpersönlichkeit – Entwicklung eines Messinstruments und Anwendung in der Werbung mit prominenten Testimonials*, Wiesbaden: Deutscher Universitätsverlag, 2005.

Maffesoli, Michel, *Le temps des tribus*, Paris: La Table Ronde, 1988.

———, *Le réenchantement du monde. Une éthique pour notre temps*, Paris: La Table Ronde, 2006.

Maier, Michael, *Atalanta fugiens, hoc est, emblemata nova de secretis naturæ chymica [...]* (1617), Oppenheim: Johann Theodor de Bry, 1618.

[Mairan, Jean-Jacques Dortous de], „Von den cartesischen Wirbeln", in: *Der königlichen Akademie der Wissenschaften in Paris physische Abhandlungen* 13: 1739–1741 (1759), S. 471–481.

Mali, Joseph, *The Rehabilitation of Myth: Vico's New Science*, Cambridge & New York: Cambridge University Press, 1992.

Manuel, Frank E., *Isaac Newton Historian*, Cambridge, Mass.: Belknap Press of Harvard University Press, 1963.

Mark, Hermann; Wierl, Raimund, *Die experimentellen und theoretischen Grundlagen der Elektronenbeugung*, Berlin: Borntraeger, 1931.

Marks, Ulf G., *Neuproduktpositionierung in Wettbewerbsmärkten*, Wiesbaden: DUV, 1994.

Martins, Roberto de A., „Huygens's reaction to Newton's gravitational theory", in: Field, Judith V.; James, Frank A. J. L. (Hrsg.), *Renaissance and Revolution. Humanists,*

Scholars, Craftsmen and Natural Philosophers in Early Modern Europe, Cambridge: Cambridge Uiversity Press, 1993, S. 203–213.

Maupertuis, Pierre-Louis Moreau de, „Accord de différentes loix de la nature qui avoient jusqu'ici paru incompatibles", in: *Histoire de l'Académie royale des sciences avec les mémoires de Mathématiques et de Physique pour la même année*: 1744 (1748a), S. 417–426.

——, „Les loix du mouvement et du repos déduites d'un Principe Metaphysique", in: *Mémoires de l'Académie Royale des Sciences et Belles-Lettres de Berlin*: 1746 (1748b), S. 267–294.

Max-Planck-Institut für Wissenschaftsgeschichte (Hrsg.), *The Shape of Experiment: Conference Berlin, 2–5 June 2005*, Berlin: Max-Planck-Institut für Wissenschaftsgeschichte, 2006 (= Preprint des Max-Planck-Instituts für Wissenschaftsgeschichte; Nr. 318).

Mayr, Ernst, „The myth of the non-Darwinian revolution", In: *Biology and Philosophy* 5 (1990), S. 85–92.

McKinney, Laurence O., *Neurotheology. Virtual Religion in the 21st Century*, Cambridge, MA: American Institute for Mindfulness, 1994.

McLaughlin, Peter, „Soemmerring und Kant: Über das Organ der Seele und den Streit der Fakultäten", in: Mann, Gunter; Dumont, Franz (Hrsg.), *Samuel Thomas Soemmerring und die Gelehrten der Goethe-Zeit*, Stuttgart & New York: Gustav Fischer, 1985, S. 191–201.

Meinel, Christoph (Hrsg.), *Instrument-Experiment. Historische Studien*, Berlin [u.a.]: GNT, 2000.

Mercedes-Benz Museum GmbH (Hrsg.), *Mercedes-Benz Museum, Mythos & Collection*, Bielefeld: Delius Klasing, 2006.

Mersenne, Marin, *Harmonie universelle, contenant la théorie et la pratique de la musique*, Paris: Ballard, 1636.

Meschede, Dieter (Hrsg.), *Gerthsen Physik*, Berlin [u.a.]: Springer, 2004.

Messiah, Albert; Streubel, Joachim, *Quantenmechanik*, Berlin [u.a.]: de Gruyter, 1976.

Meuther, Olaf, „Die Rettungstaten des Feldwebels Hugo Armann", in: Wette, Wolfram (Hrsg.), *Zivilcourage, Empörte, Helfer und Retter aus Wehrmacht, Polizei und SS*, Frankfurt am Main: Fischer, 2004, S. 114–127.

Myerson, Roger B., „Nash Equilibrium and the History of Economic Theory", in: *Journal of Economic Literature* 37 (1999), S. 1067–1082.

Millin, Aubin-Louis, *Galerie mythologique: recueil de monuments pour servir à l'étude de la mythologie, de l'histoire de l'art, de l'antiquité figurée, et du langage allégorique des anciens: avec 190 planches gravées au trait, contenant près de 800 monuments antiques, tels que statues, bas-reliefs, pierres gravées, médailles, freques et peintures de vases, dont plus de 50 sont inédits*, Paris: Drouhin, 1790, 5 Bd.

Müller, Dorit, *Gefährliche Fahrten, Das Automobil in Literatur und Film um 1900*, Würzburg: Königshausen & Neumann, 2004.

Nasar, Sylvia, „The Lost Years of the Nobel Laureate", in: *The New York Times* (13. November 1994).

———, *A Beautiful Mind*, (1998) London: Faber, 2001 (2. Aufl.).

———, „Introduction", in: Kuhn, Harald W.; Nasar, Sylvia (Hrsg.), *The Essential John Nash*, Princeton, NJ & Oxford: Princeton University Press, 2002.

Nash, John F., „The Bargaining Problem", in: Kuhn, Harald W.; Nasar, Sylvia (Hrsg.), *The Essential John Nash*, Princeton, NJ & Oxford: Princeton University Press, 2002a, S. 37–46.

———, „Non Cooperative Games", in: Kuhn, Harald W.; Nasar, Sylvia (Hrsg.), *The Essential John Nash*, Princeton, NJ & Oxford: Princeton University Press, 2002b, S. 85–98.

———, „Real Algebraic Manifolds", in: Kuhn, Harald W.; Nasar, Sylvia (Hrsg.), *The Essential John Nash*, Princeton, NJ & Oxford: Princeton University Press, 2002c, S. 127–150.

Nestle, Wilhelm, *Vom Mythos zum Logos: die Selbstentfaltung des griechischen Denkens von Homer bis auf die Sophistik und Sokrates*, Stuttgart: Kröner, 1940.

Neugebauer-Wölk, Monika (Hrsg.), *Aufklärung und Esoterik. Rezeption – Integration – Konfrontation*, Tübingen: Niemeyer, 2008.

Neumann, Harro, *Norddeutsche Automobilpioniere*, Bremen: Hauschild, 2005.

Neumann, John von; Morgenstern, Oskar, *Theory of Games and Economic Behavior*, Princeton, NJ: Princeton University Press, 1944.

Newberg, Andrew [u.a.], „The Measurement of Regional Cerebral Bloodflow During Complex Cognitive Task of Meditation: a Preliminary SPECT Study", in: *Psychiatry Research* 106 (2002), S. 113–122.

Newberg, Andrew; d'Aquili, Eugene; Rause, Vince, *Der gedachte Gott*, München: Piper, 2003.

Newton, Isaac, *Philosophiae naturalis principia mathematica*, London: Straeter, 1687.

———, *The Chronology of Ancient Kingdoms Amended; to which is Prefix'd a Short Chronicle from the First Memory of Things in Europe, to the Conquest of Persia by Alexander the Great*, hrsg. von John Conduitt, London: Tonson [u.a.], 1728.

Niemann, Harry, *Wilhelm Maybach, König der Konstrukteure*, Stuttgart: Motorbuch-Verlag, 1995.

———, *Mythos Maybach*, Stuttgart: Motorbuch-Verlag, 2002 (4. Aufl.).

———, *Karl Maybach, seine Motoren und Automobile*, Stuttgart: Motorbuch-Verlag, 2004.

Nieuwentyt, Bernhard, *Erkänntnüß der Weißheit, Macht und Güte des Göttlichen Wesens, aus dem rechten Gebrauch derer Betrachtungen aller irrdischen Dinge dieser Welt: zur Überzeugung derer Atheisten und Ungläubigen*, Frankfurt und Leipzig: Johannes Pauli, 1732.

Nikomachos of Gerasa, „The Enchiridion", in: Barker, Andres (Hrsg.), *Greek Musical Writings*, Cambridge: Cambridge University Press, 1989, Bd. 2, S. 247–269.

Nisbet, Hugh Barr, *Herder and the Philosophy and History of Science*, Cambridge: Cambridge University Press, 1972.

Noble Wilford, John, „Lucy's Child: Humanity Climbs Down from the Trees", in: *The New York Times* (21. September 2006).

Nollet, Jean-Antoine, *Vorlesungen über die Experimental-Natur-Lehre*, Erfurt: Weber, 1749–1775, 6 Bd.

———, „Abhandlung, darinn man durch die Erfahrung die Kräfte und Richtungen einer oder etlichen flüßigen Materien, die in eine, um ihre Achse gedrehete, Kugel zusammen eingeschlossen sind, untersuchet", in: *Der königlichen Akademie der Wissenschaften in Paris physische Abhandlungen* 13: 1739–1741 (1759), S. 481–501.

———, *L'Art des Expériences, ou avis aux amateurs de la physique, sur le choix, la construction et l'usage des instruments*, Amsterdam: Changuion, 1770, Bd. 2.

Norton, Didier, „Introduction", in: Bouvet, Jean-François (Hrsg.), *Du fer dans les épinards et autres idées reçues*, Paris: Seuil, 1997, S. 9–13.

Nye, David E., „Biography's myth of presence: Thomas Edison as invention", in: *Prospects: An Annual of American Cultural Studies* 7 (1982), S. 177–186.

Oakeshott, Michael, „Leviathan: A Myth", in: Ders. (Hrsg.), *Hobbes on Civil Association*, Oxford: Basil Blackwell, 1975, S. 150–154.

Oertel, Rudolf, *Filmspiegel. Ein Brevier aus der Welt des Films*, Wien: Wilhelm Frick, 1941.

Oettingen, Arthur von, *Harmoniesystem in dualistischer Entwickelung. Studien zur Theorie der Musik*, Dorpat & Leipzig: Gläser, 1866.

Olry, Régis; Haines, Duane E., „Cerebral Mythology: A Skull Stuffed With Gods", in: *Journal of the History of the Neurosciences* 7 (1998), Issue 1, S. 82–83.

Organisation for Economic Co-operation and Development (Hrsg.), *Understanding the Brain: Towards a New Learning Science*, Paris: OECD, 2002.

Ortoli, Sven; Witkowski, Nicolas, *Die Badewanne des Archimedes. Berühmte Legenden aus der Wissenschaft* (frz. 1996), München & Zürich: Piper, 2001 (6. Aufl.).

Ottomeyer, Hans [u.a.], *Biedermeier, die Erfindung der Einfachheit*, Katalog der gleichnamigen Ausstellung an verschiedenen Orten, Ostfildern: Hatje Cantz, 2007.

Overmann, Ronald J., *Theories of Gravity in the seventeenth century*, Ph. D diss., Indiana University, 1974.

Paley, William, *Natural Theology: or, Evidences of the Existence and Attributes of the Deity, Collected from the Appearances of Nature* (1802), [s.l.]: Faulder, 1802.

Palisca, Claude V., „Scientific Empiricism in Musical Thought", in: Rhys, Hedley H. (Hrsg.), *Seventeenth Century Science and the Arts*, Princeton, NJ: Princeton University Press, 1961.

Parmentier, Michael, „Der Bildungswert der Dinge oder: die Chancen des Museums", in: *Zeitschrift für Erziehungswissenschaft* 1 (2001), S. 39–50.

Peiffer, Jürgen, *Hirnforschung in Deutschland 1849 bis 1974. Briefe zur Entwicklung von Psychiatrie und Neurowissenschaften sowie zum Einfluss des politischen Umfeldes auf Wissenschaftler*, Springer: Berlin [u.a.], 2004 (= Schriften der Mathematisch-naturwissenschaftlichen Klasse der Heidelberger Akademie der Wissenschaften; Bd. 13).

Penn, Michael L.; Wilson, Lindsay, „Mind, Medicine, and Metaphysics: Reflections on the Reclamation of the Human Spirit", in: *American Journal of Psychotherapy* 57 (2003), S. 18–31.

Pennisi, Elizabeth, „Was Lucy's a Fighting Family? Look at her Legs", in: *Science* 5759/311 (2006), S. 330.

Perler, Dominik, *René Descartes*, München: Beck, 1998.

Perrin, Carleton E., „Document, Text and Myth: Lavoisier's Crucial Year Revisited", in: *British Journal for the History of Science* 22 (1989), S. 3–25.

Petzold, Hartmut, „Zur Entstehung der elektronischen Technologie in Deutschland und in den USA. Der Beginn der Massenproduktion von Elektronenröhren 1912–1918", in: *Geschichte und Gesellschaft* 13 (1987), S. 340–367.

Pfaffenberger, Brian, „Technological Dramas", in: *Science, Technology & Human Values* 17 (1992), S. 282–312.

Pialoux, P.; Soudant, J., „Geschichte der Hals-, Nasen- und Ohrenheilkunde", in: Sournia, Jean-Charles, Poulet, Jacques und Martiny, Marcel (Hrsg.), *Illustrierte Geschichte der Medizin*, Salzburg: Andreas & Andreas 1980, Bd. 7, S. 2711–2747.

Pickering, Andrew (Hrsg.), *Science as Practice and Culture*, Chicago: University of Chicago Press, 1992.

Planck, Max, „Das Prinzip der kleinsten Wirkung" (1915), in: Ders., *Vom Wesen der Willensfreiheit und andere Vorträge*, Frankfurt am Main: Fischer, 1991, S. 51–64.

Plomp, Reinier, „Detectability Threshold for Combination Tones", in: *Journal of the Acoustical Society of America* 37 (1965), S. 1110–1123.

Pluche, Noël-Antoine, *Le spectacle de la nature ou entretiens sur les particularités de l'histoire naturelle, qui ont paru les plus propres à rendre les Jeunes-Gens Curieux, et à leur former l'esprit* (1732), Paris: Chez la Veuve Estienne, 1739 (7. Aufl.).

Polanyi, Michel, *The Tacit Dimension*, Gloucester, MA: Peter Smith, 1983.

Polkinghorne, Donald E., „Narrative Psychologie und Geschichtsbewusstsein. Beziehungen und Perspektiven", in: Straub, Jürgen (Hrsg.), *Erzählung, Identität und historisches Bewußtsein. Die psychologische Konstruktion von Zeit und Geschichte*, Frankfurt am Main: Suhrkamp, 1998.

Pönisch, Jürgen, *August Horch, Pionier der Kraftfahrt*, Zwickau: August-Horch-Museum, 2001.

Poschardt, Ulf, *Über Sportwagen*, Berlin: Merve-Verlag, 2002.

Proß, Wolfgang (Hrsg.), *Johann Gottfried Herder und die Anthropologie der Aufklärung*, München & Wien: Carl Hanser, 1987, Bd. 2.

——, „Historical Aspects of Cultural Psychology", in: *Swiss Journal of Psychology* 54 (1995), S. 255–261.

——, „,Ein Reich unsichtbarer Kräfte'. Was kritisiert Kant an Herder?", in: *Scientia Poetica* 1 (1997), S. 62–119.

—— (Hrsg.), *Johann Gottfried Herder: Ideen zur Philosophie der Geschichte der Menschheit* (1784), München, Wien: Carl Hanser, 2002, Bd. 3/1.

Pulte, Helmut, *Das Prinzip der kleinsten Wirkung und die Kraftkonzeptionen der rationalen Mechanik: eine Untersuchung zur Grundlegungsproblematik bei Leonhard Euler, Pierre Louis Moreau de Maupertuis und Joseph Louis Lagrange*, Stuttgart: Franz Steiner, 1989.

Raffaëlli, Antoine, *Memoirs of a Bugatti Hunter*, Paris: Maeght éditeur, 1997.

Raggio, Olga, „The Myth of Prometheus: Its Survival and Metamorphoses up to the Eighteenth Century", in: *Journal of the Warburg and Courtauld Institutes* 21 (Jan.–Jun. 1958), S. 44–62.

Rameau, Jean-Philippe, *Traité de l'harmonie. Reduite à ses Principes naturels*, Paris: Ballard, 1722 [Faksimile in: *The Complete Theoretical Writings of Jean-Philippe Rameau*, hrsg. von Erwin R. Jacobi, Dallas, Texas: American Institute of Musicology, 1968, Bd. 3].

——, *Génération harmonique ou Traité de musique théorique et pratique*, Paris: Ballard, 1737 [Faksimile in: *op. cit.*].

Ramsaye, Terry, *A Million and One Nights. A History of the Motion Picture through 1925*, New York: Simon & Schuster, 1926 (Neuausgabe: New York: Touchstone, 1986).

Rehding, Alexander, *Hugo Riemann and the Birth of the Modern Musical Thought*, Cambridge: Cambridge University Press, 2003.

Reich, Leonard S., *The Making of American Industrial Research. Science and Business at GE and Bell, 1876–1926*, Cambridge, MA: Cambridge University Press, 1985.

Reinecke, Hans Peter, „Hugo Riemanns Beobachtung von ‚Divisionstönen' und die neueren Anschauungen zur Tonhöhenwahrnehmung", in: Brenecke, Wilfried; Haase, Hans (Hrsg.), *Hans Albrecht in Memoriam. Gedenkschrift mit Beiträgen von Schülern und Freunden*, Kassel: Bärenreiter 1962, S. 232–241.

Reinwald, Heinz, *Mythos und Methode. Zum Verhältnis von Wissenschaft, Kultur und Erkenntnis*, München: Fink, 1991.

Rhein, Eduard, *Wunder der Wellen. Rundfunk und Fernsehen dargestellt für jedermann*, Berlin: Ullstein Verlag, 1935.

Rheinberger, Hans-Jörg, *Experiment, Differenz, Schrift. Zur Geschichte epistemischer Dinge*, Marburg an der Lahn: Basilisken-Presse, 1992.

Rico, Pablo J., *Vostell, Automobile*, Tübingen [u.a.]: Wasmuth, 2000.

Riedel, Manfred, *Friedrich Lutzmann, Ein Pionier des Automobilbaus*, Dessau: Mitteldeutscher Verlag, 1999.

Riemann, Hugo, *Musikalische Logik. Hauptzüge der physiologischen und psychologischen Begründung unseres Musiksystems*, Leipzig: C.F. Kahnt, [1874].

———, „Die objektive Existenz der Untertöne in der Schallwelle", in: *Allgemeine deutsche Musikzeitung* 2 (1875), S. 205–206 und 213–215.

———, *Musikalische Syntaxis. Grundriß einer harmonischen Satzbildungslehre*, Leipzig: Breikopf und Härtel, 1877 [Faksimile: Niederwalluf bei Wiesbaden: Sändig, 1971].

———, *Katechismus der Akustik (Musikwissenschaft)*, Leipzig: Hesse, 1891 (= Max Hesse's illustrierte Katechismen; Bd. 21).

———, „Das Problem des harmonischen Dualismus", in: *Neue Zeitschrift für Musik* 101 (1905), S. 3–5, 23–26, 43–46, 67–70.

Rimmele, Ulrike, „Noch Fragen? – Der Mythos von den zwei Gehirnen", in: *Gehirn & Geist* 6 (2006), S. 72.

Rohr, Moritz von, *Josef Fraunhofers Leben, Leistungen und Wirksamkeit*, Leipzig: Akademische Verlagsgesellschaft, 1929.

Roll, William G. [u.a.], „Neurobehavioral and Neurometabolic (SPECT) Correlates of Paranormal Information: Involvement of the Right Hemisphere and its Sensitivity to Weak Complex Magnetic Fields", in: *The International Journal of Neuroscience* 112 (2002), S. 197–224.

Roth, Gerhard, *Das Gehirn und seine Wirklichkeit. Kognitive Neurobiologie und ihre philosophischen Konsequenzen*, Frankfurt am Main: Suhrkamp, 2001.

Roth, Günter D., *Joseph von Fraunhofer, Handwerker – Forscher – Akademiemitglied. 1787–1896*, Stuttgart: Wissenschaftliche Verlagsgesellschaft, 1976.

Rouse, Joseph, „The Narrative Reconstruction of Science", in: *Inquiry* 33 (1990), S. 179–196.

Rousseau, Georges S., „Nerves, Spirits, and Fibres: Towards Defining the Origins of Sensibility", in: Brissenden, Robert F.; Eade, Jonathan C. (Hrsg.), *Studies in the Eighteenth Century*, Toronto: University of Toronto Press, 1973, Bd. 3: „Papers Presented at the Third David Nichol Smith Memorial Seminar, Canberra 1973", S. 137–157.

———, *The Languages of Psyche: Mind and Body in Enlightenment Thought*, Berkeley: California University Press, 1990.

Runge, Dana; Hamann, Petra; Giesel, Thomas, *Emil Hermann Nacke, Sachsens erster Automobilbauer*, Dresden: Verkehrsmuseum, 2007 (= Schriftenreihe des Verkehrsmuseums Dresden; Bd. 7).

Rüsen, Jörn, „Postmoderne Geschichtstheorie", in: Jarausch, Konrad H.; Rüsen, Jörn; Schleier, Hans (Hrsg.), *Geschichtswissenschaft vor 2000. Perspektiven der Historiographiegeschichte, Geschichtstheorie, Sozial- und Kulturgeschichte. Festschrift für*

Georg G. Iggers zum 65. Geburtstag, Hagen: Rottmann-Medienverlag, 1991, S. 27–48.

——, *Historische Orientierung. Über die Arbeit des Geschichtsbewußtseins, sich in der Zeit zurechtzufinden*, Köln [u.a.]: Böhlau, 1994.

Russo, Arturo, „Fundamental Research at Bell Laboratories. The Discovery of Electron Diffraction", in: *Historical Studies in the Physical Sciences* 12 (1981), S. 117–160.

Sadoul, Georges, *Louis Lumière*, Paris: Seghers, 1964.

Sang, Hans-Peter, *Joseph von Fraunhofer, Forscher – Erfinder – Unternehmer*, München: Glas, 1987.

Sauder, Gerhard, *Theorie der Empfindsamkeit und des Sturm und Drang*, Reclam: Ditzingen, 2003.

Saulmon, s. n., „Experiences sur des Corps plongés dans un Tourbillon", in: *Memoire de l'Académie des Sciences de Paris*: 1714 (1717), S. 381–394.

——, „Experiences faites dans un Tourbillon Cylindroïde", in: *Memoire de l'Académie des Sciences de Paris*: 1716 (1718), S. 35–59.

——, „Du Mouvement d'un Cylindre plongé dans un Tourbillon cylindrique", in: *Memoire de l'Académie des Sciences de Paris*: 1712 (1731), S. 279–297.

——, „Des Corps plongés dans un Tourbillon", in: *Memoire de l'Académie des Sciences de Paris*: 1715 (1741), S. 61–69.

Sauvage, Léo, *L'affaire Lumière. Enquête sur les origines du cinéma*, Paris: Lherminier, 1985.

Sauveur, Joseph, „Système generale des Intervalles des Sons et son Application à tous les Systêmes et à tous les Instrumens de Musique", in: *Memoire de l'Académie des Sciences de Paris*: 1701 (1743), S. 299–366.

Schatzkin, Paul, *The Boy Who Invented Television. A Story of Inspiration, Persistence and Quiet Passion*, Silver Spring: TeamCom Books, 2002.

Schelling, Friedrich Wilhelm Josef von, *Philosophie der Mythologie. Nachschrift der letzten Münchener Vorlesungen (1841)*, hrsg. von Andreas Roser und Holger Schulten, mit einer Einleitung von Walter E. Ehrhardt, Stuttgart: Frommann-Holzboog, 1996 (= Schellingiana, Bd. 6).

Schiebinger, Londa, *Has Feminism Changed Science?* (1999), Cambridge, MA: Harvard University Press, 2001 (2. Aufl.).

Schiemann, Georg, „Helmholtz, Hermann von", in: Hoffmann, Dieter; Laitko, Hubert; Müller-Wille, Staffan (Hrsg.), *Lexikon der bedeutenden Naturwissenschaftler*, München: Spektrum, 2004, Bd. 2, S. 182–184.

Schiera, Pierangelo, *Laboratorium der bürgerlichen Welt. Deutsche Wissenschaft im 19. Jahrhundert*, Frankfurt am Main: Suhrkamp, 1992.

Schiff, Julius, „Johann Salomo Christoph Schweigger und sein Briefwechsel mit Goethe", in: *Die Naturwissenschaften* 13 (1925), S. 555–559.

Schinkel, Eckhard (Hrsg.), *Die Helden-Maschine. Zur Tradition und Aktualität von Helden-Bildern*, Publikation zur Tagung „Die Helden-Maschine", LWL-Industriemuseum, Dortmund 2008 (voraussichtlich 2010).

Schmarbeck, Wolfgang, *Hans Ledwinka, seine Autos – sein Leben*, Graz: Weishaupt, 1990.

Schmid, Hans Heinrich (Hrsg.), *Mythos und Rationalität. Generalthema des VI. Europäischen Theologenkongresses vom 21. bis 25. September 1987 in Wien*, Gütersloh: Mohn, 1988.

Schomann, Stefan, „Lucy lebt! Die Karriere einer Primadonna", in: *Geo Wissen. Die Evolution des Menschen* (1998), S. 84–89.

Schreier, Wolfgang (Hrsg.), *Geschichte der Physik. Ein Abriss*, Berlin: Deutscher Verlag der Wissenschaften, 1988.

Schröder, Hermann, „Untersuchungen über die sympathetischen Klänge der Geigeninstrumente und eine hieraus folgende Theorie der Wirkung des Bogens auf die Saiten", in: *Musikalisches Wochenblatt* 19 (1888), S. 237–238, 249–250, 257–259, 269–271, 281–284, 293–296.

──────, *Die symmetrische Umkehrung in der Musik. Ein Beitrag zur Harmonie- und Kompositionslehre mit Hinweis auf die hier technisch notwendige Wiedereinführung antiker Tonarten im Style moderner Harmonik*, Leipzig: Breikopf und Härtel, 1902 (= Publikationen der Internationalen Musikgesellschaft; Beihefte 8) [Faksimile Walluf bei Wiesbaden: Sändig, 1973].

──────, *Naturharmonien. Eine Abhandlung über Kombinationstöne und ihre Verstärkung durch den Violin-Vibrator sowie über ihre Wirkung auf Harmonie und Tonfärbung mit einem praktischen Teile als Anhang: Zweistimmige Melodien für die Violine mit Vibrator*, Berlin: Vieweg, 1906a.

──────, *Ton und Farbe. System einer Charakteristik der Töne und der Tonarten übertragen auf das Gebiet der Farben und eine hieraus entstehende neue Farbenharmonie*, Berlin: Vieweg, 1906b.

Schulte, Günter, *Neuromythen. Das Gehirn als Mind Maschine und Versteck des Geistes*, Frankfurt am Main: Zweitausendeins, 2000.

Schulz, Reinhard; Suhr Wilfried, „Popularisierung und Entmystifizierung von Naturwissenschaft unter gebildeten Laien", in: Nitsch, Wolfgang (Hrsg.), *Kulturelle Vermittlungsformen gesellschaftlicher Naturverhältnisse: eine Tagung der Oldenburger AGIS am 3.-4.7.1992*, Oldenburg & Hannover: AGIS, 1994 (= AGIS Texte 5), S. 24–33.

Schummer, Joachim: „Historical Roots of the ‚Mad Scientist'. Chemists in the Nineteenth-century Literature", in: *Ambix* 53 (2006), S. 99–127.

Schwabl, Franz, *Quantenmechanik*, Berlin [u.a.]: Springer, 1998.

Schweigger, Johann Salomo Christoph, *Über die älteste Physik und den Ursprung des Heidenthums aus einer mißverstandenen Naturweisheit*, Nürnberg: Schrag, 1821.

──────, „Über Elektromagnetismus", in: *Journal für Chemie und Physik* 48 (1826).

──────, *Einleitung in die Mythologie auf dem Standpunkte der Naturwissenschaft*, Halle: Anton, 1836.

Schweitzer, Cara, „Hieronymus im Gehäuse. Albrecht Dürer lehrt Gelehrte sich zu inszenieren", in: Osten, Philipp (Hrsg.), *Mabuse & Co. Ein Kabinett kluger Köpfe*, ein Begleitband zur Ausstellung „Dr. Strangelove"*Populäre und künstlerische Bilder von Wissenschaft* zum Festival Science et Cité in Bern, Frankfurt am Main: Mabuse-Verlag, 2005, S. 23–25.

Scott, Anthony O., „Film Review, From Math to Madness, and Back", in: *The New York Times* (21. Dezember 2001).

Shapin, Steven, „Pump and Circumstance. Robert Boyle's Literary Technology", in: *Social Studies of Science* 14 (1984), S. 481–520.

Shapin, Steven; Schaffer, Simon, *Leviathan and the Air-pump. Hobbes, Boyle, and the Experimental Life*, Princeton, NJ: Princeton University Press, 1985.

Shermer, Michael, „Darwin, Freud, and the Myth of the Hero in Science", in: *Knowledge: Creation, Diffusion, Utilization* 11 (1990), S. 280–301.

Shiva, Vandana, *Stolen Harvest. The Hijacking of the Global Food Supply*, Cambridge, MA: South End Press, 2000.

―――, *The Violence of the Green Revolution. Third World Agriculture, Ecology and Politics*, Penang: Third World Network, 1991.

Sibum, Heinz Otto, *Physik aus ihrer Geschichte verstehen. Entstehung und Entwicklung naturwissenschaftlicher Denk- und Arbeitsstile in der Elektrizitätsforschung des 18. Jahrhunderts*, Wiesbaden: DUV, 1990.

―――, „Reworking the Mechanical Value of Heat. Instruments of Precision and Gestures of Accuracy in Early Victorian England.", in: *Studies in History and Philosophy of Science* 26 (1995), S. 73–106.

―――, „Experimentelle Wissenschaftsgeschichte", in: Meinel, Christoph (Hrsg.), *Instrument-Experiment. Historische Studien*, Berlin [u.a.]: GNT, 2000, S. 61–73.

Siebertz, Paul, *Karl Benz, Ein Pionier der Verkehrsmotorisierung*, München & Berlin: Lehmann, 1943.

Siemens, Werner, „,Das naturwissenschaftliche Zeitalter'. Vortrag gehalten in der 59. Versammlung Deutscher Naturforscher und Ärzte am 18. September 1886", in: Engelhardt, Dietrich von (Hrsg.), *Forschung und Fortschritt, Festschrift zum 175jährigen Jubiläum der Gesellschaft Deutscher Naturforscher und Ärzte*, Stuttgart: Wissenschaftliche Verlagsgesellschaft, 1997, S. 167–174.

Siler, Todd, „Neurocosmology: Ideas and Images Towards an Art-Science-Technology Synthesis", in: *Leonardo* 18 (1985), S. 1–10.

Simonyi, Károly, *Kulturgeschichte der Physik von den Anfängen bis 1990*, Thun & Frankfurt am Main: Harri Deutsch, 1995 (2. Aufl.).

Singer, Wolf, „Für und wider die Natur: Was weiß die Wissenschaft, und was darf sie wissen?", in: Singer, Wolf, *Der Beobachter im Gehirn. Essays zur Hirnforschung*, Frankfurt am Main: Suhrkamp, 2002, S. 189–199.

Smith, John Maynard, „Science and Myth", In: *Natural History* 93 (1984, 11), S. 10–24.

Smoorenburg, Guido F., „Pitch Perception of Two-Frequency Stimuli", in: *Journal of the Acoustical Society of America* 48 (1970), S. 924–942.

Sperry, Roger W., „Paradigms of Belief, Theory and Metatheory", in: *Zygon: Journal of Religion and Science* 26 (1992), S. 237–248.

Spiegel, Walter, *Brief eines Autokindes an sein Vaterhaus über italienische Reisetage*, Gotha & Berlin: Boll, 1927.

Spitzer, Manfred, *Gott-Gen und Großmutterneuron*, Stuttgart: Schattauer, 2006.

Splinter, Susan, *Zwischen Nützlichkeit und Nachahmung. Eine Biographie des Gelehrten Christian Gottlieb Kratzenstein (1723–1795)*, München: Peter Lang, 2007.

Sprat, Thomas, *History of the Royal Society of London, for the Improving of Natural Knowledge*, London: Martyn & Allestry, 1667.

Stafford, Fiona J., *The Last of the Race: The Growth of a Myth from Milton to Darwin*, Oxford: Clarendon Press, 1994.

Staley, Richard, „On the Co-Creation of Classical and Modern Physics", in: *Isis* 96 (2005), S. 530–558.

Staudenmaier, John M., *Technology's Storytellers. Reweaving the Human Fabric*, Cambridge, MA & London: MIT Press, 1985.

Steinke, Hubert, *Irritating Experiments. Haller's Concept and the European Controversy on Irritability and Sensibility, 1750–90*, Amsterdam & New York: Rodopi, 2005 (= Clio Medica; Bd. 76).

Steinle, Friedrich, *Explorative Experimente. Ampère, Faraday und die Ursprünge der Elektrodynamik*, Stuttgart: Steiner, 2005.

Stevenson, Lloyd G., „Anatomical Reasoning in Physiological Thought", in: Brooks, Chandler McCuskey; Cranefield, Paul F. (Hrsg.), *The Historical Development of Physiological Thought*, New York: Hafner, 1959, S. 27–38.

Stevenson, Robert L., *[The] Strange Case of Dr. Jekyll and Mr.,Hyde*, London: Longmans, Green and Co, 1886.

Stinnes, Clärenore, *Im Auto durch zwei Welten*, Berlin: Reimar Hobbing, 1929.

Stoczkowski, Wiktor, *Anthropologie naïve, anthrophologie savante*, Paris: CNRS-Editions, 1994.

————, *Aux Origines de l'humanité*, Paris: Pocket, 1996.

Straub, Jürgen (Hrsg.), *Erzählung, Identität und historisches Bewußtsein. Die psychologische Konstruktion von Zeit und Geschichte*, Frankfurt am Main: Suhrkamp, 1998.

Stückelberger, Alfred, „Wissenschaftliche Bildpropaganda", in: Splinter, Susan [u.a.] (Hrsg.), *Physica et historica – Festschrift für Andreas Kleinert zum 65. Geburtstag*, Halle: Deutsche Akademie der Naturforscher Leopoldina, 2005 (= Acta Historica Leopoldina 45), S. 91–100.

Stukeley, William, *Memoirs of Sir Isaac Newton's Life; Being Some Account of his Family and Chiefly of the Junior Part of his Life* (1752), hrsg. von A. Hastings White, London: Taylor and Francis, 1936.

Swift, Jonathan, *Travels into Several Remote Nations of the World. In Four Parts. By Lemuel Gulliver, First a Surgeon, and Then a Captain of Several Ships*, London: Motte, 1726.

—————, *Reisen in verschiedene Länder der Welt von Lemuel Gulliver – erst Schiffsarzt, dann Kapitän mehrerer Schiffe*, aus dem Engl. von Kurt Heinrich Hansen und mit einem Nachwort von Uwe Böker, München: Winkler 1958.

Szasz, Thomas, *The Meaning of Mind. Language, Morality and Neuroscience*, Westport, Conn.: Praeger, 1996.

Tallis, Raymond C., „Brains and Minds: A Brief History of Neuromythology", in: *Journal of the Royal College of Physicians of London* 34 (1999), S. 563–567.

Tappeser, Beatrix [u.a.] (Hrsg.), *Globalisierung in der Speisekammer*, Freiburg im Breisgau: Institut für angewandte Ökologie, 1999, Bd. 1: „Wege zu einer nachhaltigen Entwicklung im Bedürfnisfeld Ernährung".

Tartaglia, Niccolò, *Nova Scientia*, Venedig: Stephano da Sabio, 1537.

Terhardt, Ernst, *Akustische Kommunikation*, Berlin: Springer, 1998.

Theberge, Pierre (Hrsg.), *Moving Beauty: A Century in Automobile Design*, Montreal: The Montreal Museum of Fine Arts, 1995.

Thiele, Rüdiger, „Euler und Maupertuis vor dem Horizont des teleologischen Denkens. Über die Begründung des Prinzips der kleinsten Aktion", in: Fontius, Martin; Holzhey, Helmut (Hrsg.), *Schweizer im Berlin des 18. Jahrhunderts*, Berlin: Akademie-Verlag, 1996, S. 373–390.

Thimus, Albert Freiherr von, *Die harmonikale Symbolik des Altherthums*, Köln: DuMont-Schauberg, 1868, Bd. 1 [Faksimile Hildesheim: Olms, 1988].

Thomson, George P., *Wave Mechanics of Free Electrons*, London & New York, NY: McGraw-Hill, 1930.

Tipler, Paul A., *Physik*, Heidelberg [u.a.]: Spektrum, 2000.

Tomasch, Joseph, „Comments on ‚Neuromythology'", in: *Nature* 233 (1971), S. 60.

Tomlinson, Charles, *The Thunder-storm: an Account of the Properties of Lightning and of Atmospheric Electricity in Various Parts of the World*, London: Society for Promoting Christian Knowledge, [1877].

Trescott, Jacqueline, „Smithsonian Refuses to Exhibit Ethiopia's Fragile ‚Lucy' Fossil", in: *Washington Post* (28. Oktober 2006).

Trutz, Nikolaus, *Vom Wanderstab zum Automobil. Eines deutschen Handwerkers Streben und Erfolg*, Paderborn: Bonifacius-Druckerei, 1914.

Urbach, Peter, *Francis Bacon's Philosophy of Science: an Account and a Reappraisal*, La Salle, Ill.: Open Court Publisher, 1987.

Vermeulen, Jimmy [u.a.], „Trajectory Planning for the Walking Biped ‚Lucy'", in: *International Journal of Robotics Research* 25/9 (2006), S. 867–887.

Veyne, Paul, *Les Grecs ont-ils cru à leurs mythes? Essai sur l'imagination constituante*, Paris: Seuil, 1983.

Vico, Giambattista, *Principj di scienza nuova*, Napoli: Stamperia Muziana, 1744.

Vincent, Jean-Didier, *Biologie des passions*, Paris: Odile Jacob, 1986.

Vogel, Wolfgang, *Ratschläge für den Ankauf von Motor-Wagen und -Rädern*, Berlin: Phönix, 1914 (2. Aufl.).

Vogl-Bienek, Ludwig, „Skladanowsky und die Nebelbilder", in: *KINtop. Jahrbuch zur Erforschung des frühen Films* 8 (1999), S. 83–100.

Vogt, Karl, „Physiologische Briefe für Gebildete aller Stände (1847)", in: Wittich, Dieter (Hrsg.), *Vogt, Moleschott, Büchner. Schriften zum kleinbürgerlichen Materialismus in Deutschland*, Berlin: Akademie-Verlag, 1971, Bd. 1, S. 1–24.

Voltaire, François Marie Arouet de, *Elémens de la philosophie de Neuton, mis à la portée de tout le monde par Mr. De Voltaire*, Amsterdam: Etienne Ledet, 1738.

―――, „Défense du Newtonianisme", in: *Œuvres complètes de Voltaire*, Paris: Imprimerie de la société littéraire-typographique, 1784–1789, Bd. 30, S. 235–256.

―――, *Œuvres de Voltaire*, hrsg. und mit einem Vorwort sowie Anmerkungen von M. Beuchot, Paris: Lefèvre [u.a.], 1831, Bd. 53.

―――, „Le siècle de Louis XIV", in: *Œuvres historiques*, Paris: Gallimard [Pléiade], 1957.

―――, *Lettres philosophiques*, mit einer Einleitung und Anmerkungen von Gustave Lanson; korr. und erw. Neuausgabe durch André M. Rousseau, Paris: Marcel Didier, 1964.

Wachhorst, Wyn, *Thomas Alva Edison: An American Myth*, Cambridge: MIT Press, 1981.

Wagner, Fritz, „Zur Apotheose Newtons – Künstlerische Utopie und naturwissenschaftliches Weltbild im 18. Jahrhundert", in: *Sitzungsberichte der Bayerischen Akademie der Wissenschaften, Phil.-Hist. Klasse* 10 (1974).

Wallis, John, „On the Trembling of Consonant Strings", in: *Philosophical Transactions* 12 (1677), S. 839–842.

Walther, Johann A., *Neue Darstellung aus der Gall'schen Gehirn und Schedellehre*, München: Scherer, 1804.

Weber, Max, *Wissenschaft als Beruf* (1917/1919). Berlin: Duncker & Humblot, 1984 (7. Aufl.).

―――, „Die protestantische Ethik und der Geist des Kapitalismus (1904–1905 / 1920)", in: *Weber, Max, Gesammelte Aufsätze zur Religionssoziologie I.*, Tübingen: Mohr, 1988 (10. Aufl.).

Weingart, Peter, *Die Wissenschaft der Öffentlichkeit. Essays zum Verhältnis von Wissenschaft, Medien und Öffentlichkeit*, Weilerswist: Velbrück, 2005.

Wendler, Frank (Hrsg.), *Automobilmoden, eine Automobil-Designgeschichte*, Bremen 1997.

Wenzel, Manfred, „Die Anthropologie Johann Gottfried Herders und das klassische Humanitätsideal", in: Mann, Gunter; Dumont, Franz (Hrsg.), *Die Natur des Menschen. Probleme der physischen Anthropologie und Rassenkunde (1750–1850)*, Stuttgart & New York: Gustav Fischer, 1990, S. 137–167.

Wette, Wolfram (Hrsg.), *Zivilcourage, Empörte, Helfer und Retter aus Wehrmacht, Polizei und SS*, Frankfurt am Main: Fischer, 2004.

Wette, Wolfram; Haase, Norbert (Hrsg.), *Retter in Uniform, Handlungsspielräume im Vernichtungskrieg der Wehrmacht*, Frankfurt am Main: Fischer, 2003.

White, Lynn, „The Act of Invention: Causes, Contexts, Continuities, and Consequences", in: *Technology & Culture* 3 (1962), S. 486–500.

Wiber, Melanie G., *Erect Men, Undulating Women: The Visual Imagery of Gender, ‚Race' and Progress in Reconstructive Illustrations of Human Evolution*, Waterloo, Canada: Wilfried Laurier University Press, 1997.

Wichmann, Eyvind H., *Quantenphysik*, Braunschweig [u.a.]: Vieweg, 1989.

Wiener, Norbert, *Invention. The Care and Feeding of Ideas*, Cambridge, MA & London: MIT Press, 1993.

Witkowski, Nicolas, *Voltaire und die kopflosen Schnecken. Geschichten aus der Wissenschaft* (frz. 2005), München & Zürich: Piper, 2006.

Wittig, Joachim, „Joseph Fraunhofer – Begründer des wissenschaftlichen Fernrohrbaus", in: *Feingerätetechnik* 36 (1987), S. 129–131.

Wolfschmidt, Gudrun, *Genese der Astrophysik*, Habilitationsschrift, München 1997.

Wollaston, William H., „A Method of Examining, Refractive and Dispersive Powers by Prismatic Reflection", in: *Philosophical Transactions of the Royal Society of London* 92 (1802), S. 365–380.

Wunenburger, Jean-Jacques, „Imaginaire et rationalité, une tension créatrice?", in: Dettwiler, Andreas; Karakash, Clairette (Hrsg.), *Mythe & Science. Actes du colloque „Mythe et science" du 14 au 16 mars 2002 (Neuchâtel, Suisse)*, Lausanne: Presses polytechniques et universitaires romandes, 2003, S. 33–48.

Wydra, Kerstin, *Chancen der Nutzung der Gentechnik in der Landwirtschaft. Hintergrundstudie im Rahmen des Statusberichts „Gentechnik in der Landwirtschaft von Entwicklungsländern" für die Gesellschaft für Technische Zusammenarbeit (GTZ)*, Eschborn 2004.

Yates, Brock W., *Enzo Ferrari, Leben und Legende*, München: Heyne, 1992.

Zeller, Reimar (Hrsg.), *Das Automobil in der Kunst*, München: Prestel, 1986.

Zöllter, Jürgen, „Der Hüter des verborgenen Schatzes", in: *Welt am Sonntag* (5. Januar 2003). (online unter: www.welt.de/printwams/article112743/Der_Hueter_des_verborgenen_Schatzes.html)

Zwicky, Fritz, „Die Rotverschiebung von extragalaktischen Nebeln", in: *Helvetica Physica Acta* 6 (1933), S. 110–127.

Personenregister

Überall, wo dies möglich war, wurden im Personenregister neben dem kompletten Namen auch die jeweiligen Lebensdaten angegeben.

A

Aischylos (525–456 v. Chr.), 28
Aiton, Eric, 88
Alexander der Große (356–323 v. Chr.), König von Makedonien (336–323 v. Chr.), 31
Algazi, Gadi, 38
Allister, Ray, 79
Arago, François Jean Dominique (1786–1853), 82
Archimedes (287–212 v. Chr.), 5, 11, 26, 36
Ardenne, Manfred Baron von (1907–1997), 80
Aristoteles (384–322 v. Chr.), 39, 122, 124, 234
Armann, Hugo (1917–1989), 245
Ashbrook, James B. (1925–1996), 171
Äsop (um 600 v. Chr.), 28
Assmann, Aleia (*1947), 206
Assmann, Jan (*1938), 206
„Atalanta", 23f.
„Athena", 33, 41
Austin, James H. (*1925), 180

B

Baader, Joseph von (1763–1835), 143f., 154
Bachelard, Gaston (1884–1962), 19
Bacon, Francis (1561–1626), 25, 32, 34, 121–127, 129, 183
Baird, John Logie (1888–1946), 73, 77, 79f.
Barbeu Du Bourg, Jacques (1709–1779), 26
Barnouw, Erik (1908–2001), 72f., 86
Barthes, Roland (1915–1980), 11, 161, 200
Barton, Catherine (1679–1739), 28
Barzini, Luigi (1874–1947), 195
Baudrillard, Jean (1929–2007), 2
Bayle, Pierre (1647–1706), 6f.
„The Beatles", 219, 224
Beauregard, Mario (*1960), 181
Bell, Sir Charles (1747–1842), 169
Bell, Eric Temple (1883–1960), 239

Bennett, James Gordon Jr. (1841–1918), 199
Berkeley, George (1685–1753), 122
Berlin, Isaiah (1909–1997), 1
Bernardin de Saint Pierre, Jacques-Henri (1737–1814), 17
Bernoulli, Daniel (1700–1782), 88
Bernoulli, Johann I (1667–1748), 42, 88
Bessel, Friedrich Wilhelm (1784–1846), 145f., 148
„Prof. Bienlein", 38f.
Bierbaum, Otto Julius (1865–1910), 192
Bilby, Kenneth, 81
Bilfinger, Georg Bernhard (1693–1750), 16, 91–96, 98–100
Biot, Jean-Baptiste (1774–1862), 26
Blackett, Patrick Maynard Stuart (1897–1974), 58
Bloch, Marc (1886–1944), 80
Blumenberg, Hans (1920–1996), 13f., 81, 172
Boccaccio, Giovanni (1313–1375), 29
Bodenmann, Siegfried (*1979), **1–46**, 62, 101, 103
Boethius, Anicius Manlius Severinus (ca. 480–524), 107
Bohr, Niels (1885–1962), 9
Bonis, Louis de, 224
Bonnet, Charles (1720–1793), 172
Bordat, Josef (*1972), 25, **121–130**
Borghese, Scipione (1871–1927), 194f.
Born, Max (1882–1970), 57–59
Bouguer, Pierre (1698–1758), 88
Boullée, Étienne-Louis (1728–1799), 159
Brahe, Tycho (1546–1601), 15
Brevern, Jan von, 47
Bricker, Jack, 244
Brock, Bazon *alias* Jürgen Johannes Hermann Brock (*1936), 214
Broglies, Louis de (1892–1987), 58
Brouncker, Lord William (1620–1684), 25
„Brown, Emmet", 38

Bülfinger, *siehe* Bilfinger
Bugatti, Ettore Arco Isidoro (1881–1947), 212
Bunsen, Robert (1811–1899), 166
Bush, George Walker (*1946), 43. Präsident der USA (2001–2009), 169

C
Cabanis, Pierre Jean Georges (1757–1808), 182
Calbick, Chester (1903–1990), 53
Camus, Albert (1913–1960), 209
Cantor, Geoffrey, 47
Cassidy, David C., 8
Cassini, Giovanni Domenico (1625–1712), 88
Cassini, Jacques (1677–1756), 34
Cassirer, Ernst (1874–1945), 9
Castel, Louis Bertrand (1688–1757), 109
Castiñeira, Delia, 128
„Castor", 20, 22
Chaplin, Charlie *alias* Sir Charles Spencer Chaplin Jr. (1889–1977), 214
Christensen, Thomas, 109
Christus, Jesus, 33
„Cindy" (OH 13), *homo habilis*, ca. 1.7 Millionen Jahre, 219
Clairaut, Alexis Claude (1713–1765), 6
Clarke, Ronald J., 223
Clark, Jim (1936–1968), 211
Claudius, Matthias (1740–1815), 145
Collé, Charles (1709–1783), 36
Comfort, Alex (1920–2000), 175
Comte, Auguste (1798–1857), 149, 165
Conduitt, John (1688–1737), 28–31, 33
Copernicus, Nicolaus (1473–1543), 15
Coppens, Yves (*1934), 219f., 228
Corves, Christoph, 128
Crick, Francis Harry Compton (1916–2004), 33
Crocce, Benedetto (1866–1952), 1
Cullen, William (1710–1790), 184
Curie, Marie (1867–1934), 39

D
da Coll, Anna, vii

Daguerre, Louis Jacques Mandé (1787–1851), 82
Dahlhaus, Carl, 110
Darrow, Karl Kelchner (1872–1978), 62
Darwin, Charles Robert (1809–1882), 13, 16f.
Daullé, Jean (1703–1763), 35
Davisson, Clinton Joseph (1881–1958), 26, 47, 49–54, 56–60, 62–70
Dean, James (1931–1955), 208f.
Delius, Ernst von (1912–1937), 211
Depardieu, Gérard (*1948), 220
Derrida, Jacques (1930–2004), 141
Descartes, René (1596–1650), 7, 16, 18, 30, 32, 87–91, 93, 95, 98, 100
Dettwiler, Andreas (*1960), 9
Dickson, Antonia (1858–1903), 74, 77f.
Dickson, William Kennedy Laurie (1860–1935), 74, 77f.
Diderot, Denis (1713–1784), 100
„Dikika-Kind" (DIK 1-1), *australopithecus afarensis*, ca. 3.3 Millionen Jahre, 224
Donckerwolke, Luc (*1965), 206
Du Bois-Reymond, Emil (1818–1896), 169, 187
Dubuisson, Daniel, 45
Duhem, Pierre Maurice Marie (1861–1916), 19
Dumézil, Georges (1898–1986), 10, 45
Duncan, David Ewing (*1958), 5
Duncan, Isadora (1877–1927), 209
Durand, Gilbert (*1921), 8, 11
Đurić, Mihailo (*1925), 1
Dymond, E. G., 58

E
Edelman, Gerald Maurice (*1929), 179
Edison, Thomas Alva (1847–1931), 13, 73–75, 77f., 84
Egdeworth, Francis Ysidro (1845–1926), 241
Eichhorn, Johann Gottfried (1752–1827), 20
Einstein, Albert (1879–1955), 4f., 8f., 11, 13, 18, 26, 38–40, 43f., 121, 127, 161f., 240
Elsasser, Walter (1904–1991), 57f.
Elsner, Monika, 85

Ende, Michael (1929–1995), 7
Engler, Eduard, 198
Epp, Karin, vii, 1
Espahangizi, Kijan Malte (*1978), 4, 26, **47–70**
Euklid (ca. 365–300 v. Chr.), 161
Euler, Leonhard (1707–1783), 17, 88
„Eurystheus", 32
„Eva", 5, 42

F

Fabre, Pierre-Jean (ca. 1600–1650), 24
Fabri, Felix (ca. 1437/38–1502), 16
Falchetto, Benoît (1885–1967), 209
Falco *alias* Johann Hölzel (1957–1998), 209
Farnsworth, Philo Taylor (1906–1971), 73, 76f., 80f.
„Dr. Faustus", 5
Féron, François, 4
Ferry, Bryan (*1945), 208
Ficino, Marsilio (1433–1499), 29
Fickers, Andreas (*1971), 4, 50, **71–86**
„First Family" (DIK 1-1), *australopithecus afarensis*, ca. 3.3 Millionen Jahre, 228
Fischer, Hanns, 138f.
Fleck, Ludwik (1896–1961), 19
Florio, Vincenzo (1883–1959), 199
Fontenelle, Bernard le Bovier de (1657–1757), 29f., 90
Fragonard, Jean-Honoré (1732–1806), 27f.
France, Henri de (1911–1986), 73, 78f., 82f.
„Dr. Frankenstein", 5, 68
Franklin, Benjamin (1706–1790), 26–28, 39, 44
Franz II. (1768–1835), Kaiser des Heiligen Römischen Reiches Deutscher Nation (1792–1806), 185
Fraunhofer, Joseph von (1787–1826), 142–146, 149, 151–155, 157f., 162f., 165f., 168
Freud, Sigmund (1856–1939), 13, 187f.
Friedrich, Walter (1883–1969), 58
Friese-Greene, William (1855–1921), 73, 77, 79

G

„Gaea", auch „Gaia", „Gaya" oder „Gäa" (altgr. Urmutter Erde), 4, 223
Galen, Claudius (ca. 129–199), 185
Galilei, Galileo (1564–1642), 2, 13, 65, 106
Galilei, Vincenzo (1520–1591), 106, 119
Galison, Peter, 54, 151
Galle, Johann Gottfried (1812–1910), 145, 155
Gall, Franz Joseph (1758–1828), 184f.
Gehrenbeck, Richard Keith, 60
Geimer, Peter, 47
„George" (OH 16), *homo habilis*, ca. 1.7 Millionen Jahre, 219
Gérard, Marguerite (1761–1837), 27f.
Germer, Lester Halbert (1896–1971), 26, 47, 49–54, 59, 65f.
Gille, Bertrand (1920–1980), 80
Goethe, Johann Wolfgang von (1749–1832), 21, 28
Goldbach, Karl Traugott, 4, 26, **103–119**
Goldsman, Akiva (*1962), 238
Golinski, Jan, 55
Goya y Lucientes, Francesco Francisco José de (1746–1828), 2f.
Graetz, Paul (1875–1968), 194f.
Graton, Jean (*1923), 214
'sGravesande, Willem Jacob (1688–1742), 95
Gray, Tom, 218
Grimm, Jacob (1785–1863), 12
Grimm, Wilhelm (1786–1859), 12
Grock *alias* Charles Adrien Wettach (1880–1959), 203
Guericke, Otto von (1602–1686), 157
Guinand, Pierre Louis (1748–1824), 153

H

Haeckel, Ernst (1834–1919), 158, 178
Hagner, Michael, 47, 53
Haller, Albrecht von (1708–1777), 172, 183
Halley, Edmund (1656–1742), 6, 151
Hansen, Martin, 236
Haraway, Donna J. (*1944), 225, 229
Hauksbee, Francis (1666–1713), 91f.
Hauptmann, Moritz (1792–1868), 111

Hawking, Stephen W. (*1942), 121, 126
Hecht, Gabrielle, 83
Hegel, Georg Wilhelm Friedrich (1770–1831), 1, 172
Heisenberg, Werner (1901–1976), 9, 59, 121, 127
Helmholtz, Hermann Ludwig Ferdinand von (1821–1894), 110–113, 115f.
Herder, Johann Gottfried von (1744–1803), 1, 172–174, 183
Hergé alias Georges Prosper Remi (1907–1983), 38
Herkomer, Sir Hubert von (1849–1914), 199
„Herkules", 24, 31–33, 39
Hermann, Charles (fiktive Person), 236f.
Hermann, Gottfried (1772–1848), 20
Herrhausen, Alfred (1930–1989), 209
Herr, Wiebke, 100
Herschel, Caroline Lucretia (1750–1848), 151
Herschel, Sir Friedrich Wilhelm (1738–1822), 148, 151, 161f.
Herschel, Sir John Frederick William (1792–1871), 162
Hesiod (um 700 v. Chr.), 21, 45
Hesselmann, Herbert W., 213
Heusser, Huldreich († 1928), 198
Heyne, Christian Gottlob (1729–1812), 20
Hieronymus, Eusebius Sophronius, auch Heiliger Hieronymus (347–420), 33
Hildegard von Bingen (1098–1179), 13, 39
„Hippomenes", 23f.
Hochadel, Oliver (*1968), 4, 34, **217–231**
Hölscher, Meike, 47
Homer (8. Jh. v. Chr.), 45
Hôpital, Guillaume-François-Antoine, marquis de (1661–1704), 30, 33
Hörbiger, Hanns (1860–1931), 132–135, 137–141
Hörbiger, Hans Robert, 135
Horch, August (1868–1951), 196
Hosai (19. Jh.), 37
Houndsfield, Sir Godfrey (*1919), 171
Howard, Ron (*1954), 235, 238, 243
Hughes, Thomas Parke (1929), 72, 74, 85
Hulst, Henry (*1859–nach 1915), 62
Humboldt, Alexander von (1769–1859), 147

Hume, David (1711–1776), 122
Huygens, Christiaan (1629–1695), 88–91, 93, 98, 100

I

Iamblichos (ca. 250–330), 107
„Isis", auch „Iset" oder „Isidis" (Gottesmutter), 223
Ives, Herbert Eugene (1882–1953), 68

J

Jackson, Myles W., 144
Jakob I (1566–1625), König von England (1603–1625), 122
Jallabert, Jean (1712–1768), 36
Johanson, Donald Carl (*1943), 4, 34, 218–221, 223, 225, 227–230
„John Paul", *ouranopithecus macedoniensis*, ca. 9–10 Millionen Jahre, 224
Julius Cäsar, Caius auch Gaius Iulius Caesar (100–44 v. Chr.), 31
Junek, Elisabeth [Junková, Eliška] (1900–1994), 199
Jung, Carl Gustav (1875–1961), 156

K

Kant, Immanuel (1724–1804), 174, 188
Karl II. (1630–1685), König von England (1660–1685), 25
Keller, Arturo, 212
Kelly, Grace (1929–1982), 209
Kelly, Mervin (1894–1971), 68
Kennedy, John Fitzgerald (1917–1963), 209
Kenyon, Cynthia Jane (*1955), 5
Kepler, Johannes (1571–1630), 15, 18, 119
Kessler, Frank, 4, 50, **71–86**
Kirchberg, Peter (*1934), 196
Kirchhoff, Gustav Robert (1824–1887), 166
Kleinert, Andreas (*1940), 20, 22
Klemperer, Victor (1881–1860), 210
Knipping, Paul (1883–1935), 58
Koeppen, Hans Friedrich Wilhelm Hugo (1876–1948), 195
Kolakowski, Leszek (*1927), 156
Koufos, George D., 224

Koyré, Alexandre (1892–1964), 18f.
Kris, Ernst (1900–1957), 71
Krüger, Malte (*1976), vii, 1, 44, **191–215**
Kuhn, Harold William (*1925), 242
Kuhn, Thomas Samuel (1922–1996), 19
Kunsmann, Charles (1890–1970), 53
Kurz, Otto (1908–1975), 71
„Kybelle", 24

L

Lady Di, *siehe* Spencer, Diana Frances
Lamarck, Jean-Baptiste Pierre Antoine de Monet, chevalier de (1744–1829), 17
Laplace, Pierre Simon marquis de (1749–1827), 7, 14, 26, 147
Lardé, Alicia Lopez Harrison de (*1933), 237f., 244
Latour, Bruno (*1947), 53
Laue, Max Felix Theodor von (1879–1960), 58, 66
Lauren, Ralph *alias* Ralph Lipschitz (*1939), 212
Lavoisier, Antoine-Laurent de (1743–1794), 13, 39
Lavoisier, Marie-Anne Pierrette de (1758–1836), 39
Leakey, Louis (1903–1972), 227f.
Leakey, Mary (1913–1996), 227f.
Leakey, Richard Erskine (*1944), 223, 227f.
Lecourt, Dominique (*1944), 5
Lefschetz, Solomon (1884–1972), 236, 240
Le Goff, Jacques (*1924), 19
Leibniz, Gottfried Wilhelm (1646–1716), 7, 29f., 42, 88
Lennon, John (1940–1980), 224
Leno, James Douglas Muir „Jay" (*1950), 212
Levinson, Norman, 240
Lévi-Strauss, Claude (*1908), 8, 10
Levrac-Tournière, Robert (1667–1752), 34f.
Lévy-Bruhl, Lucien (1857–1939), 9
Liebherr, Joseph (1767–1840), 153f.
Linné, Carl von (1707–1778), 17
„Little Foot" (STW 573), *australopithecus*, ca. 2.2–4 Millionen Jahre, 223
Locke, John (1632–1704), 122, 184
Lorenz, Edward Norton (1917–2008), 4

Lubbock, John (1834–1913), 16
„Lucy" auch „Dinkinesh" (AL 288-1), *australopithecus afarensis*, ca. 3.2 Millionen Jahre, 4, 217–221, 223–231
Ludwig I. (1786–1868), König von Bayern (1825–1848), 155
Lumière, Auguste (1862–1954), 73, 75, 84
Lumière, Louis (1864–1948), 71, 73, 75, 78, 82–84

M

MacLean, Paul Donald (1913–2007), 179
Maier, Michael (1569–1622), 22–25
Manuel, Frank Edward (1910–2003), 26
Marey, Etienne Jules (1830–1904), 82
Maria, auch Mutter Jesu, 33
Martin, Margaret Virginia (1896–1969), 239
Maupertuis, Pierre Louis Moreau de (1698–1759), 17f., 31f., 34–36, 95
Maximilian I., (1756–1825), König von Bayern (1806–1825), 154
Maxwell, James Clerk (1831–1879), 4
McCartney, Sir James Paul (*1942), 224
McQueen, Steve *alias* Terence Steven McQueen (1930–1980), 208
„Medea", 174
„Medusa", 41
Meidenbauer, Jörg, vii
Melton, Douglas A. (*1953), 5
„Merkur", 24
Mersenne, Marin (1588–1648), 87, 108
Messe, Ulrike, 1
Messter, Oskar (1866–1943), 84f.
Meuther, Olaf (*1967), 4, 26, **233–246**
Meynert, Theodor (1833–1892), 187
„Millenium Man", *orrorin tugenensis*, ca. 6 Millionen Jahre, 223
Millikan, Robert Andrews (1868–1953), 56
Millin, Aubin-Louis (1759–1818), 21
Monakow, Constantin von (1853–1930), 186
„Mona Lisa", 231
Morgenstern, Oskar (1902–1977), 240–242
Müller, Thomas, 85
Myerson, Roger Bruce (*1951), 234

N

Napoleon I. Bonaparte (1769–1821), Kaiser der Franzosen (1804–1814), 147
Nasar, Sylvia (*1947), 26, 233f., 238f., 242, 244
Nash, John Forbes, Sr. (1892–1956), 239
Nash, John Forbes, Jr. (*1928), 26, 233–245
Nestle, Wilhelm (1865–1959), 9
Neumann, John von (1903–1957), 236, 239–242
Newberg, Andrew (*1966), 181
Newton, Helmut (1920–2004), 209
Newton, Humphrey (17.–18. Jh.), 42
Newton, Sir Isaac (1643–1727), 5–8, 16, 19, 22, 24, 26, 28–34, 36–39, 41–44, 88, 90, 94f., 98, 100, 103, 147
Niessen, Carl (1890–1969), 84
Nietzsche, Friedrich Wilhelm (1844–1900), 172, 178
Nieuwentyt, Bernhard (1654–1718), 17
Nikomachos von Gerasa (1. Hälfte des 2. Jh.), 107
Nipkow, Paul (1860–1940), 73, 75, 84f.
Noble, William (17. Jh.), 108
Nollet, Jean Antoine (1700–1770), 36, 95f., 98–100
Norton, Didier, 12
Notorious B.I.G., *siehe* Wallace, Christopher

O

Oakeshott, Michael Joseph (1901–1990), 14
„Odysseus", 26, 233
Oettingen, Arthur von (1836–1920), 111, 115, 117f.
Oexle, Otto Gerhard (*1939), 19
Oppenheimer, Robert (1904–1967), 5
Ørsted, Hans Christian (1777–1851), 20
Ortoli, Sven (*1953), 11f.
Overmann, Ronald J., 88

P

Paley, William (1743–1805), 16f., 183
Palisca, Claude, 108
Palme, Alexandra, vii
Paquette, Vincent (*1977), 181

Pauli, Wolfgang (1900–1958), 127
Pelot, Pierre *alias* Pierre Grosdemange (*1945), 220
Penfield, Wilder (1891–1976), 177
Persinger, Michael A. (*1945), 180
Pfaffenberger, Brian, 85
Piccard, Auguste (1884–1962), 38
Pigot, Thomas (1657–1686), 108
Pirandello, Luigi (1867–1936), 80
Planck, Max Karl Ernst Ludwig (1858–1947), 18, 121, 127
Platon (427–347 v. Chr.), 9, 28, 45, 122, 124
Pleintinger, André, vii
„Mrs. Ples" (STS 5), *australopithecus africanus*, ca. 2.3–2.8 Millionen Jahre, 219
Plomp, Reinier, 114
Pluche, Noël-Antoine (1688–1761), 17
Pointonniée, Georges, 82
„Pollux", 20, 22
„Popeye", 13
Porsche, Ferdinand (1875–1951), 213
Porsche, Ferdinand Anton Ernst „Ferry" (1909–1998), 213
„Prometheus", 5, 8, 26, 28–30, 33, 39, 44
Ptolemäus, Claudius (ca. 100–175), 15
Pythagoras (ca. 570/560–480 v. Chr.), 106, 118

R

Raggio, Olga (1926–2009), 29
Ramachandran, Vilayanur S., 180
Rameau, Jean-Philippe (1683–1764), 104f., 108f., 111f., 119
Ramsaye, Terry (1885–1954), 77f.
Rea, Chris (*1951), 211
Rehding, Alexander, 103
Reichenbach, Georg Friedrich (1771–1826), 153
Reinecke, Hans-Peter, 114
Reynaud, Emile (1844–1918), 82
Rhein, Eduard (1900–1993), 75
Richardson, Owen (1879–1959), 56, 58
Richer, Jean (1630–1696), 34
Riemann, Hugo (1849–1919), 26, 103–105, 109, 111–119
Riess, Falk, 49
Roeder, Theodor von, 194

Roosevelt, Franklin Delano (1882–1945), 32. Präsident der Vereinigten Staaten (1933–1945), 39
Rosemeyer, Bernd (1909–1938), 210f.
„Dr. Rotwang", 5
Rouse, Joseph, 55
Rüsen, Jörn (*1938), 54

S

Sadoul, Georges (1904–1967), 75
Sagan, Carl (1934–1996), 219
Salomo, 19, 25
Sarnoff, David (1891–1971), 77, 81
Saulmon, Vorname unbekannt (†1724), 90f., 100
Saurin, Joseph (1655–1737), 91
Sauveur, Joseph (1653–1716), 108f.
Schafer, André, 212
Schaffer, Simon, 47
Schelling, Friedrich Wilhelm Joseph von (1775–1854), 45
Schiffer, Claudia (*1970), 217
Schindler, Oskar (1908–1974), 245
Schinkel, Eckhard, 31
Schleyer, Hanns-Martin (1915–1977), 209
Schlumpf, Fritz (1906–1992), 212
Schlumpf, Hans (1904–1989), 212
Schröder, Hermann (1843–1909), 115–119
Schrödinger, Erwin (1887–1961), 4, 9f., 59, 127
Schulz, Reinhard (*1951), 13
Schweigger, Johann Salomo Christoph (1779–1857), 19–22, 25, 44
Seal *alias* Seal Henry Olusegun Olumide Adelo Samuel (*1963), 208
Seaman, Richard John Beattie (1913–1939), 211
Sedivy, Dominik, 107
Seinfeld, Jerry (*1954), 212
Senna, Ayrton (1960–1994), 211
Shakur, Tupac Amaru (1971–1996), 209f.
Shapin, Steven (*1943), 47
Sheldon, Gilbert (1598–1677), 183
Shelley, Percey Bysshe (1792–1822), 28
Sibum, Hans Otto, 49, 51
Siemens, Werner von (1816–1892), 131
Skladanowsky, Max (1863–1939), 73, 84

Smith, Adam (1723–1790), 235
Söderström, Carl-Axel (1893–1976), 195
Soemmerring, Samuel Thomas (1755–1830), 172, 174
Sokrates (470–399 v. Chr.), 121, 126
Soldner, Johann Georg von (1776–1833), 143f.
Spencer, Diana Frances, Kronprinzessin von Großbritannien und Nordirland, Fürstin von Wales (1961–1997), 209
Sperry, Roger (1913–1994), 179f.
Splinter, Susan, 1, 16, 30, **87–101**
Spurzheim, Johann Caspar (1776–1832), 184
Stahnisch, Frank W. (*1968), **169–189**
Steenrod, Norman Earl (1910–1971), 240
Stevenson, Lloyd Grenfell (1918–1988), 183
Stier, Eleanor, 244
Stinnes, Clärenore (1901–1990), 195f.
Stoczkowski, Wiktor (*1959), 2
Stukeley, William (1687–1765), 41
Suhr, Wilfried, 13
Swift, Jonathan (1667–1745), 150
Szasz, Thomas Steven (*1920), 188

T

Taieb, Maurice (*1935), 219f.
Talbot, William Henry Fox (1800–1877), 82
Tallis, Raymond (*1946), 174f.
Tartaglia, Niccolò (1499/1500–1557), 159
Tati, Jacques (1908–1982), 214
Teichmann, Jürgen (*1941), 4, 7, **143–168**
Thimus, Albert von (1806–1878), 107
Thomson, George Paget (1892–1975), 50, 58
Thurston, Howard (1869–1936), 203
„Toumaï" (TN 266-01-060-1), *sahelanthropus tchadensis*, ca. 6–7 Millionen Jahre, 223
Trips, Wolfgang Alexander Albert Eduard Maximilian Reichsgraf Berghe von (1928–1961), 211
Tucker, Albert William (1905–1995), 236, 240, 242
Tuerenhout, Dirk van, 231
Turgot, Anne-Robert-Jacques (1727–1781), 28

"Turkana Boy" (KNM-WT 15000), *homo erectus*, ca. 1.6 Millionen Jahre, 223
Turnspeed, Donald († 1955), 208

U

Ustinov, Peter (1921–2004), 214
Utzschneider, Joseph von (1763–1840), 153

V

Venter, John Craig (*1946), 5
Veyne, Paul (*1930), 45
Vico, Giambattista (1668–1744), 1, 14, 45
Vigne, Daniel (*1942), 220
Vincent, Jean-Dider (*1935), 176
Viola, Bence (*1977), 217, 221, 230
Vogt, Carl (1817–1895), 178
Voigtländer, Otto, 137f.
Voltaire, François Marie Arouet de (1694–1778), 6, 28, 31f., 95

W

Wallace, Christopher (1972–1997), 210
Wallis, John (1616–1703), 108
Waser, Maria (1878–1939), 186
Watson, James Dewey (*1928), 5, 33
Weber, Max (1864–1920), 1, 169
Wendt, Jens, vii

Wessel, Horst (1907–1930), 210
Wessely, Christina, 15, **131–141**
West, Benjamin (1738–1820), 28
Whales, James (1889–1957), 68
Whewell, William (1794–1866), 17
White, Lynn, 74
White, Timothy D. (*1950), 228
Whytt, Robert (1714–1766), 184
Wiener, Norbert (1894–1964), 71
Wilhelm II. (1859–1941), König von Preußen und Kaiser des deutschen Reiches (1888–1918), 158, 191
Willis, Thomas (1621–1675), 183f.
Witkowski, Nicolas, 11f.
Wolff, Christian (1679–1754), 95
Wollaston, William Hyde (1766–1828), 162, 165
Wuetherich, Rolf (1927–1981), 209
Wunenburger, Jean-Jacques (*1946), 9

Y

Yelin, Julius Konrad von (1771–1826), 143f.
Young, John Paul (*1950), 202

Z

"Zeus", 5, 20, 30, 33
Zwicky, Fritz (1898–1974), 149
Zworikyn, Vladimir (1889–1982), 77, 80f.

Neuerscheinungen zur Geschichte:

Chiffriermaschinen und Entzifferungsgeräte im Zweiten Weltkrieg
Technikgeschichte und informatikhistorische Aspekte
(Forum Wissenschaftsgeschichte 2)
Von Michael Pröse
2006, 272 Seiten, Paperback, Euro 32,90/CHF 56,00, ISBN 978-3-89975-548-0

ENIGMA ist bekannt – wie aber überlisteten die Alliierten andere deutsche Chiffriermaschinen? Das Buch zeigt erstmals, wie Offiziere unabsichtlich Entschlüsselungen ermöglichten. Nach dem Krieg verschenkten die Siegermächte Chiffriermaschinen und entzifferten so fremde Geheimsendungen. Die USA begründeten mit dem Bau geheimer Computer die Grundlagen der Informatik.

"The book includes 50 photographs and a lengthy reference list of related articles, many in English. If you are interested in cipher machines you should enjoy owning this book." (The Cryptogram)

Die Entwicklung der Krankenpflege zur staatlich anerkannten Tätigkeit im 19. und frühen 20. Jahrhundert
Das Zusammenwirken von Modernisierungsbestrebungen,
ärztlicher Dominanz, konfessioneller Selbstbehauptung und
Vorgaben preußischer Regierungspolitik
Von Christoph Schweikardt
2008, 340 Seiten, Paperback, Euro 34,90/CHF 61,00, ISBN 978-3-89975-132-1

In dieser Arbeit wird die Entwicklung der Krankenpflege innerhalb des preußischen Medizinalwesens im 19. und frühen 20. Jahrhundert analysiert. Den Schwerpunkt bilden dabei die Macht- und Interessenkonstellationen, die den gesetzgeberischen Entscheidungsprozessen im Kaiserreich zugrunde lagen.

Ihr Wissenschaftsverlag. Kompetent und unabhängig.

Martin Meidenbauer »
Verlagsbuchhandlung GmbH & Co. KG
Erhardtstr. 8 • 80469 München
Tel. (089) 20 23 86 -03 • Fax -04
info@m-verlag.net • www.m-verlag.net